AF550691

WERKSTATTWISSEN FÜR **HOLZWERKER**

Ron Hock

Handbuch Schärfen

Grundlagen, Ausrüstung, Anwendung

Impressum

Originally published in the United States of America in 2009:
„The Perfect Edge“, Popular Woodworking Books, Cincinnati, USA.

„Handbuch Schärfen –
Grundlagen, Ausrüstung, Anwendung“
1. Auflage 2017

Übersetzung: Dr. Billaudelle & Partner, München
Fachliche Beratung: Dr Herbert Weisshaupt
Umschlaggestaltung: Kerker + Baum, Hannover
Printed and bound in China

ISBN 978-3-86630-000-0
Best.-Nr. 20468

HolzWerken
Ein Imprint von Vincentz Network GmbH & Co. KG
Plathnerstr. 4c
30175 Hannover
www.holzwerken.net

Das Arbeiten mit Holz, Metall und anderen Materialien bringt schon von der Sache her das Risiko von Verletzungen und Schäden mit sich. Autor und Verlag können nicht garantieren, dass die in diesem Buch beschriebenen Arbeitsvorhaben von jedermann sicher auszuführen sind. Vor Inangriffnahme der Projekte hat der Ausführende zu prüfen, ob er die Handhabung der notwendigen Werkzeuge und Maschinen beherrscht. Autor und Verlag übernehmen keine Verantwortung für eventuell entstehende Verletzungen, Schäden oder Verlust, seien sie direkt oder indirekt durch den Inhalt des Buches oder den Einsatz der darin zur Realisierung der Projekte genannten Werkzeuge entstanden.

Weitere Materialien kostenlos online verfügbar!

http://www.holzwerken.net/bonus

Ihr exklusiver Bonus an Informationen!
Ergänzend zu diesem Buch bietet Ihnen *HolzWerken* Bonus-Materialien zum Download an.
Scannen Sie den QR-Code oder geben Sie den Buch Code unter www.holzwerken.net/bonus ein und erhalten Sie kostenfreien Zugang zu Ihren persönlichen Bonus-Materialien!

Buch-Code: TE1017

Wichtige Sicherheitshinweise

Bitte Lesen

Zur Vermeidung von Unfällen sollten Sie während des Arbeitens an das Thema Sicherheit denken. Nutzen Sie die Sicherungsvorrichtungen an Elektrogeräten – sie dienen Ihrem Schutz. Wenn Sie mit Elektrogeräten arbeiten, halten Sie Ihre Finger fern von Sägeblättern, tragen Sie eine Schutzbrille gegen Verletzungen durch herumfliegende Holzspäne und Sägemehl, Gehörschutz und erwägen Sie den Einbau eines Staubabzugs, um den in der Luft Ihrer Werkstatt schwebenden Schleifstaub zu verringern. Tragen Sie keine lose Kleidung, wie z. B. Krawatten, Hemden mit weiten Ärmeln oder Schmuck, wie z. B. Ringe, Halsketten oder Armbänder, wenn Sie mit Elektrogeräten arbeiten. Binden Sie langes Haar so, dass es sich nicht in einem Gerät verfangen kann. Personen, die empfindlich auf bestimmte Chemikalien reagieren, sollten die chemischen Bestandteile jedes Produktes vor Verwendung überprüfen. Aufgrund der Verschiedenheiten bei Umgebungsbedingungen, Baustoffen, Fähigkeiten, etc. übernehmen weder der Autor noch Popular Woodworking Books irgendeine Haftung für evtl. Unfälle, Verletzungen, Schäden oder andere Verluste, die sich infolge des in diesem Buch präsentierten Materials ergeben. Die Autoren und Herausgeber dieses Buches haben versucht, den Inhalt so präzise und richtig wie möglich zu gestalten. Pläne, Abbildungen, Fotos und Text wurden sorgfältig überprüft. Alle Anweisungen, Pläne und Projekte sollten aufmerksam gelesen, durchgearbeitet und verstanden worden sein, bevor man mit der Arbeit beginnt. Die für Bedarfsartikel und Geräte angegebenen Preise waren zum Veröffentlichungszeitpunkt gültig und können sich ändern.

RON HOCK

Zur deutschen Ausgabe

Dieses Buch ist eine Übersetzung aus dem Amerikanischen. Maße, Normen und Einheiten sind, soweit möglich, europäischen Gewohnheiten angepasst.

Der Autor nennt in einigen Kapiteln eine Reihe von Produkten und Geräten. Diese sind nicht alle im deutschsprachigen Raum erhältlich, soweit wir das recherchieren konnten. Bitte beachten Sie dazu den Abschnitt ‚Ressourcen' im Anhang.

Der Verlag bedankt sich sehr herzlich bei Friedrich Kollenrott für hilfreiche Hinweise und bei Herbert Weisshaupt für die engagierte fachliche Durchsicht der Übersetzung.

Der Autor

Ron Hock stellt mit seiner Fa. Hock Tools seit 25 Jahren hochwertige Hobeleisen und andere Schneiden für Holzwerkzeuge her. Hock gründete sein Unternehmen, als er – damals noch ein um Anerkennung ringender Messermacher – von Schülern des von James Krenov geleiteten Studiengangs Fine Woodworking am College of the Redwoods (Fort Bragg, Kalifornien) angesprochen wurde – diese brauchten Eisen für die Holzhobel, die sie in der Schule anfertigten. Er erweiterte seinen Tätigkeitsbereich auf Hobeleisen und fand eine Marktnische mit Produkten für anspruchsvolle Holzwerkern, die Qualitätsarbeit zu schätzen wissen. Nach dem Studium an der University of California, Irvine, hat er sein Wissen über Metallurgie von Werkzeugstahl, Schneidengeometrie, Handwerkzeuge zur Holzbearbeitung und Schärfen erweitert. Sein Interesse an und Wissen über scharfe Schneiden kommt daher, dass er solche Schneiden selbst herstellt und zahlreiche Vorträge über Stahl, Werkzeuge und Wärmebehandlung gehalten hat.

Widmung

Durch sein absolut geradliniges Handwerk, aber auch seinen Unterricht und seine Publikationen hat James Krenov die Entwicklung von Tausenden von Holzwerkern inspiriert und gefördert ... und vielleicht die eines Metallwerkers. Danke, Jim.

Danksagung

Für dieses Buch habe ich die Unterstützung zahlreicher Personen erhalten, die ihr Wissen und ihre Weisheit entweder direkt an mich weitergaben oder mir Werkzeuge, Schleifmittel und technische Unterstützung zur Verfügung stellten. Ich danke ihnen für die Großzügigkeit, mit der sie ihr Wissen geteilt haben. Ich hoffe, dass diese Aufzählung jetzt vollständig ist, bin mir aber sicher, dass ich den einen oder anderen vergessen habe. Sollte das der Fall sein, bitte ich um Entschuldigung, und danke den Betreffenden ebenfalls. An allererster Stelle meiner Frau Linda Rosengarten, die mich als erste Redakteurin selbstlos und mit zahllosen nützlichen Vorschlägen unterstützt hat. Danke, meine Liebe – ohne Dich hätte ich das garantiert nicht geschafft.

Dank sage ich auch meinem Sohn Sam Hock, der mir erlaubte, mich meiner Rolle als Vater ein bisschen weniger zu widmen, als er es ansonsten gewohnt war.

Für praktische Hilfe, Rat sowie das Ausleihen vieler Werkzeuge und Über-die-Schulter-schauen-Lassen danke ich ganz besonders: Kevin Drake von Glen-Drake Toolworks; Paul Reiber, Künstler und Holzbildhauer; Dan Stalzer, Grünholz-Möbelmacher; Joaquin Leyva, Holzwerker; Earl Latham, Werkzeugexperte und Sammler; Joel Moscowitz von *Tools for Working Wood*; Mike Wenzloff von *Wenzloff & Sons Sawmakers* und Christopher Schwarz, Herausgeber des *Popular Woodworking Magazins*.

Souveräne Könner auf ihrem Gebiet, die großzügig ihre Werkzeuge und ihr Wissen mit mir teilten: Wally Wilson von *Veritas*; Jeff Farris von *Tormek USA*; Don Naples von *Wood Artistry*; Kyle Crawford von *Work Sharp*; Valerie Gleason von *Chef's Choice*; Peter Moore von *One Way*; Linda Jones von *Woodsmith*; Cindy Martin, Kris Spofford, Dave Long und Trish Dawson von *Saint-Gobain Abrasives (Norton)*; Brian Burns; Stan Watson von *DMT*; Harrelson Stanley von *HMS Enterprises*; Rich Bohr von *3M*; Bill Kohr von *Craftsman Studio*; Dave Bennet von *Flexcut*; Joyce Laituri von *Spyderco* sowie Kent Harpool und Tim Rinehart von *Woodcraft Supply*.

Bei einer Reihe kniffliger Fachthemen haben mich folgende, in ihren jeweiligen Bereichen führende Profis unterstützt: Der Metallurge Dr. Abraham Anapolsky; die Mikroskopikerin Caroline Schooley; der Rasterelektronenmiskrop-Techniker Steve Anderson von der Sonoma State University; der Metallurge Dr. William R. Hoover, LLC; der Metallurge Brian Ross von Latrobe Steel; der Metallurge Hans Nichols von Precision-Marshall Steel; die Korrosionstechnikerin Katherine Cockey; Charles Beresford von Cryogenics International; und Jeff Wherry von der Unified Abrasives Manufacturer's Association.

Und dafür, dass dieses Buchprojekt überhaupt entstand und so aussieht und sich liest, wie das der Fall ist: Rick Droz als fotografischer Berater; Martha Garstang Hill, die die Illustrationen gestaltet hat; Designer Brian Roeth und David Baker-Thiel als Executive Editor von Popular Woodworking Books. Ihnen allen und jedem einzelnen gilt mein Dank.

Inhalt

Einführung

Gebt mir sechs Stunden zum Fällen eines Baumes und ich verbringe die ersten vier mit dem Schärfen der Axt.

Abraham Lincoln

„Entspannen Sie sich. Sie wissen mehr als Sie annehmen." Beruhigende Worte für frisch gebackene Eltern – aus Dr. Benjamin Spocks Klassiker *Baby and Child Care* (Achtung, wir haben es hier mit Doktor Spock zu tun, nicht mit Mister Spock ... ;-). Und seltsamerweise gelten diese klassischen, beruhigenden Worte auch für dieses Buch.

Eine perfekte Schneide ist die Schnittlinie zwischen zwei Oberflächen und führt die ihr zugewiesenen Aufgaben so aus, wie Sie es sich wünschen. Sie müssen nur noch:

1. Den richtigen Winkel für diese Schnittlinie bestimmen.
2. Das Werkzeug im richtigen Winkel auf einer Schleiffläche bewegen, bis diese Schnittlinie entsteht.
3. Schritt Nr. 2 mit immer feinerem Schleifkorn wiederholen, bis der gewünschte Schliff erreicht ist.

Das war's. Wirklich. Und Sie können das. Bei der Herstellung einer perfekten Schneide stehen Winkel und Körnungen im Mittelpunkt, und was hier nun folgt, sind Informationen, die, wie ich hoffe, Ihnen helfen, dabei die richtigen Entscheidungen zu treffen. Wenn man sich nämlich einmal das ganze Drumherum wegdenkt, erhält man etwas vergleichsweise Einfaches: eine Schneide aus Metall und ein Schleifmittel, mit dem ein wenig Metall von dieser Schneide abgetragen wird. Jedes einzelne Schneidwerkzeug in Ihrer Werkstatt braucht eine solche Schneide, die in einem bestimmten Winkel geschliffen und so abgezogen ist, dass sie die ihr zugewiesenen Aufgaben durchführen kann.

Es ist unmöglich zu beschreiben, wie jedes Werkzeug für jede denkbare Aufgabe zu schärfen ist, doch ich hoffe aufrichtig, dass Sie durch die Beschäftigung mit dem Thema und Übung immer besser verstehen, was beim Schneiden von Holz mit Stahl geschieht. Je mehr Sie verstehen, desto leichter, stressfreier und intuitiver wird Ihre Arbeit mit Holz. Entspannen Sie sich.

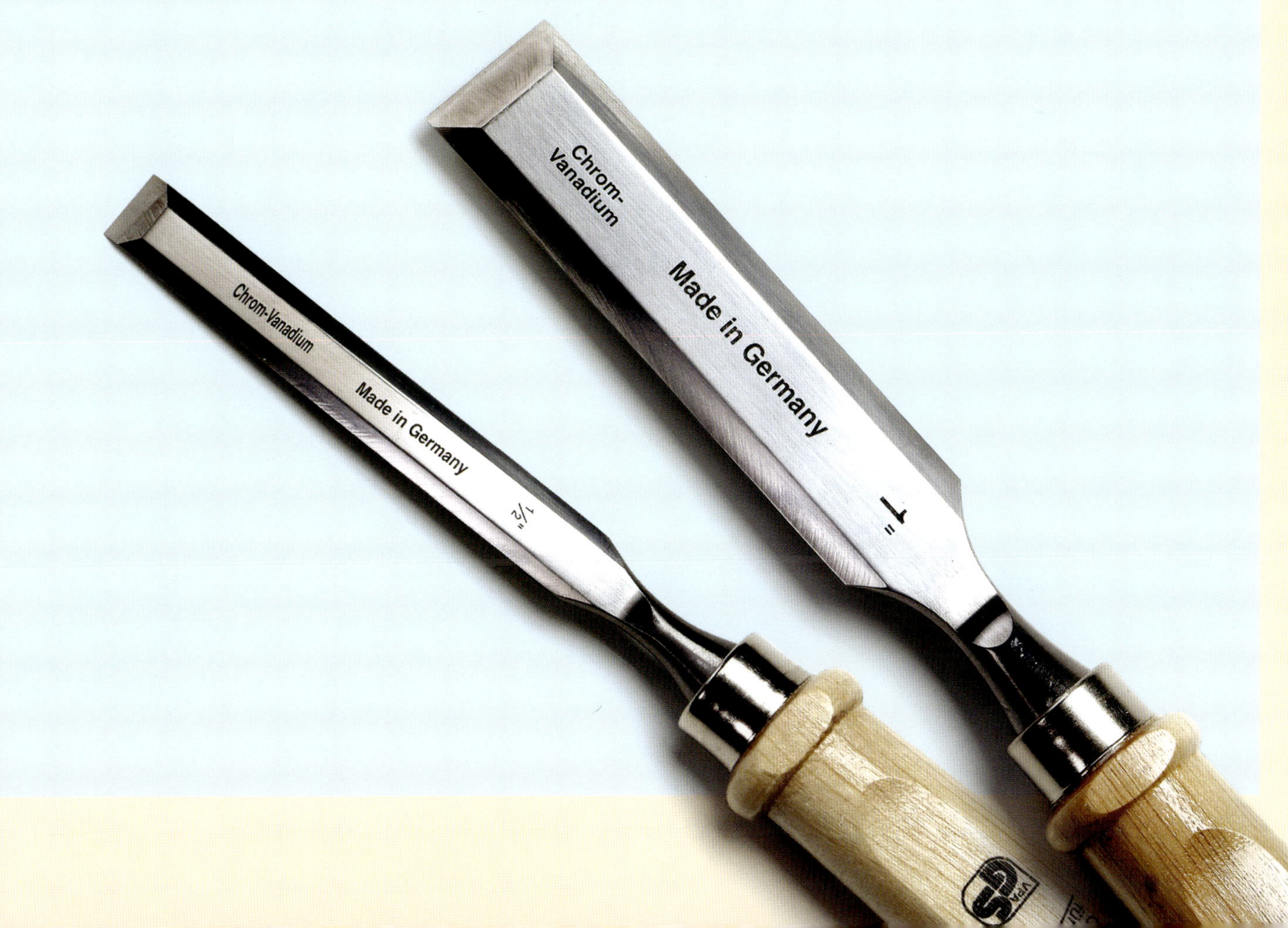

1 Warum schärfen?

Hier zunächst eine Definition des Begriffs „scharf“: Eine scharfe Schneide entsteht, wenn zwei plane Oberflächen einen Nullradius-Schnittwinkel (Schnittwinkel mit einem Krümmungsradius gleich Null, siehe Zeichnung) bilden. Anders ausgedrückt: die Schneide bzw die Schneidfase befindet sich da, wo die Rückseite einer planen Schneide auf die Fase trifft. Wird diese Fase so nah wie möglich auf einen Nullwinkel geschliffen, ist sie so scharf, wie sie nur sein kann – das Ergebnis ist eine perfekte Schneide. Ein echter Nullwinkel (Winkel mit einem Radius von 0° an der Spitze) ist zwar nur in der Theorie möglich, stellt aber das Idealziel aller Schärftechniken und -praktiken dar. Dass das Anstreben eines Nullwinkels ein Traum ist, liegt an der Tatsache, dass die Schneide, die man schärft, ja aus etwas gemacht sein muss – zum Beispiel aus Stahl. Und dieses Etwas besteht aus Kristallen, die ihrerseits aus Molekülen bestehen, und diese wiederum aus Atomen. Alle diese mikroskopisch kleinen Bausteine haben eine gewisse Größe. So klein diese mikroskopischen Bausteine auch sein mögen – es ist immer noch Materie vorhanden, und genau deren Größe entscheidet darüber, wie nahe die Gesetze der Physik Sie an das Ziel eines Nullradius herankommen lassen. Der kleinstmögliche Radius ist der Durchmesser des größten einzelnen Teilchens der Bestandteile des Metalls, das sich nicht abschleifen lässt. Die Metallurgie von Schneidewerkzeugen erörtere ich ausführlicher in Kapitel 2: *Was ist Stahl?* Ihre frische, im Schweiße Ihres Angesichts hergestellte, perfekte Schneide beginnt sich nämlich genau in dem Moment zu verabschieden, in dem Sie das Werkzeug wieder einsetzen. Der Stumpfungsradius wird größer, die Schneide wird runder und damit allmählich stumpf. Wenn Sie zu den Menschen gehören, die ein Glas eher als „halb leer" bezeichnen, würden Sie sagen, es gibt gar keine scharfen Schneiden, sondern nur welche, die stumpf bzw. stumpfer sind. Es scheint also, dass wir „scharf" noch praxisorientierter definieren müssen. Eine Schneide ist dann scharf, wenn sie das, was sie schneiden soll, nach den Vorgaben der den Schnitt ausführenden Person schneidet. Einfach ausgedrückt: die Wahrnehmung von „Schärfe" richtet sich nach den erzielten Ergebnissen. Für bestimmte Zwecke kann es durchaus sein, dass ich eine nicht sonderlich scharfe Schneide toleriere, die für andere Zwecke völlig inakzeptabel wäre. Wie scharf „scharf genug" ist hängt davon ab, wie viel Druck ich auf die Schneide ausüben möchte und welche Ansprüche an die Oberfläche gestellt werden. Manchmal schneide ich ein Sandwich in zwei Hälften und verwende dazu dasselbe normale Messer, mit dem ich zuvor die Mayonnaise verstrichen hatte. Im Vergleich zu den Messern, die ein Koch verwendet, ist dieses Messer nicht sonderlich scharf, doch ein Besteckmesser ist praktisch, erledigt die Arbeit gut, und wenn ich damit fertig bin, muss ich nicht noch ein weiteres Kochmesser abspülen und abtrocknen (in meiner Küche gibt es keine Messer aus Edelstahl – nur pfleglich behandelte, altmodische Messer aus Kohlenstoffstahl).

Um mein Sandwich durchzuschneiden, muss ich mit dem Besteckmesser vielleicht ein bisschen fester aufdrücken als mit einem schärferen Messer, doch in diesem Fall wirkt sich der Unterschied nicht aus. Je schärfer die Schneide, desto müheloser gelingt der Schnitt und desto sauberer und glatter ist die durch den Schnitt entstehende Oberfläche (was natürlich bei einem Sandwich keine große Sache ist). Ähnlich wäre ein Höchstmaß an Schärfe für bestimmte Holzwerkarbeiten verschwendete Schärfzeit. Ein Schrupphobel wird zur schnellen Formgebung von Rohholz verwendet, wobei das Ziel nicht das Oberflächenfinish ist, sondern das Vorgeben der Abmessungen, die das Werkstück haben soll. Scharf soll das Resultat schon werden, aber eine abgezogene, spiegelglatte Optik ist für die grobe Arbeit, die hier zu tun ist, unnötig. Sparen Sie sich das Abziehen – und Ihre kostbare Zeit – für eine Schneide, die präzisere Arbeiten ausführen soll. Für eine Arbeit, bei der die entstandene Oberfläche wichtiger ist als ein Sandwich. Die letzte Aussage geht allerdings davon aus, dass Ihnen Schärfen keinen sonderlichen Spaß macht und das Schärfen von Schneiden eine zweckgebundene Tätigkeit ist, die die Grundlage zum Weiterarbeiten schafft. Erstaunlich, aber wahr: für viele Menschen ist Schärfen geradezu ein Lebensinhalt, weil sie diesen Vorgang auch für sich gesehen für ein zufrieden stellendes Unterfangen halten. Ich? Also, ich mähe gerne Rasen wegen des Anblicks (und angenehmen Dufts), der sich mir bietet, wenn ich damit fertig bin. Außerdem betrachte ich die Zeit als eine Art Meditation unter freiem Himmel, die ich fernab von Telefon und allem anderen verbringe. Andere Leute mögen Rasenmähen gar nicht, bezahlen Nachbarskinder dafür, dass sie einen halbwegs annehmbaren Job machen und sind zufrieden damit. Aus demselben Grund ziehen und polieren manche Holzwerker das Eisen ihres Schrupphobels ab, bis es spiegelblank ist – ebenso wie sie alle anderen Schneidewerkzeuge sorgfältig schärfen und pflegen. Andere wollen Werkzeuge, die scharf genug sind, um die Arbeit von Hand ausführen zu können und wünschen sich ein Schärfen, das so schnell und leicht wie möglich vonstatten geht. Nach dem Motto: „Bring's hinter dich und mach dich dann wieder ans Holzwerken." Ich habe Tipps aufgenommen, die dem ganzen Spektrum von Schärfern helfen, ihr Ziel zu erreichen: vom Minimalisten, der schnell schärfen und ansonsten produktiv bleiben möchte bis hin zum akribischen Schärfer, der nach spiegelglatten Radien strebt, deren Messung man nur mit Lichtwellenlängen vornehmen kann. Schärfen ist eine Grundfertigkeit beim Holzwerken und ebenso zentrale Voraussetzung für Ihren Erfolg wie jede andere Fertigkeit, die Sie auf das Holz übertragen. In seinem Buch *Woodcarving* schreibt Chris Pye: „Ein Schnitzermeister hat mir einmal verraten, dass

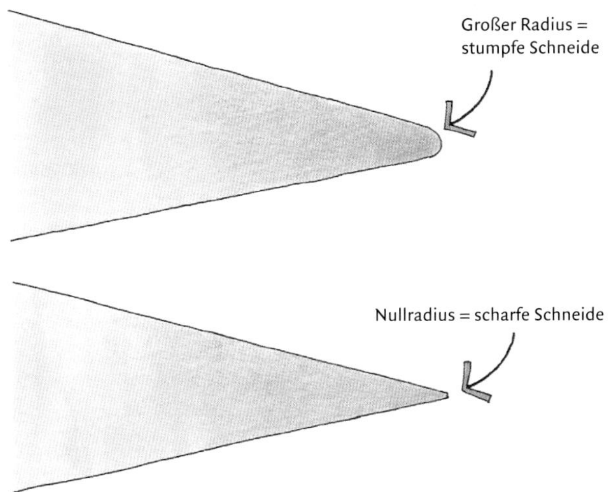

Eine stumpfe Schneide hat einen großen Radius.
Eine scharfe Schneide geht in Richtung Nullradius.

OMMMMM.

Konzentrierte Kraft: Ein einfaches Beispiel für die Konzentration von Kraft. Von welchem der beiden Schuhe würden Sie sich lieber auf den Fuß treten lassen?

er bei der Erstellung des Angebotes für eine Arbeit bis zu ein Drittel der einberechneten Zeit für das Schärfen und die Instandhaltung seiner Werkzeuge ansetzte." Mit dieser Fähigkeit ist niemand auf die Welt gekommen – man muss sie erlernen. Alles, was man erlernt, bedarf einer gewissen Praxis. Haben Sie Geduld – Sie lernen es ja gerade. Die Zeit, die man damit verbringt, Schärfen zu lernen, zahlt sich später aus, wenn man mit traumwandlerischer Sicherheit weiß, zu welcher Körnung man greifen und wie scharf ein bestimmtes Werkzeug für die jeweilige Aufgabe sein muss. Oder wann es Zeit ist, eine Schneide nachschärfen. Ich hatte ja schon erwähnt, dass manche Leute einfach deshalb gerne schärfen, weil diese Handlung schon so viel Zufriedenheit mit sich bringt, wie z. B. das Einwachsen eines Autos oder für mich das Rasenmähen. Den dabei erzielten Ergebnissen fühlen wir uns auf einer grundlegenden, ästhetischen Ebene verbunden. Eine scharfe, polierte Schneide bietet aber nicht nur einen ästhetisch ansprechenden Anblick – sie ist auch länger einsatzfähig. Ab einer bestimmten Vergrößerung erscheint jede Schneide unter dem Mikroskop jedoch als „Zahnreihe". Die Größe des Zahns ist direkt proportional zur Größe des Schleifpartikels, das den Stahl abträgt. Je feiner das eingesetzte Schleifmittel, desto kleiner die Zähne, die die Schneide bilden. Grobkörnige Schleifmittel hinterlassen recht tiefe Kratzer auf der Oberfläche des Stahls, die an der Schneide als große, sägeartige Zähne erscheinen. Diese Zähne schneiden anfangs aggressiv, doch ihre scharfen Stellen sind der konzentrierten Schneidkraft ausgesetzt, weshalb sie schon bald stumpfer werden als kleine Zähne. Wenn die Zähne groß genug sind, können sie sichtbare Rillen auf der Oberfläche des Holzes hinterlassen, das Sie gerade schneiden. Weiteres Nachschleifen mit immer feineren Körnungen verringert die Größe der Zähne an der Schneide. Je kleiner die Zähne an der Schneide, desto größer ihre Zahl. Hier wirkt die oben beschriebene Konzentration von Kraft: bei kleineren Zähnen ist zum Schneiden des Holzes weniger Kraftaufwand nötig. Wenn mehr Zähne an der Gesamt-Schneidkraft beteiligt sind, geht die Tendenz dahin, dass die Zähne länger scharf bleiben, was die entstehende Oberfläche glatter macht. Ein weiterer Grund, warum schärfer besser ist: eine polierte Schneide gleitet müheloser durch Holzfasern, was sich in einem höheren Maß an Kontrolle äußert – der entstehende Schnitt wird präzise und ansehnlich. Ich kenne einige noch nicht lang tätige Holzwerker, die noch nie einen gut eingestellten Handhobel mit scharfer Schneide verwendet haben. Ihre einzige Erfahrung mit Handhobeln beschränkte sich auf einen frustrierenden Hobelzug mit einem vernachlässigten und stumpfen Bankhobel im Werkunterricht an der Schule. Der Hobel ging ruckartig, ratterte und hinterließ den Eindruck, dass Handhobel grauenhafte Werkzeuge sind bzw. der Schüler nicht damit umgehen kann. Beides sind leider ziemlich traurige Schlussfolgerungen. Drückt man diesen ehemaligen Schülern aber einen gut funktionierenden Handhobel mit einem richtig abgezogenen Eisen in die Hand, bleibt ihnen vor Staunen der Mund offen. Wie leicht der Hobel sich schieben lässt, wie fein die Späne sind, wie glatt die gehobelte Oberfläche wird – was für eine herrliche Erfahrung! Und es kann Leben verändern. Eine richtig geschliffene Schneide eliminiert eine wichtige Variable, wenn Sie eine neue Fertigkeit als Holzwerker erlernen. Das Planhobeln eines Bretts mit dem Handhobel ist eine Aufgabe, zu der eine Reihe von Fertigkeiten und Tricks nötig sind. Bevor Sie mit dem Planhobeln eines Brettes beginnen, sollten Sie sicherstellen, dass Ihr Hobel ordnungsgemäß arbeitet. Es ist keine Übertreibung, wenn man sagt, dass bei der Holzbearbeitung jeder Arbeitsgang an der Schärfstation beginnt und man sich der guten Einsatzfähigkeit eines Hobels nie sicher sein kann, bevor das Hobeleisen plan und scharf ist. Das ist zwar keine so buchstäblich einschneidende Erfahrung wie das erste Aufsetzen eines gut geschärften Hobeleisens auf eine Holzoberfläche, aber polierter Stahl ist nicht so rostanfällig wie Stahl mit roh belassener Oberfläche. Wie lästige Insekten sind in der Luft schwebende Wassertröpfchen und Sauerstoff nur darauf aus, Unebenheiten an der Oberfläche des Stahls zu finden, in die sie sich festsetzen können und Oxidation hervorufen können. Es entsteht: Rost! Wer seine Schneiden poliert, macht sie zwar keineswegs rostfest, aber: Je glänzender eine stählerne Oberfläche, desto weniger rostanfällig ist sie. In Kapitel 2 („Was ist Stahl?“) gehe ich noch ausführlicher auf das Thema Rost und Rostschutz ein. Obwohl dies meine ganz persönliche Meinung ist, möchte ich an dieser Stelle doch ganz klar betonen: Scharfe Werkzeuge sind bessere Werkzeuge. Das ungetrübte Vergnügen, ein korrekt geschärftes Werkzeug einzusetzen, ist mit nichts zu vergleichen. Ein Beitel mit polierter, richtig geschärfter Schneide wird mit höherer Wahrscheinlichkeit genau so schneiden, wie Sie sich das vorstellen. Das Hobeln von Hand ist eine wunderschöne, geradezu sinnliche Erfahrung, wenn alles am Hobel ordnungsgemäß funktioniert. Das Hobeln geht leicht und glatt von der Hand, das feine Geräusch dabei schmeichelt dem Ohr, Späne fein wie Gaze fallen herab und scheinen auf dem Boden zu schweben, und die Oberfläche, die entsteht, glänzt so reizvoll, dass man sie einfach anfassen muss. Dieselbe Zufriedenheit entsteht bei der Arbeit mit dem Beitel, beim Zurechtschneiden von Feuerholz mit der Kettensäge, beim Längsschnittsägen mit der Tischsäge oder dem Zerteilen des Truthahns beim traditionellen Familienessen an Thanksgiving. Obwohl eine ausführliche Diskussion des Themas Schärfen zu einer verwirrenden Mischung aus Physik, Geometrie und Metallurgie ausarten kann, bei der ein schwindelerregendes Spektrum an Tricks und Methoden erwähnt wird, lässt sich eine perfekte Schneide leicht und schnell herstellen, wenn man die Grundlagen verstanden und ein paar Techniken erlernt hat. Schärfen an sich ist ein recht zufrieden stellender Vorgang. Die wenige Zeit, die man in das Schärfen seiner Werkzeuge investiert, macht einen großen Unterschied hinsichtlich ihrer Leistung aus – und darauf kommt es nach meiner Meinung wirklich an. Wenn ich mit einem Messer, Beitel oder einer Säge hantiere, die scharf sind, freue ich mich darüber, habe das Gefühl, dass ich mit meiner Arbeit eins bin und das Werkzeug die Verlängerung meiner Arme und Hände ist, dass es mir so optimal hilft, wie es ihm möglich ist und mich bei der zu erledigenden Arbeit unterstützt.

Ein Probestück aus Stahl mit polierten und rauen Oberflächen, das man gleichmäßig rosten ließ. Welche Fläche hätten Sie lieber an Ihrem Hobeleisen?

Richtig geschärfte Werkzeuge können jede Arbeit zum reinen Vergnügen machen: vom groben Holzhacken bis zu filigranen Arbeiten mit dem Beitel.

2 Was ist Stahl?

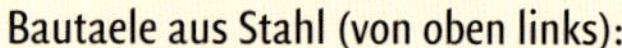

Bautaele aus Stahl (von oben links):

1. Die Golden Gate Bridge
2. Büroklammern
3. Richard Serras Skulptur „Fulcrum“ 1987,
   Foto: Andrew Dunn (2004)
4. Der Flugzeugträger USS Midway, September 1991,
   Foto: Phc Carolyn Harris
5. Rangierbahnhof in Chicago
   FOTO: JACK DELANO (1942)
6. Der Wolkenkratzer U.S. Steel Tower in Pittsburgh (PA),
   Foto: Derek Jensen (2007)

Stahl umgibt uns ständig in unserem Alltagsleben – so sehr, dass wir ihn für selbstverständlich halten. Er verleiht dem Gebäude, in dem Sie arbeiten, Struktur. Und gibt zahlreichen Dingen – vom Auto bis zum Schraubendreher – die Form, die sie haben. Aus Stahl sind die Hunderttausende von Meilen Bahnstrecken in den USA und auch die Feder in Ihrem Kugelschreiber.

Stahl ist ein faszinierendes Material: Er lässt sich schmelzen und gießen oder erhitzen und zu komplexen Gegenständen schmieden; durch kleine Öffnungen ziehen, wodurch Draht entsteht; in strukturgebende Formen warmwalzen, oder kaltwalzen zu Blechen, die dann gebogen, gestanzt, gerollt oder umgeformt werden zu Schiffen, Waschmaschinen oder dem Innengerüst Ihres Fernsehers oder Computers. Stahl ist für uns in vielerlei Hinsicht wertvoller als Gold. Stellen Sie sich einmal vor, alles Gold der Welt würde auf einen Schlag verschwinden: Klar, die Finanzwelt wäre in Aufruhr. Und natürlich gäbe es auch eine Krise im Schmucksektor und reichlich Zahnschmerzen. Aber nun stellen Sie sich einmal vor, dass Stahl verschwindet. Denken Sie dabei an all die Gegenstände, die aus Stahl gefertigt sind, und dass diese einfach einstürzen oder plötzlich nicht mehr da wären. Das Skelett, dass die vom Menschen gestaltete Welt von heute zusammenhält, ist aus Stahl. Und es ist leicht für uns – und da schließe ich die Holzwerker ein –, ihn für selbstverständlich zu halten. Dabei sollte man bedenken: Viele, ja sogar die meisten Tätigkeiten des Holzwerkens hängen an einem Stück Stahl, das irgendwo zwischen Ihnen und dem Holz seine Arbeit tut.

Was ist Stahl?

Stahl ist eine Mischung – eine Legierung – aus Eisen und Kohlenstoff. Eisen allein (d. h. ohne Legierungsstoffe) braucht eine gewisse Hilfe, um in all den strukturellen Anwendungen, für die wir es einsetzen wollen, von Nutzen zu sein. In der Phase des Aufstiegs des Menschen mag Eisen noch geradezu wunderbar gewesen sein – härter und widerstandsfähiger als Gold, Kupfer oder Bronze –, doch durch die Hinzugabe geringer Mengen an Kohlenstoff (0,2 %) wird aus dem ehemaligen „Wunder Eisen" ein ganz anderer, unglaublich widerstandsfähiger und dennoch umformbarerWerkstoff. Diese kleine Dosis Kohlenstoff schafft genügend Festigkeit, um aus Stahl ein geeignetes Material zum Bau von Brücken, hohen Gebäuden, Autos und Kühlschränken zu machen.

Wir haben es meist mit 0,2 %igem kohlenstoffarmem Stahl zu tun, mit einfachem *Baustahl*, der in warmgewalzten oder kalt bearbeiteten Blechen, runden Stangen, flachen Stangen,

Oben: warmgewalzter Stahl. Unten: kalt bearbeiteter oder kaltgewalzter Stahl.

Doppel-T-Trägern, Winkeln etc. verfügbar ist. *Warmgewalzter* Stahl ist der häufigste Baustahl und wird verwendet für Aufbauten von Gebäuden und Brücken, großen Schiffen. Dieser Stahl ist sozusagen das grobe und schmutzige Arbeitspferd der Stahlindustrie, auf dessen gesamter Oberfläche sich noch eine durch die Hitze hervorgerufene Schicht aus Eisenoxid befindet, die sogenannte Walzhaut. *Kalt bearbeiteter* (auch kaltgewalzter) Stahl hat eine glattere, attraktivere Oberfläche und lässt sich genauer auf eine bestimmte Dicke bzw. *Stärke* walzen und zeichnet sich im Vergleich zu warmgewalztem Stahl durch höhere Gleichförmigkeit aus. Kaltwalzen *führt zu Kaltverfestigung des Stahls* und macht ihn *widerstandsfähiger* – also beständiger gegen Verformung, Ausbeulung oder Verbiegen – als warmgewalzten Stahl. Dank dieser zusätzlichen Festigkeit und seiner glatteren Oberfläche wird kaltgewalzter Stahl für Autokarosserien, Aktenschränke u. ä. verwendet.

Durch Hinzufügen von Kohlenstoff jenseits der 0,2 %, die erforderlich sind, um aus Eisen Stahl zu machen, können wir die physikalischen Eigenschaften des Stahls verändern, z. B. seine *Härte* – also seinen Widerstand gegen Verformung durch Zusammendrücken und seine *Zugfestigkeit* – also den Widerstand, den er einer Zugbelastung entgegensetzt.

Für uns als Holzwerker besonders interessant ist jedoch die Tatsache, dass Stahl mit einem Kohlenstoffgehalt von 0,8 % oder höher durch Wärmebehandlung voll aushärtbar wird. Stahl mit dem Mindestgehalt an Kohlenstoff, der erforderlich ist, um durch Wärmebehandlung voll aushärtbar zu sein, bezeichnet man als *eutektoiden* Stahl. Stahl mit einem Kohlenstoffgehalt von 0,8 % oder mehr wird in der Regel als *kohlenstoffrei-*

Geschichte Des Stahls

Die Entdeckung des Grabes von Tutenchamun war einer der größten archäologischen Funde aller Zeiten. Die enormen Reichtümer, mit denen man den jungen Pharao zu Grabe trug, enthielten mehr Gold als 1922, dem Jahr der Entdeckung des Grabes, in der Royal Bank of Egypt eingelagert war. Zu den 107 Gegenständen, die man bei Tutenchamuns sterblichen Überresten fand, gehörte ein eiserner Dolch, den er an seinem Gürtel trug. Diesen wahrscheinlich aus Meteoreisen – das sehr selten und weitaus härter und widerstandsfähiger ist als andere, damals bekannte Metalle – gefertigten Gegenstand hielt man für so wertvoll, dass man annahm, der König wolle ihn sicherlich auch im Jenseits mit sich führen. In einem Zeitalter, in dem das Schmelzen von Kupfer und seiner stärkeren Legierung, der Bronze, dominierte, galt Eisen als unvorstellbar wertvoll – kostbarer noch als Gold.

Über 6% der Erdkruste bestehen aus Eisenoxid – es dauerte aber recht lange, bis der Mensch einen Weg fand, diesen *Schmutz* zu etwas so Nützlichem zu machen wie Stahl. Das erste Einschmelzen von Eisen (aus Erz) geschah vermutlich rein zufällig als beim Einschmelzen von Kupfer auch eisenhaltiges Erz in das Kupfererz gemischt wurde. Eisenerz besteht hauptsächlich aus verschiedenen Eisenoxiden, die reduziert werden müssen, d.h., denen Sauerstoff entzogen werden muss, damit metallisches Eisen daraus wird. Das Eisenerz war mit Holzkohle (die überwiegend aus Kohlenstoff besteht) vermischt und wurde verfeuert. Das bei der Verbrennung von Holzkohle entstehende Kohlendioxid verbindet sich mit dem heißen Kohlenstoff der Holzkohle zu Kohlenmonoxid. Das heiße Kohlenmonoxid wird wieder zu Kohlendioxid, indem es den Eisenoxiden Sauerstoff „stiehlt" (sie reduziert), woraus dann metallisches Eisen entsteht. Allerdings ist die zum Schmelzen von Kupfer benötigte Hitze bei weitem nicht ausreichend, um das im Kupfererz eventuell vorhandene Eisen auszuschmelzen. Der Übergang vom Erz zu Eisen vollzieht sich im festen Zustand, in dem das Eisen eine solide, unschöne, schwammartige metallische Konsistenz annimmt, die als *Luppe* bezeichnet wird. Die Hohlräume in der Luppe sind voller Schlacke (Verunreinigungen vom Einschmelzen), die

Wertvoller als Gold? Dieses Foto von König Tutenchamuns eisernem Dolch machte Harry Burton. Er war der einzige Fotograf, der in dem 1922 von Howard Carter entdeckten Grab Aufnahmen machen durfte. Dies ist nur eines der 1400 Fotos, die Burton vom Inhalt des Grabes machte, dessen Katalogisierung und Überführung in das Cairo Museum 1932 abgeschlossen wurde.

Carnegie Steel Co.: Stahlhütte in Youngstown, Ohio, 1910.

entfernt werden müssen. Irgendjemand muss erkannt haben, dass dieser „Eisenschwamm" eine metallische Substanz ist, und zwar wahrscheinlich durch Anwendung des entsprechenden wissenschaftlichen Testverfahrens: er schlug mit einem Stein darauf. Danach erfolgte die Weiterverarbeitung des Eisenschwamms durch Erhitzen bis zum Schmelzpunkt der Schlacke und Bearbeitung mit einem Hammer, bis die Schlacke daraus verschwunden war. Diese Arbeit war mühsam, gefährlich und ressourcenintensiv, da das Eisen immer wieder erhitzt und mit Schlägen bearbeitet werden musste, um zu Schmiedeeisen zu werden. Dieses Verfahren der Eisenherstellung wendete man vom Ende der vorchristlichen Zeit bis in die ersten Jahrhunderte unserer Zeitrechnung an.

Bessemerbirne im Einsatz in der Republic Steel Mill, Youngstown, Ohio, 1941.
Foto: Alfred T. Palmer

Manchmal konnte die Herstellung von Eisenschwamm so gesteuert werden, dass er auch ein wenig Kohlenstoff enthielt, und man geht davon aus, dass der erste Stahl in Ostafrika bereits im Jahr 1400 v.Chr. hergestellt wurde. Die Chinesen verschmolzen Schmiedeeisen und Gusseisen miteinander und erhielten so Stahl mit mittlerem Kohlenstoffgehalt. Im 1. Jahrhundert n.Chr. wurde Wootz (auch „Wootzkuchen" oder „Damaszenerstahl" genannt), eine Schichtung von Stählen mit verschiedenem Kohlenstoffgehalt, in Indien und auf Sri Lanka und bis zum 5. Jh. n.Chr. bis nach China importiert. Die Kelten fertigten um 200 n.Chr. Stahl aus schmiedeeisernen Barren, indem sie diese in Eisenbehältern zusammen mit Knochen und anderen kohlenstoffhaltigen Materialien einschlossen und das Ganze zehn bis zwölf Stunden lang erhitzten. Durch dieses Verfahren nimmt das Eisen den Kohlenstoff auf und wird zu Stahl, der feuergeschweißt wird und zu Werkzeugen geformt werden kann.

In der Neuzeit machte die Stahlproduktionen einen Riesenschritt nach vorne, als sich 1855 Henry Bessemer ein Verfahren patentieren ließ, das Verunreinigungen aus Eisen entfernte, indem es Luft durch den mit Flüssigmetall gefüllten Schmelztiegel blies. Mit dem Bessemerverfahren ließen sich in 20 Minuten 15 oder mehr Tonnen Flüssigeisen reinigen. Danach gab man Kohlenstoff und andere Legierungsstoffe in den gewünschten Mengen hinzu. Dies leitete die Ära des preiswerten, in Massen hergestellten Stahls ein.

Damaszenerstahl
Foto: Ralf Pfeifer (2005)

cher Stahl (oder hochkohlenstoffhaltiger Stahl) bezeichnet. Ein Kohlenstoffgehalt unter 0,8 % kann Stahl bei Wärmebehandlung teilweise aushärtbar machen – volle Aushärtung ist aber nur bei einem Kohlenstoffgehalt von mindestens 0,8 % möglich. Wenn noch weiterer Kohlenstoff hinzugefügt wird, bilden sich Eisenkarbid und andere Karbide, was dem Stahl eine größere Härte verleiht. Eine größere Härte schafft mehr Abriebfestigkeit – diese Eigenschaft ist dafür verantwortlich, dass Stahl eine Schneide mit einer Standzeit hat und bildet die Grundlage der meisten in Werkstätten eingesetzten Schneidwerkzeuge. Eine noch höhere Kohlenstoffkonzentration in einer Legierung kann leicht zu viel werden; bei mehr als 1,5 % mehr Kohlenstoff wird der Stahl spröde. Gibt man 2 % oder mehr Kohlenstoff hinzu, wird das Metall als *Gusseisen* bezeichnet.

Die Änderungen der physikalischen Eigenschaften von Stahl, die durch Beigabe von mehr oder weniger Kohlenstoff entstehen, sind sowohl Folge der Bildung verschiedener Stahlkristallstrukturen als auch der Wechselwirkungen zwischen dem Kohlenstoff und den Eisenatomen des Stahls. Kohlenstoffarmer Stahl ist meist *Ferrit*, das einfachste Eisenkristall. Bei über 0,8 % Kohlenstoffgehalt enthält der Stahl auch eine gewisse Menge an *Zementit*, das auch als Eisenkarbid (Fe_3C) bezeichnet wird. Bei 0,8 % Kohlenstoffgehalt besteht der Stahl aus *Perlit*, einer festen Lösung und in Schichten vorliegenden Mischung aus Ferrit und Zementit.

Sehen wir uns einmal ein Stück eutektoiden Stahl (Kohlenstoffgehalt: 0,8 %) an. Bei Zimmertemperatur besteht das Eisenkristall aus *Perlit*. Der Ferrit-Bestandteil hat eine *kubischraumzentrierte* (englische Abkürzung: „bcc“) Kristallstruktur wie ein Würfel mit neun Eisenatomen: ein Atom an jeder Ecke, eines in der Mitte. In dieser Kristallkonfiguration müssen sich die Kohlenstoffatome ihren Platz inmitten der Eisenatome suchen, aus denen die kubische Kristallstruktur gebildet ist; diese verformen sich ein wenig, um den Kohlenstoffatomen Platz zu machen.

Perlitkristalle bestehen aus Millionen von Eisenatomen; ein Stück Stahl besteht aus Millionen von Kristallen. Biegt man Stahl, so gleiten diese Kristalle aufeinander und werden zusammengepresst, was einige Atome aus ihrem Verband verdrängt. Diese Störungen werden als *Versetzungen* bezeichnet, und da das umgebende Gitter die durch das Biegen verschobenen Atome aufnimmt, liegt die größte Beanspruchung in dem Bereich, in dem der Stahl gebogen wird. Aufgrund dieses Zusammendrückens von Kristallen und den sich hieraus ergebenden Versetzungen wird der durch das Biegen beanspruchte Bereich härter. Diesen Vorgang bezeichnet man als *Kaltverfestigung*.* Wenn der Stahl an derselben Stelle erneut gebogen wird, kommt es zu denselben Verschiebungs- und Kompressionseffekten – nun aber sind die umliegenden Bereiche weniger gut imstande, diese Versetzungen mitzumachen; die Beanspruchung steigt weiter. Wird das Werkstück oft genug vor- und zurückgebogen, ist der „gute Wille“ der an dieser Stelle verschobenen Kristalle allmählich aufgebraucht und das Werkstück bricht an der Biegestelle – so ähnlich, wie wenn man ein Stück Draht (anstatt es

* *Eine Kaltverfestigung findet auch statt, wenn Stahl gehämmert wird, da die direkte Schlageinwirkung eine Beanspruchung darstellt, die zu Verschiebungen führt.*

Die Festigkeit von Stahl

Hier eine (gekürzte) Übersicht verschiedener Stahl-Festigkeiten, nach Kohlenstoffgehalt geordnet, aus dem *Machinery's Handbook*: „Während spezifische Festigkeit und Streckgrenze proportional zum Kohlenstoffgehalt steigen, bleiben Scherfestigkeit und Elastizitätsmodul gleich.“ (Werte gerundet)

	Zugfestigkeit			**Elastizitätsmodul**
Material	Zugfestigkeit in MPa	Scherfestigkeit in % der Zugfestigkeit	Streckgrenze in MPa	Elastizitätsmodul in MPa
Stahl, SAE 950 (niedriglegiert)	450 bis 480	75	310 bis 340	206 800
1025 (geringer Kohlenstoffgehalt)	410 bis 700	75	275 bis 620	206 800
1045 (mittlerer Kohlenstoffgehalt)	550 bis 1240	75	340 bis 1120	206 800
1950 (hoher Kohlenstoffgehalt)	620 bis 1470	75	135 bis 1030	206 800

mit der Zange durchzuschneiden) immer wieder hin- und herbiegt.

Was eine Stahlsorte härter oder widerstandsfähiger macht als eine andere, ist der innere Widerstand gegenüber Verschiebungen. Je mehr es gelingt, Verschiebungsbewegungen zu begrenzen, desto besser ist ein Metall gegen Verbiegen oder Schlageinwirkung geschützt. Die Hinzugabe von Legierungsstoffen und Wärmebehandlung sind Verfahren, die Verschiebungsbewegungen entgegenwirken und den Stahl härter machen sollen.

Bei Erwärmung auf 788° C, der *kritischen* Temperatur für einfache, unlegierte kohlenstoffreiche Stähle, passiert mit der Kristallstruktur etwas, das man als *Übergang in einen festen Lösungszustand* bezeichnet. Der Stahl schmilzt dabei nicht – verflüssigt sich also auch nicht –, aber die kristallinen Bestandteile des Metalls – Ferrit, Perlit und Zementit – gestalten sich zu einem neuen, nicht magnetischen* Kristall, das als *Austenit* bezeichnet wird; hierbei können die Kohlenstoffatome so frei wandern wie in einer Flüssigkeit.

Austenit, benannt nach dem britischen Metallurgen William Chandler Roberts-Austen (1843–1902), ist ein *kubisch-flächenzentriertes* (englische Abkürzung: „fcc", face-centered cubic) Kristall mit 14 Eisenatomen: eines an jeder Ecke sowie eines in der Mitte jeder Seite des Würfels (wenn es gelänge, einzelne Austenitkristalle zu isolieren). De facto teilen sich benachbarte Kristalle die Atome, sodass kein einziges Kristall ausschließlicher „Besitzer" aller seiner Atome ist. In der neu freigewordenen Mitte des Austenitwürfels finden die herumwandernden Kohlenstoffatome eine geräumige, bequeme „Bleibe". Die Verwandlung des Kristalls von einer kubisch-raumzentrierten (bcc) zu einer kubisch-flächenzentrierten (fcc) Struktur schafft Raum, um das Kohlenstoffatom in die Mitte des Austenitwürfels zurückkehren zu lassen, wo wir es „einfangen" wollen, indem wir den heißen Stahl schnell abkühlen lassen, was eine weitere Umwandlung der Kristalle erzwingen soll.

Kühlt Austenit langsam ab, kehrt die Kristallstruktur zu Perlit zurück und alle Kohlenstoffatome wandern wieder zurück an die Plätze zwischen den Atomen, die sie vor der Erwärmung einnahmen. Einen solchermaßen behandelten Stahl bezeichnet man als *geglüht* – er ist weich, formbar, lässt sich leicht schneiden und zerspanen. Wird er jedoch im Flüssigkeitsbad schnell abgekühlt – *abgeschreckt* – wird aus Austenit ein anderer Kristall, der die Bezeichnung *Martensit* trägt; er wurde nach dem

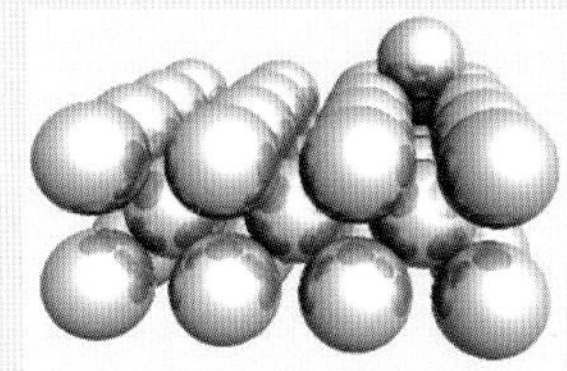

Die Eisenatome reihen sich in ihrem raumzentrierten Ferritkristall auf; in den engen Zwischenräumen finden die kleineren Kohlenstoffatome Platz. Dieses Bild wurde mit PTC Pro/ Desktop erstellt.

deutschen Metallurgen Adolph Martens (1850–1914) benannt. Der Martensitkristall weist eine sehr harte *tetragonale raumzentrierte* Struktur auf und ähnelt darin dem raumzentrierten Ferritwürfel – allerdings ist es abgeflacht, d. h. einer der Querschnitte ist rechteckig. Martensit verleiht wärmebehandelten Werkzeugstählen ihre Härte und Verschleißfestigkeit. Die Kohlenstoffatome, die im Austenit neue, bequeme „Aufenthaltsorte" gefunden haben, wurden beim Abschrecken des Stahls in der komprimierten Martensit-Struktur sozusagen gefangen. Die eingefangenen Kohlenstoffatome verspannen die Kristalle und zwingen die Struktur in einen stark unter Druck stehenden Zustand. Um Platz für die Kohlenstoffatome zu schaffen, verformen sich die Eisenatome beträchtlich. Der Stahl wird dadurch so sehr beansprucht, dass er spröde wird und sehr leicht brechen kann.

Zur Verringerung dieser Versprödung muss der Stahl *angelassen* werden. Anlassen (oder Tempern) ist ein erneutes Erhitzen in einem niedrigeren Temperaturbereich, bei dem einige der Spannungen innerhalb des Stahls gelöst werden, wodurch dieser weniger spröde wird. Dabei wandelt sich ein Teil des Martensits um in die weniger spannungsreiche Perlitstruktur. Bei der Herstellung von Messern, Hobeleisen, Beiteln u. ä. wird einfacher, kohlenstoffreicher Stahl bei einer Temperatur von etwa

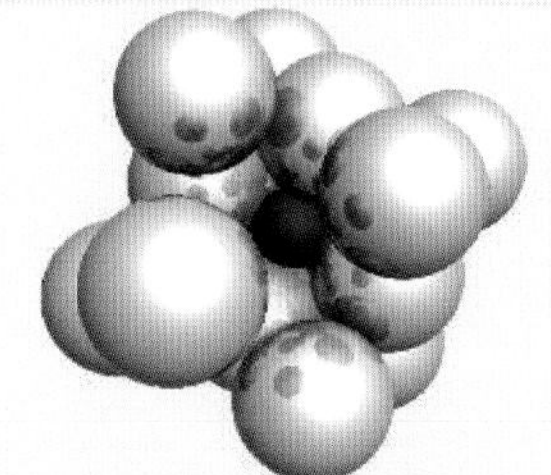

Das Kohlenstoffatom nimmt einen bequemen Platz in der hohlen Mitte des Austenitkristalls ein. Damit das Innere sichtbar wird, wurde ein Eisenatom entfernt.

Dieses Bild wurde mit PTC Pro/ Desktop erstellt.

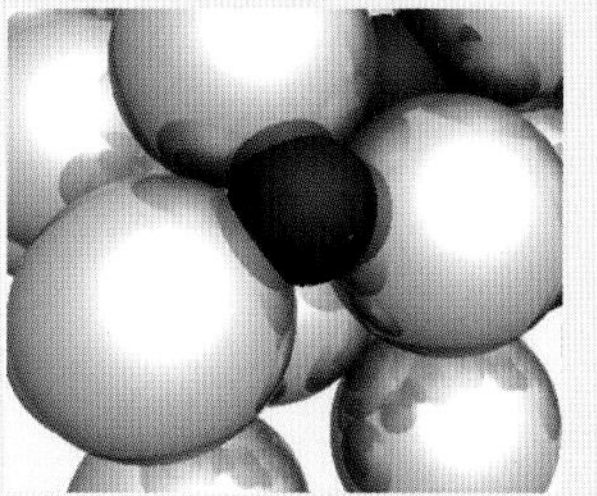

Bei Martensit werden die Kohlenstoffatome in dem engeren tetragonalen Kristall komprimiert.

Dieses Bild wurde mit PTC Pro/ Desktop erstellt.

* *Der Punkt, an dem Stahl beim Erwärmen seine magnetischen Eigenschaften verliert, wird als Curie-Temperatur bezeichnet; entdeckt wurde sie von Pierre Curie, dem Ehemann von Marie Curie. In einfachen Legierungen mit hohem Kohlenstoffgehalt zeigt diese Temperatur bequemerweise an, dass die kritische Temperatur erreicht wurde; es vollzieht sich eine völlige Umwandlung zu Austenit.*

160° bis 205° C angelassen. Die erforderliche Temperatur zum Erreichen einer bestimmten Härte (die wiederum auf der angestrebten Verwendung des Stahls basiert) hängt von der genauen Zusammensetzung der Legierung des gehärteten Stahls ab. Da das Anlassen die Spannungen und Sprödigkeit im Stahl reduziert, sinkt damit aber auch die Härte und somit die Standzeit der Schneide (Schneidhaltigkeit). Die Bestimmung der Härte, die ein Werkzeug letzten Endes haben soll, ist also ein Abwägen zwischen Sprödigkeit einerseits und Schneidhaltigkeit andererseits. Ein Werkzeug, das nur der Feinbearbeitung weicher, homogener Hölzer dient, kann also wesentlich härter sein als eines, auf das mit dem Hammer geschlagen oder das für hartes, knorriges Holz verwendet wird. Das härtere Werkzeug bleibt länger schneidhaltig – seine höhere *Druckfestigkeit* verleiht ihm größeren Widerstand gegen Abnutzung durch Druckkräfte. Das weichere Werkzeug hingegen ist zäher, absorbiert Schläge und widersteht den Ausbrüchen an der Schneide besser – durch seine höhere Zugfestigkeit kann es sich vor dem Bruch stärker verformen.

Wasserhärtende Stähle (Wasserhärter)

Bei einfachen, nur aus Eisen und Kohlenstoff bestehenden Legierungen muss das Abschrecken sehr schnell erfolgen, um ein völliges Aushärten zu gewährleisten. Die Wärme muss so schnell vom Metall abgeführt werden, dass den Kohlenstoffatomen keine Zeit bleibt, aus der Mitte des würfelförmigen Austenits herauszuwandern – gelingt es nicht, sie einzufangen, wird der dadurch entstehende Stahl nicht hart. Bei einer so einfachen Legierung wäre das bevorzugte Abschreckmedium normalerweise Wasser oder eine Salzlösung, weshalb diese Stahlsorte als Wasserhärter bezeichnet wird, wofür das „American Iron and Steel Institute" (AISI) der Bezeichnung ein „W" voranstellt: also „W-1", „W-2", etc. Selbst bei einem so schnell wirkenden Abschreckmittel wie Wasser kann es sein, dass ein Metallstück mit größerer Dicke in der Mitte nicht voll aushärtet. Manchmal kann man sich dies auch zunutze machen, so z. B. bei Beiteln, deren nicht ausgehärteter Kern als duktiler Stoßdämpfer gegen Hammerschläge wirkt. Das schnelle Abschrecken in Wasser und Salzlösung verursacht allerdings einen solchen Temperaturschock, dass sich der Stahl leichter verziehen oder sogar brechen kann – wie kaltes Glas, in das man schnell kochendes Wasser gießt. In den meisten Fällen jedoch wäre sanfteres Abschrecken wünschenswerter, und das führt uns zu den ölgehärteten Stählen.

Ölhärtende Stähle (Ölhärter)

Gibt man unserer einfachen, hochkohlenstoffhaltigen Legierung eine geringe Menge Mangan (Mn) bei, senkt dies die Abkühlgeschwindigkeit so, dass auch Öl als Abschreckmittel verwendet werden kann. In einem Ölbad abgeschreckte Werkzeugstähle werden als Ölhärter bezeichnet und von der AISI als „O-1", „O-2", etc. bezeichnet. Öl entzieht dem Stahl die Wärme langsamer – zu langsam, um für Stähle vom W-Typ als Abschreckmittel zu dienen. Bei diesem Verfahren hemmt das Mangan die Beweglichkeit der Kohlenstoff- und Eisenatome in der „Lösung" und somit ein völliges Abschrecken bei der langsameren Geschwindigkeit des Öls. Diese Stahlsorte verzieht sich bei der Wärmebehandlung weniger und härtet tiefer durch. Diese geringe Neigung zum Verzug ist besonders wichtig für komplexe Metallstanzen und -matrizen, bei denen man viele Stunden hochqualifizierter Arbeit in das zu härtende Werkzeug investieren muss und Verformungen oder Verzug gänzlich unerwünscht sind. Die Hinzugabe von Mangan wirkt sich so gut wie nicht auf die mechanischen Eigenschaften des Stahls oder die Leistung der Schneide aus – diese Stähle sind somit eine hervorragende Wahl für Holzwerkzeuge. Sie bieten Schärfevorteile durch ihre Feinkörnigkeit, sind aber dennoch relativ preiswert sowie leicht und vorhersagbar in ihrem Aushärtverhalten – bei Wärmebehandlung kommt es nur zu minimalen Verzugseffekte. Dennoch: da auch ölgehärtete Stähle sich für manche Anwendungen zu stark verziehen könnten, könnte man möglicherweise in Erwägung ziehen, sich um lufthärtende Stähle zu kümmern.

Lufthärtende Stähle (Lufthärter)

Wie Wasser oder Salzlösung kann auch ein Abschrecken mit Öl problematische Verformungen des Stahls infolge von Temperaturschocks mit sich bringen. Daher verwendet man andere Legierungszusätze, um den Stahl an der Luft härten zu lassen. Diese zusätzlichen Legierungsstoffe – Chrom, Silizium u. a. – erhöhen die kritische Temperatur des Stahls je nach Mischverhältnis der einzelnen Stoffe auf beachtliche 1315° C. Lufthärten ist ein sehr schonendes Verfahren, das Verformungen des fertigen Werkstückes minimiert. Das Werkstück wird einfach dem Ofen entnommen und – wenn es sich um Werkstücke mit geringer Dicke handelt – zum Auskühlen unbewegter Luft ausgesetzt. Für größere Werkstücke können Hinzugabe von Druckluft aus einem Gebläse oder Lüfter erforderlich sein, damit volle Aushärtung erzielt wird. Durch die zusätzlichen Legierungsstoffe können sich allerdings große Karbidteilchen bilden, die bei präzisem Schärfen störend wirken und die Schneidhaltigkeit beeinträchtigen können. Auch hier gilt es abzuwägen – diesmal zwischen Stabilität beim Härtevorgang und hoher Feinheit der Schneide. Die gängigen *Lufthärter*-Stahlsorten werden mit einem „A „ (für das englische „air-hardening") bezeichnet und heißen demnach „A-2" oder „A-10"; es gibt aber auch zahlreiche andere luftgehärtete

Stahllegierungen, deren Bezeichnung kein „A“ enthält – hierzu zählen u. a. die Schnellarbeitsstähle.

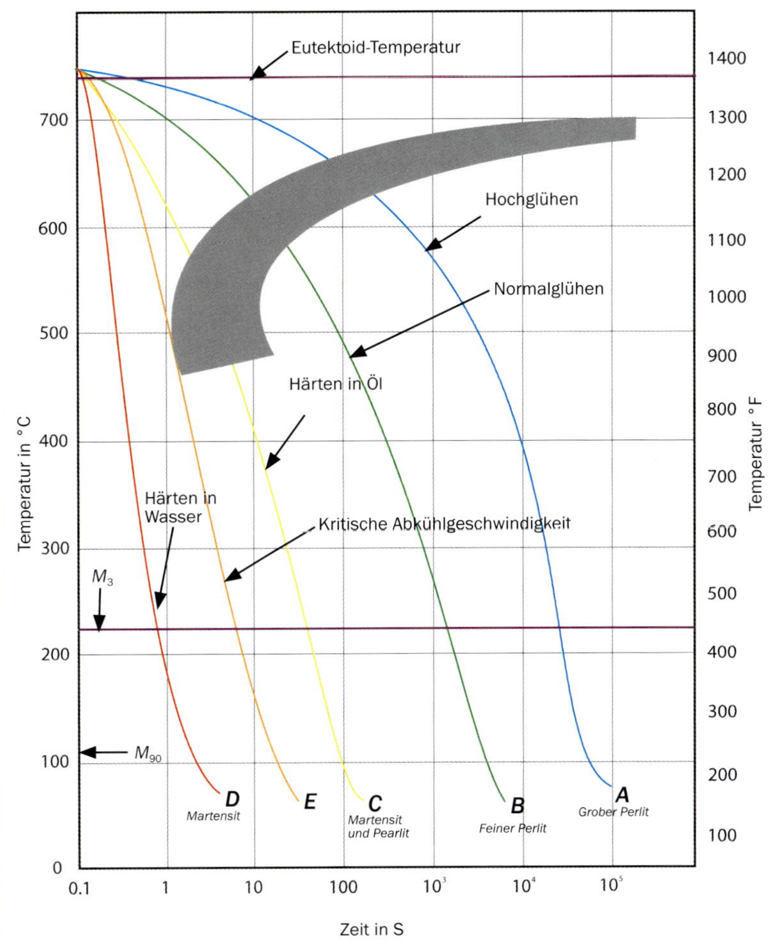

Dieses Diagramm zeigt die geforderte Abschreckrate für einfachen Stahl, d. h. Eisen mit einem Kohlenstoffgehalt von 0,7 %. Die E-Kurve zeigt die langsamste Rate, bei der Austenit ganz zu Martensit wird. Die D-Kurve zeigt das Verhalten bei Abschrecken mit Wasser (schneller als erforderlich zum Erreichen der vollen Härte). Die C-Kurve zeigt das Abschreckverhalten eines Ölbades – Öl absorbiert Wärme langsamer als Wasser – was für diesen Stahl aber nicht schnell genug ist. Ein Teil der C-Kurve verläuft durch den grauen Bereich, in dem sich Austenit zurück in Perlit verwandelt, anstatt zu Martensit zu werden. Die Kurven A und B stehen für die sehr niedrigen Abkühlgeschwindigkeiten, die für Normalglühen (durch das z. B. nach dem Schmieden das Gefüge wieder einheitlich und fein wird) und Hochglühen (bei dem das Metall sehr weich wird) erforderlich sind.

Schnellarbeitsstähle

Manche Legierungsstoffe wirken sich in anderer Weise auf Stähle aus und werden hinzugegeben, um dem Stahl bestimmte Eigenschaften zu verleihen. In verschiedenen Dosierungen hinzugegebene chemische Elemente wie Wolfram, Vanadium, Kobalt oder Molybdän schützen den gehärteten Stahl bei hohen Arbeitstemperaturen vor Erweichung bzw. Härteverlust. Die so entstehenden Stähle heißen Schnellarbeitsstähle, weil sie auch bei schnellen Arbeitsgeschwindigkeiten (in der Regel beim Zerspanen von Metall) einsetzbar sind; manche dieser Stähle können sogar rotglühend werden, ohne ihre Festigkeit oder Schneidfähigkeit einzubüßen. Bei Holzwerkzeugen ohne Elektroantrieb ist dies nicht erforderlich; und doch entstehen an vielen elektrisch betriebenen Holzwerkzeugen an der Schneide Temperaturen, die weit jenseits der Anlasste-Temperatur unserer einfachen, kohlenstoffreichen Stähle liegen – für diese Anwendungen empfehlen sich Schnellarbeitsstähle. Für die Schneide von Handwerkzeugen ist von Ihnen aber abzuraten, weil sie kostspielig sind, aber so gut wie nichts zur Schärfe des Handwerkzeuges beitragen. Außerdem können die großen Karbid-Partikel, die diese exotischen Legierungsstoffe bei der Wärmebehandlung bilden, dazu führen, dass sie sehr schwer zu schärfen sind (siehe hierzu auch den Abschnitt „Körnung“ auf Seite 20). Schnellarbeitsstähle werden in der Regel nach ihrem Haupt-Legierungsstoff benannt: z. B. „W“ für Wolfram oder „M“ für Molybdän.

Chrom-Vanadium-Stähle

Chrom ist ein Element, das so gut wie nicht auf Korrosionsprozesse in der Umwelt reagiert. Viele Werkzeugstähle haben einen Chromanteil von über 5 %. Mit einem so hohen Chromgehalt ist der Stahl recht widerstandsfähig gegen Korrosion, doch die Schneide tendiert zu einer gewissen Grobheit und das Schärfen kann sich „gummiartig“ anfühlen. Die sich bei der Wärmebehandlung bildenden Chromkarbide dürften recht verschleißfest sein, was Stählen mit hohem Chromanteil eine hohe Schneidhaltigkeit verleiht. Diese Eigenschaft kann z. B. nützlich sein bei Schrupphobeln, bei denen das entstehende Oberflächenfinish nicht so wichtig ist wie eine schnelle Abtragsleistung. Das Prädikat „rostfrei“ kann allerdings aus Herstellersicht ein Plus sein, da aus Chromkarbid wie z. B. Chrom-Vanadium hergestellte Schneiden länger attraktiv glänzen, was die verkaufsfördernd ist, wenn man die Werkzeuge lange lagern muß. Und da diese Stähle meist Lufthärter sind, ist nur eine minimale nachträgliche Wärmebearbeitung oder Nachschleifen zur Beseitigung von Verzug oder Verwerfungen erforderlich. Vanadium wird hinzugegeben, um die Schneidhaltigkeit zu verbessern – Vanadiumkarbide sind kleine, harte, verschleißfeste Teilchen – und das Korn-

Korngröße

Der Kohlenstoffanteil in einem Werkzeugstahl bestimmt, wie hart und verschleißfest der Stahl werden kann. Bei einem Kohlenstoffgehalt von zirka 0,8 % ist Stahl voll durchhärtbar. Noch mehr Kohlenstoff verbindet sich mit den Eisenatomen zu Eisenkarbiden – kleinen, harten, verschleißfesten, im Stahl verstreuten Körnchen –, die die Schneidhaltigkeit des Stahls erhöhen. Andere Legierungsstoffe verbinden sich mit Kohlenstoff zu eigenen Karbiden; folglich muss die Kohlenstoffmenge erhöht werden, um deren Karbid-Bedarf zu decken, ohne der Eisen-Matrix den Kohlenstoff vorzuenthalten, der erforderlich ist, um voll durchzuhärten und Eisenkarbide zu bilden. Diese anderen Karbide – Chromkarbid, Vanadiumkarbid etc. – sind hart und haltbar und unterstützen das Streben nach Schneidhaltigkeit. Manche Karbide jedoch sind größer als man sich wünschen würde – groß genug, um die scharfe Schneide zu verhindern, die sozusagen das „Markenzeichen“ einfacherer Legierungen ist. Diese großen Karbid-Partikel entstehen bei der Wärmebehandlung. Sorgfältiges, kontrolliertes Härten kann ihr Wachstum so minimieren, dass ihr Vorhandensein von Vorteil ist. Manche Stähle und bestimmte Verfahren verursachen jedoch sehr große Karbid-Partikel, die ein Hindernis auf dem Weg zum perfekten Schliff mit unverrundeter Schneide darstellen. Die weißen Stellen auf dem Foto sind Karbid-Partikel. In „O-1“ sind keine Karbide sichtbar, die „A-2“-Probe enthält wenige gut verteilte Karbide, „D-2“ hingegen (mit einem Chromgehalt von 13 %) zahlreiche, sehr große Karbid-Partikel. Das Vorhandensein von Karbiden hilft dem Stahl, seine Schneidhaltigkeit zu bewahren, sie machen ihn aber schwer nachschärfbar und können auch verhindern, dass die Erstschärfe hoch ist, da Karbid-Partikel größer sind als der Radius der fertig polierten Schneide. Der beim Schärfen stattfindende Schliff macht die Karbide zwar kleiner, aber die Bindungen, die die Karbid-Partikel am jeweiligen Ort halten, sind schwächer als die Stahl-Matrix; wenn also nun die umgebende Martensit-Struktur zu einer scharfen Schneide abgezogen wird, gibt es wenig, was die Karbid-Partikel noch hält. Diese ändern dann leicht ihren Standort und hinterlassen eine Lücke in der Schneide.

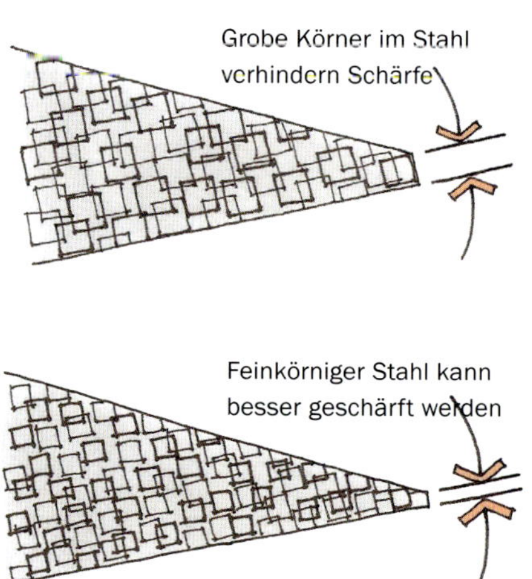

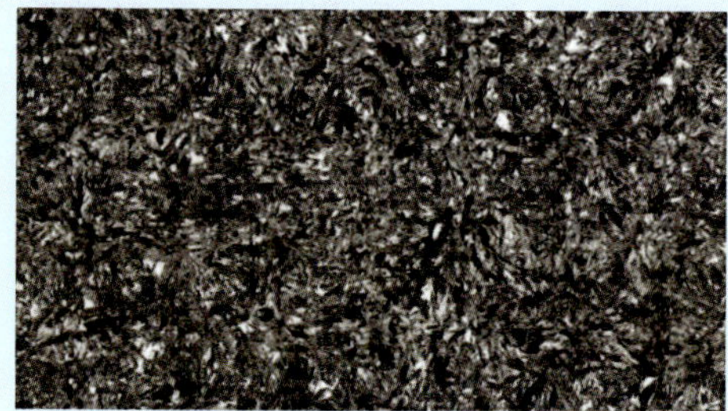

Das Gefüge der „O-1“-Probe in 1000facher Vergrößerung. Auf diesem Bild sind keine Karbide zu erkennen.

Mit Freundlicher Genehmigung Von Timken-Latrobe Steel

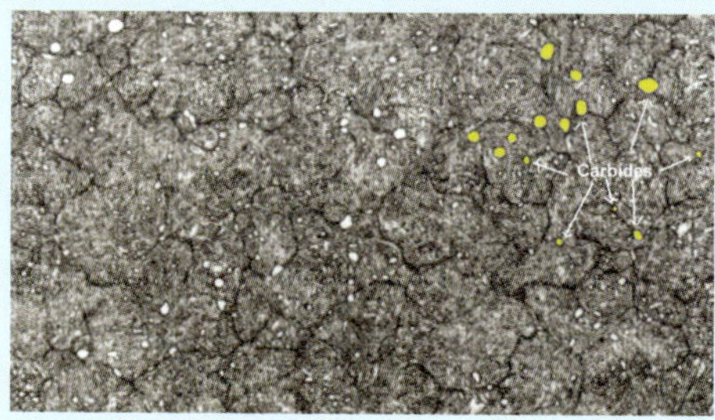

Das Gefüge der „A-2“-Probe in 1000facher Vergrößerung. Ausgewählte Karbid-Partikel wurden farblich hervorgehoben.

Mit Freundlicher Genehmigung Von Timken-Latrobe Steel

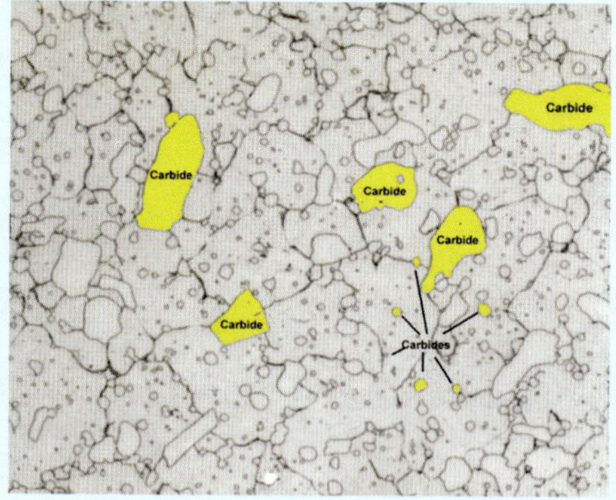

Das Gefüge der „D-2“-Probe in 1000facher Vergrößerung. Man beachte die Größe der farblich hervorgehobenen Karbide; bei den größten handelt es sich vermutlich um Chromkarbide.

Mit Freundlicher Genehmigung Von Timken-Latrobe Steel

wachstum bei der Wärmebehandlung auf ein Minimum zu reduzieren. Obwohl wir Vanadium in den Stählen unserer Holzwerkzeuge gut finden, bringt Chrom eigentlich mehr Probleme mit sich als es löst.

Rostfreier Stahl

Ein Stahl wird offiziell als „rostfrei" bezeichnet, wenn er einen Chromgehalt über 10,5 % aufweist. Um sich allerdings wirklich rostfrei zu verhalten, müssen Stähle einen höheren Chromgehalt und einen beträchtlichen Nickelgehalt aufweisen. Eine beliebte Mischung ist 18-8 (18 % Chrom mit 8 % Nickel). Bei einem so hohen Legierungsanteil ist die Kristallstruktur des Stahls nicht mehr kubisch-raumzentriert (bcc), sondern bleibt auch bei Zimmertemperatur kubisch-flächenzentriert (fcc). Stähle dieser Sorte werden als *austenitisch nichtrostend* bezeichnet und sind hochgradig widerstandsfähig gegen Korrosion, Anlaufen und Fleckbildung, haben aber eine geringe Härte und Festigkeit; außerdem sind sie nicht magnetisch.

Rostfreier Stahl vom Typ 18-8 wird beispielsweise bei der Herstellung von nicht rostendem Besteck verwendet. Die Kehrseite: dieser Stahl ist selbst für ein Besteckmesser zu weich. Deshalb ist der Nickelanteil in der Regel gering, damit die Messerklingenbis zu einem gewissen Grad gehärtet werden können. Werfen Sie doch mal einen Blick auf Ihr Essbesteck: aufgrund ihres geringeren Nickelgehaltes laufen Messerklingen leichter an und neigen mehr zu Fleckenbildung als Gabeln und Löffel. Betrachtet man die magnetischen Eigenschaften von Essbesteck aus rostfreiem Stahl, findet man normalerweise, dass Griffe von Löffeln, Gabeln und Messern nicht magnetisch sind (sie sind aus „fcc"), Messerklingen aber sehr wohl magnetisch sind (sie sind aus „bcc").

Rostfreier Stahl mit hohem Kohlenstoffgehalt wie er z. B. bei Küchenmessern verwendet wird, bildet einen Kompromiss zwischen „Rostfreiheit" und guter Schärfe. Meine Erfahrungen mit ihnen als Schneidewerkzeuge waren allerdings immer enttäuschend. Sie waren in der Regel sehr schwer wirklich exakt zu schärfen, bleiben aber meist lange Zeit halbwegs scharf. Für hochwertige, rostfreie Stahlmesser mit hohem Chromanteil gibt es aber dennoch eine sinnvolle Verwendung. Es ist nämlich durchaus in Ordnung, die „Rostfreien" in starker Korrosion ausgesetzten Umgebungen wie z. B. einer Box für Angelgeräte aufzubewahren, ähnlich auch wie in manchen gewerblichen Küchen, in denen leichte Reinigung und Desinfektion gefragt sind.

Obwohl manche hochwertigen Werkzeugkörper aus rostfreiem Stahl sind, damit sie möglichst wenig anlaufen oder rosten, ist rostfreier Stahl nicht die erste Wahl, wenn es um Klingen oder Schneiden für Holzwerkzeuge geht.

Legierte Stähle

Das American Iron and Steel Institute (AISI) hat Normen für Stahllegierungen festgelegt und hierfür entweder einen vierstellige Zahlencode oder einen Buchstaben gefolgt von einer Zahl vergeben. Die Serie mit den vierstelligen Zahlen bezeichnen legierte Stähle, wobei die Zahl für bestimmte Eigenschaften des Stahls steht. Die ersten beiden Stellen geben die Stahlsorte an, in der Regel mit dem Haupt-Legierungsstoff wie z. B. Flussstahl (10xx), Automatenstahl (11xx), Manganstahl (13xx), Nickelstahl (23xx) usw. Die nächsten beiden Stellen geben den Kohlstoffgehalt in Prozent an; „AISI 1095" wäre also Flussstahl mit einem Kohlenstoffgehalt von 0,95 %. Zwischen den beiden Zahlenpaaren kann auch ein Buchstabe stehen, der für einen weiteren Legierungsstoff steht (xxLxx). Den ersten beiden Zahlen kann manchmal noch eine dritte hinzugefügt werden, die für eine weitere Untersorte Stahl steht, und die letzten beiden Zahlen werden um eine dritte erweitert, wenn der Kohlenstoffgehalt über 1 % beträgt. Das System wird schon seit Jahrzehnten verwendet und ist mittlerweile recht komplex geworden; dennoch sind viele der ursprünglich vierstelligen Bezeichnungen auch heute noch in Gebrauch.

Werkzeugstähle

Die andere Klasse der Legierungsstähle sind die Werkzeugstähle. Werkzeugstähle unterscheiden sich darin von Legierungsstählen, dass sie metallurgisch reiner sind und mit Blick auf ihre Legierungsanteile innerhalb engerer Toleranzen hergestellt werden müssen. Das AISI bezeichnet Werkzeugstähle mit einem Buchstaben, an den sich eine ein- oder zweistellige Zahl anschließt. Bis zu einem gewissen Grad sind die Buchstaben auch logisch. Bei manchen gibt die Bezeichnung Aufschluss über das Abschreckmedium des Stahls: „W-1" steht für wassergehärteten Stahl vom Typ 1, „O-6" für die sechste ölgehärtete Legierung („O" für „oil"), und „A-10" für luftgehärteten Stahl Nr. 10 („A" für „air"). Andere Stähle werden nach den Aufgaben klassifiziert, für die sie herangezogen werden. „D-2" ist Matrizenstahl Nr. 2 („D" von „die", engl. für „Matrize"), „H-13" wird für Arbeiten mit starker Hitzeentwicklung wie z. B. das Schmieden von Matrizen u. ä. verwendet – dieser Stahl ist extrem hitzebeständig, und „S-1" („s" von „shock") ist ein schlagbeständiger Stahl, der für Anwendungen verwendet wird, in denen mit starker Schlagbeanspruchung zu rechnen ist. Manche Werkzeugstähle sind nach ihrem Haupt-Legierungsstoff benannt: „T-15" ist Wolframstahl; „M-42" ist ein Molybdänstahl (beides sind Schnellarbeitsstähle). Klingt alles noch recht logisch. Aber dann gibt es noch eigene Werkzeugstahlsorten, die von einzelnen Stahlunternehmen entwickelt wurden und die z. B. 54CM, ATS-34 oder CPM9V heißen. Da wird einem beinah schwindlig. Im Internet finden sich zahl-

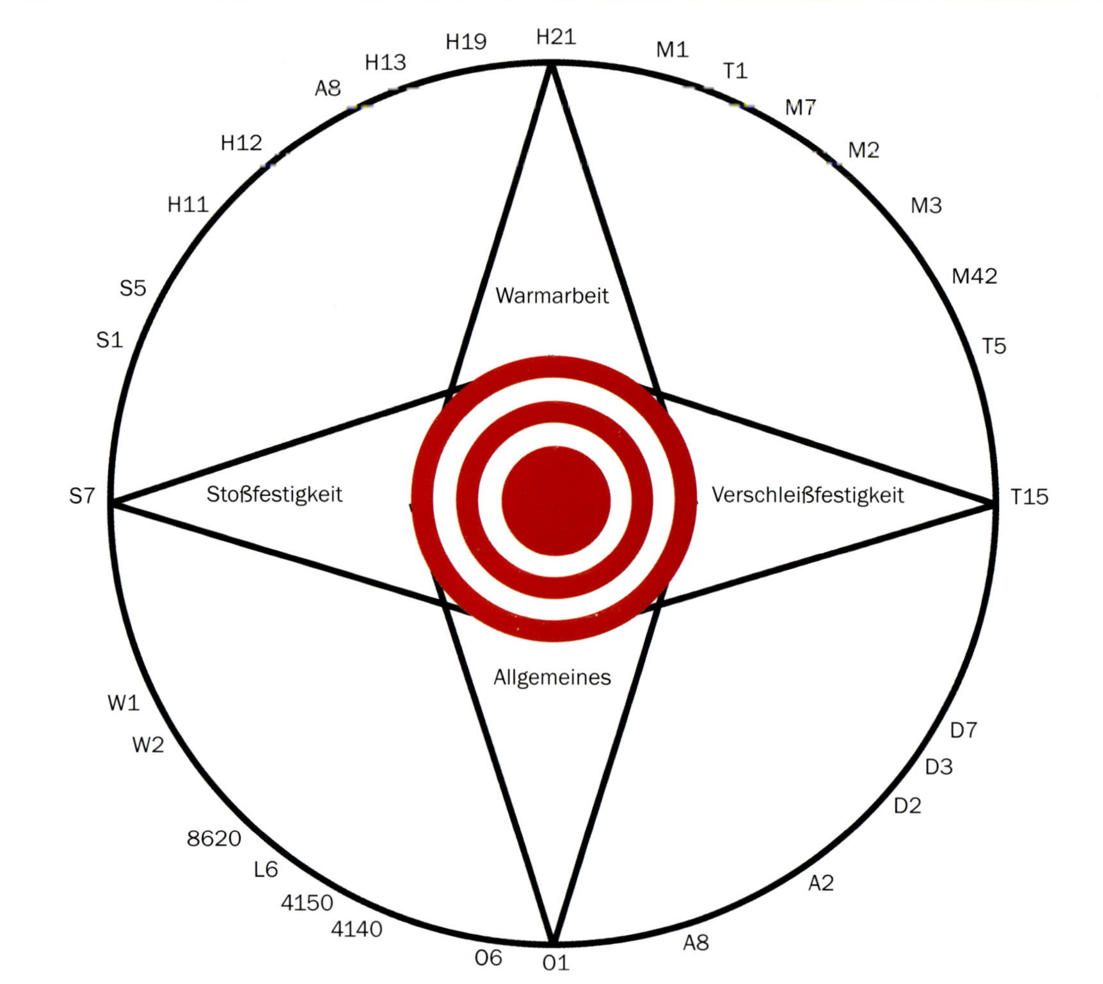

Quelle: „Heat Treatment, Selection and Application of Tool Steels" (dt.: „Wärmebehandlung, Auswahl und Anwendung von Werkzeugstählen". Verwendung mit Genehmigung).

reiche Tabellen und Diskussionen über Stähle für Schneiden. Lassen Sie sich nicht verwirren, es sind Meinungen, nicht mehr und nicht weniger. Die vom AISI angebotenen Tabellen sind meinen begrenzten Recherchen nach meistens präzise. Ich habe auf Seite 22 die Auswahltabelle für Werkzeugstähle von „Advisor in Metals" (AIM) mit aufgenommen, um zu demonstrieren, in welcher Beziehung die verschiedenen Werkzeugstähle zueinander stehen.

Die Stähle, die am häufigsten für Handwerkzeugen verwendet werden, sind in einem Bogen am unteren Rand des Kreises angeordnet. Holzbearbeitungswerkzeuge sind meistens aus „W-1" (herkömmliche Beitel und Hobeleisen), „O-1" (mein Lieblingsstahl für Hobeleisen und die Wahl von Hock Tools für unsere kohlenstoffreichen Stahlklingen), „A2" (die immer beliebter werden – hervorragende Wahl, wenn hohe Schneidhaltigkeit Trumpf ist) sowie verschiedene der Schnellarbeitsstähle im oberen rechten Quadranten wie z. B. „M-2".

Nach einem genauen Blick auf die Tabelle wäre man beinah geneigt zu sagen: „Wenn A-2 schneidhaltiger ist als O-1, muss D-7 doch noch besser sein, oder?" Jein. Matrizenstähle wie der „D-7" und der häufiger gehandelte „D-2" bleiben zwar länger schneidhaltig, sind aber schwerer zu schärfen, und die riesigen, im gehärteten Stahl vorhandenen Chromkarbid-Partikel machen es sehr schwer, eine Schneide zu erhalten, die so scharf ist wie mit einer einfachen Legierung. D-2 & Co. werden zumeist für Metallstanzen und -matrizenwerkzeuge verwendet und mit Fasenwinkel von knapp unter 90° gefertigt, wodurch die entstandene Schneide recht robust und von der Karbidgröße unbeeinflusst ist. „Gut", sagen Sie nun, „wie wäre es dann mit einem 'S-7'?" Da er extrem stoßfest ist, ist er sicher auch sehr robust und ich kann ihn die ganzen Tage lang für Beitelarbeiten verwenden, oder? Auch hier lautet die Antwort „jein". Der „S-7" wird für Kaltmeißel und Steinbohrer verwendet, also für Werkzeuge, die nicht unbedingt lange schneidhaltig sein

Zusammensetzung der Werkzeugstähle nach AISI

Legierungsbestandteile	W1	W2	O1	O6	A2	A6	A10	D2	D7	S1	S5	S7	H13	M2	M3	M4	M42	T1	T15	4140
Kohlenstoff (C)	1,00	0,86	0,95	1,45	1,00	0,70	1,35	1,50	2,30	0,50	0,60	0,50	0,40	0,80	1,05	1,30	1,10	0,72	1,55	0,40
Silizium (Si)	0,20	0,23	0,25	1,20	0,30	0,30	1,20	0,30	0,40	0,80	1,95	0,25	1,10	0,30	0,30	0,30	0,30	0,30	0,30	0,40
Mangan (Mn)	0,25	0,32	1,00	0,80	0,70	2,00	1,80	0,35	0,40	0,25	0,85	0,50	0,40	0,30	0,30	0,30	0,30	0,30	0,30	0,90
Chrom (Cr)	0,15	0,15	0,50	0,20	5,20	1,00	–	12,0	12,5	1,25	0,30	3,25	5,30	4,00	4,00	4,50	3,75	4,00	4,75	1,00
Nickel (Ni)	–	–	–	–	–	–	1,85	–	–	–	–	–	–	–	–	–	–	–	–	–
Molybdän (Mo)	0,10	0,10	–	0,25	1,10	1,35	1,50	0,80	1,10	–	0,45	1,45	1,40	5,00	6,25	4,50	9,50	–	1,00	0,20
Wolfram (W)	0,15	0,15	0,60	–	–	–	–	–	–	2,25	–	–	–	6,00	6,25	5,50	1,60	18,0	12,5	–
Kobalt (Co)	–	–	–	–	–	–	–	–	–	–	–	–	–	–	–	–	8,0	–	5,0	–
Vanadium (V)	1,00	0,24	0,25	–	0,20	–	–	0,60	4,00	0,25	0,20	0,20	1,00	2,00	2,50	4,00	1,15	1,00	5,00	–

müssen, sondern lediglich nicht brechen dürfen, wenn man darauf schlägt. Ihrem Beitel wird es also nichts ausmachen, wenn kraftvoll auf ihn eingehämmert wird – aber besonders schneidhaltig wird er nicht sein.

Ich wünsche es wäre anders, aber alles hat seinen Preis. Alles reduziert sich darauf, einen Kompromiss zwischen diesen drei Eigenschaften zu finden Schneidhaltigkeit, Schärfbarkeit (womit sowohl die Leichtigkeit des Schärfens als auch die erreichbare Schärfe gemeint sind) und Korrosionsbeständigkeit. Und auch wenn auf die Gefahr einer übermäßigen Vereinfachung hin: man kann nur zwei der drei erreichen.

Karbide

Wenn bei Holzwerkern die Rede von Karbid-Werkzeugen ist, ist der verwendete Werkstoff in der Regel *gesintertes Wolframkarbid* (WC). Wolframkarbid zählt zu den härtesten Werkstoffen überhaupt und wird wegen seiner extremen Verschleißfestigkeit, sowie seiner hohen Temperatur- und Korrosionsfestigkeit eingesetzt. Alle diese Eigenschaften machen es zu einem begehrten Werkstoff für die Holzbearbeitung mit Elektrogeräten. Die Karbidproduktion beginnt mit Wolframkarbidpulver in verschiedenen Korngrößen zwischen 0,5 µm (= Mikrometer) und 50 µm. Verschiedene Korngrößen verleihen dem Werkstoff verschiedene Eigenschaften (z. B. Zähigkeit) in den fertigen Karbidwerkstücken und sind Grundlage für die verschiedenen Karbidwerkstoffe. Diese Pulver werden mit Kobalt- oder Nickelbindern sowie etwas Wachs vermischt, um der Pulvermischung Zusammenhalt zu verleihen, während diese zu vielfältigen, endformnahen Konfigurationen geformt wird. Der Begriff „gesintert" in der Bezeichnung des Karbids kommt von einem *Sintern* genannten Verfahren, bei dem das in Form gebrachte Pulver und die Wachsanteile im Vakuum auf 1430° C erhitzt werden. Dabei verschmelzen Kobalt- und Nickelbinder mit den Wolframkarbid-Teilchen und binden diese zusammen zur endgültigen, hochdichten, porenfreien Struktur, die für Sägezahnspitzen, Fräser und Fräsaufsätze etc. verwendet wird. Wenn Sie die rechte Spalte der Tabelle auf Seite 24 betrachten, sehen Sie, dass bei Karbiden dasselbe Abwägen zwischen Festigkeit und Härte stattfindet wie bei Werkzeugstählen, bei denen die Stoßfestigkeit indirekt proportional zur Verschleißfestigkeit ist. Holzwerker jedoch müssen ihr Karbid meistens nicht nach der Sorte auswählen, sondern können darauf vertrauen, dass der Hersteller diese Entscheidung getroffen hat. Das könnte Sie zu der Frage führen, warum Karbid nicht für alle Holzwerkzeuge verwendet wird. Aus drei Gründen: erstens ist es sehr teuer und daher nur bei kleinen Bohrern und Einsätzen ökonomisch. Zweitens ist es sehr schwer zu schärfen. Und drittens ist es im Vergleich zu Stahl sehr spröde, wodurch die für nicht motorbetriebene Holzwerkzeuge erforderlichen, klei-

Überblick Karbidwerkstoffe (Festigkeitswerte umgerechnet und gerundet)

Industrie-Code	Ungefährer Binderanteil (in %)	Rockwell-Härte „A“	Rockwell-Härte „C“	Biegefestigkeit (in MPa)	Druckfestigkeit (in MPa)	Korngröße
C-3 C-4	3	92,5–93,0	80–82	1.550	4.550	Fein
C-1 C-2 C-9	6	91,0–92,0	79–81	1.895	4.820	Fein
C-10	9	90,0–91,0	77–79	2.410	4.130	Fein
C-11	13	88,5–89,5	73–75	2.550	4.130	Fein
C-12	14	88,0–89,0	72–74	2.650	3.960	Fein
C-13	15	87,5–88,5	71–73	2.760	3.860	Fein
C-14	20	84,0–85,0	65–67	3.100	3.650	Grob
C-17	22	81,5–83,0	60–62	2.410	3.307	Sehr Grob

Ridge TS2000-Sägeblatt mit Karbidbestückung
Foto mit freundlicher Genehmigung von Woodpeckers, (www.woodpeck.com)

nen Schneidenwinkel nur kurz schneidhaltig bleiben. Sehen Sie sich eines Ihrer Karbidwerkzeuge an und Sie erkennen, dass die Schneidenwinkel zu groß sind, um die zwar verschleißfeste, aber zerbrechliche Schneide zu unterstützen.

Pulvermetallurgisch hergestellte Werkstoffe (P/M)

Als meine Arbeit in der Welt der Holzwerkzeuge begann, galten Chrom-Vanadium-Stähle praktisch als Optimum für Werkzeugstähle. Kohlenstoffreicher, rostfreier Stahl wurde in gewöhnlichen Küchenmessern verwendet. Ein paar experimentierfreudige Messerhersteller setzten A-2, D-2 und O-1 und gebrauchte Autoblattfedern (kein Scherz!) ein. Die Holzwerker jedoch waren auf der Suche nach Besserem, und wer konnte es ihnen verdenken? James Krenov kam hier nach Fort Bragg, um am *College of the Redwoods* zu unterrichten. Dabei vermittelte er neben eigener Philosophie und Technik auch die Freuden der Verwendung selbst hergestellter Hobeleisen. Also kamen seine Schüler in den örtlichen Eisenwarenladen, um billige Chrom-Vanadium (Cr-V) Ersatzeisen für ihre Hirnholzhobel zu kaufen. Spanbrecher brachten völlig andere Herausforderungen mit sich; hier war ein gewisses Maß an Metallbearbeitung nötig. Und findig wie Holzwerker nun mal sind, gelang es ihnen, sich Spanbrecher zusammenzuschustern. Ich stellte damals Messer her, sie hörten von mir und fragten mich, ob ich auch Eisen für ihre Hobel herstellen konnte. Eins führte zum anderen und nach kurzer Zeit gab ich das Messermachen auf und widmete mich der Herstellung von Hobeleisen. Als ich ein Hobeleisen präsentierte, das besser war als die mittelmäßigen Cr-V-Ersatzklingen, die sie benutzten (glauben Sie mir: es war wirklich nicht schwer; ich war ganz einfach zur richtigen Zeit am richtigen Ort), war das Echo ziemlich positiv. Manche dieser Holzwerker dachten sich, dass es irgendwo da draußen vielleicht doch einen noch besseren Stahl gab, der nur darauf wartete, dass ihn jemand ausprobierte. Im Laufe der Jahre bemerkte ich immer wieder, dass Holzwerker sich noch bessere Schneiden wünschen und den Verdacht hegen, dass es die „irgendwo“ auch gab. Auf diesen Wunsch habe ich immer mit Gegenfragen reagiert: „Wie viel besser soll's denn sein?“ und „Inwiefern besser?“ Holzwerker wünschen sich in der Regel Schneiden mit höherer Standzeit. Gut – A-2-Stahl erfüllt diese Anforderung mit wenigen Kompromissen (aber wie gesagt: hat alles seinen Preis). Bei den meisten Handwerkzeugen gelangen also vor allem zwei Stähle zum Einsatz: O-1 und A-2. Aktuelle Zwänge der Metallurgie beschränken allerdings die Chancen darauf, dass die Lage durch eine weitere Legierung verbessert wird. Manche Leute geben ihr Geld für teure Schnellarbeitsstähle aus, aber ich bin nach wie vor der Meinung, dass sie viel Geld in etwas investieren, das im Vergleich zum bereits Verfügbaren wenig oder keine Verbesserung bringt.

Die Pulvermetallurgie (auch Sintermetallurgie genannt) gibt es schon seit geraumer Zeit und sie wurde in verschiedensten Einsatzbereichen verwendet. Ölimprägnierte Bronzelager beispielsweise sind ein Produkt der Pulvermetallurgie; das hierbei angewandte Verfahren sorgt dafür, dass das Lager porös wird, wodurch es mit Öl befüllt werden und als selbstschmierendes Lager eingesetzt werden kann. Außerdem kann Pulvermetall in dreidimensionale Formen gepresst und gesintert werden, wodurch gussartige Werkstücke entstehen, die nur einen Bruchteil dessen kosten, was man für herkömmlichen Guss bezahlen müsste. Und hier wird die Sache für uns interessant: Vanadium ist ein geeignetes Legierungsmetall für Werkzeugstähle. Vanadium-Karbidteilchen sind sehr klein und verschleißfest. Es gibt aus diversen Gründen zahlreiche Legierungen mit einem gewissen Vanadium-Anteil, und wenn Metallurgen diesen erhöhen könnten, würden sie es tun. Das Problem dabei: Vanadium neigt zur Ausscheidung aus der Lösung, wenn ein im Schmelzfluß erzeugter Barren aus Stahl abkühlt.. Das beschränkt den für Legierungen verfügbaren Vanadiumgehalt. Um dieses Problem zu lösen, wird stark vanadiumhaltiger, geschmolzener Stahl durch feine Düsen in eine Vakuumkammer gesprüht. Beim Abkühlen entsteht ein feines Pulver mit einer Teilchengröße von ca. 3 µm. In diesem Pulver liegt der gesamte Vanadiumanteil vor. Dann wird das stark vanadiumhaltige Pulver komprimiert und gesintert und, wie jeder anderer Stahl auch, zu Blechen gewalzt. Nun beträgt der Vanadiumgehalt aber bis zu 10 %, da das Vanadium nie Gelegenheit hatte, sich abzusetzen. Da die Teilchengröße in zerstäubter Form geringer ist als die normale Kornstruktur des Stahls, ist das entstehende Produkt unglaublich feinkörnig, hochgradig verschleißfest, wodurch scharfe, schneidhaltige Schneiden entstehen. Nun werden Sie sicher gleich fragen: „Wo kann ich das kaufen?“ Auf dem Markt gibt es eine Reihe von Drechselwerkzeugen aus P/M-Werkstoffen, die sich steigender Beliebtheit erfreuen. Derzeit experimentieren einige Hobeleisenhersteller auch damit, aber das Ausgangsmaterial ist sehr teuer und kompliziert in Verarbeitung und Wärmebehandlung; außerdem ist der gehärtete Stahl äußerst schwer zu schärfen. Manche Sorten zeigen beim Schärfen ein ähnliches Verhalten wie Karbid, doch im Gegensatz zu diesem lässt sich Pulvermetall auch mit kleinem Fasenwinkel verwenden. Für Drechsler ist das Problem mit dem Schärfen nicht so groß, weil für diese spezielle Aufgabe in der Regel Schleifmaschinen verwendet werden. Ich finde aber, dass Pulvermetalle zum ersten Mal seit langem eine wirkliche Neuerung im Bereich Stahl darstellen, also sozusagen am Horizont etwas Neues in Sicht ist. Halten Sie weiter Ausschau.

Wärmebehandlung

Es ist kein Geheimnis, dass man etwas so Grundlegendes wie die Härte von Stahl durch Erwärmung und Abkühlung verändern kann. Natürlich muss man hierbei ein Verfahren einhalten, doch auch nach all den Jahren finde ich es noch immer wunderbar und auch ein wenig magisch, dass es überhaupt geht. Obwohl jede Stahllegierung in einem anderen Verfahren gehärtet werden muss, ist der grundlegende Ablauf für alle gleich. Ich bespreche hier die beiden beliebtesten Stähle für nicht motorbetriebene Holzwerkzeuge wie z. B. Beitel und Hobeleisen, nämlich AISI O-1 und A-2. Der Stahl muss grundsätzlich auf seine kritische Temperatur erhitzt werden (siehe vorheriger Abschnitt), die aufrecht erhalten werden muss, während sich die Ferrit-Kristallstruktur zu Austenit umwandelt. In genau dieser Phase sind Eisen und Kohlenstoff „in Lösung". Wie zuvor erwähnt, bedeutet das nicht, dass der Stahl flüssig ist, sondern nur, dass die Eisenatome in einem Zustand sind, in dem sie sich zu Austenit umstrukturieren und die Kohlenstoffatome in der neuen Austenit-Kristallstruktur herumwandern können. Komplexere Legierungen verlangen eine höhere Wärmezufuhr und mehr Zeit. Für einen gängigen, ölhärtbaren Stahl wie O-1 liegt die erforderliche kritische Temperatur zwischen 790° und 815° C. Es sollte darauf geachtet werden, dass kein Kohlenstoff in die Atmosphäre entweicht, während er sich frei innerhalb des Stahls bewegt. Wandert Kohlenstoff in sauerstoffhaltiger Atmosphäre an die Oberfläche, verbindet er sich nämlich mit dem Sauerstoff und verschwindet auf Nimmerwiedersehen. Auf Wärmebehandlung spezialisierte Firmen bedienen sich verschiedener Methoden, um den Kontakt mit der Luft zu vermeiden:

- Salzschmelze und Vakuumöfen;
- atmosphärengeregelte Öfen, bei denen die Ofenkammer mit Inertgas – z. B. Stickstoff oder Argon – gespült wird;
- eine Atmosphäre aus Erdgas mit ausreichend Kohlenstoff zur Einstellung eines Kohlenstoffgleichgewichts zwischen Ofenatmosphäre und Stahl, wodurch bei der Wärmebehandlung aus dem Stahl kein Kohlenstoff verloren geht oder vom Stahl absorbiert wird.

Gerade bei der Wärmebehandlung von A-2-Stahl ist die Atmosphärenregelung besonders wichtig. Bei etwa 700° C beginnt Kohlenstoff, sich innerhalb des Stahls zu bewegen. Die kritische Temperatur von A-2 liegt bei 970° C, was bedeutet, dass diese Stahlsorte zum Erreichen ihrer kritischen Temperatur

Ein Satz HOCK-Klingen wird aus dem Ofen genommen.

Foto mit freundlicher Genehmigung von Edwards Heat Treating Service.

Temperaturtabelle

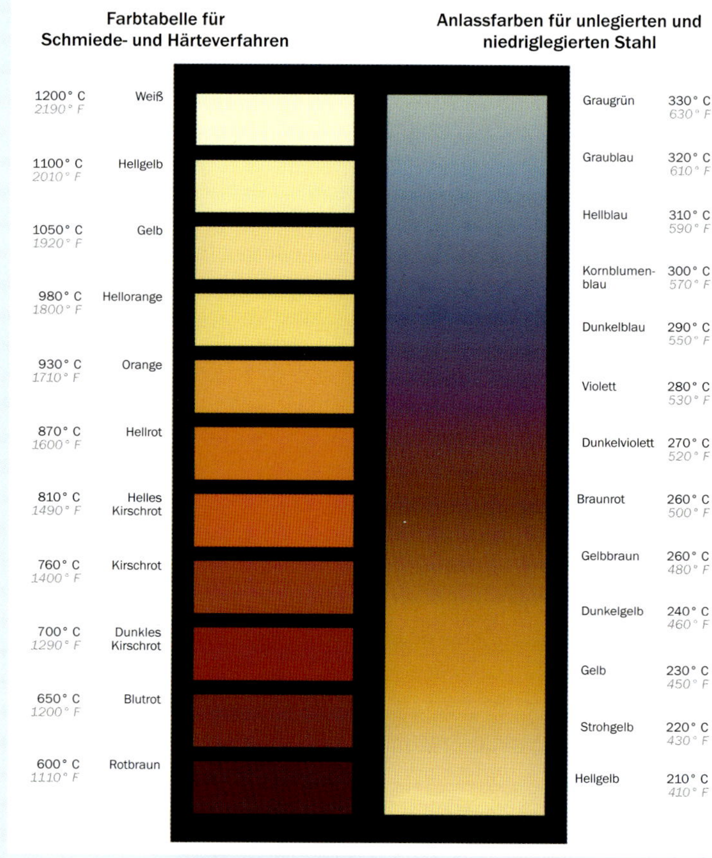

Farbtabelle für Schmiede- und Härteverfahren		Anlassfarben für unlegierten und niedriglegierten Stahl	
1200° C / 2190° F	Weiß	Graugrün	330° C / 630° F
1100° C / 2010° F	Hellgelb	Graublau	320° C / 610° F
1050° C / 1920° F	Gelb	Hellblau	310° C / 590° F
980° C / 1800° F	Hellorange	Kornblumenblau	300° C / 570° F
930° C / 1710° F	Orange	Dunkelblau	290° C / 550° F
870° C / 1600° F	Hellrot	Violett	280° C / 530° F
810° C / 1490° F	Helles Kirschrot	Dunkelviolett	270° C / 520° F
760° C / 1400° F	Kirschrot	Braunrot	260° C / 500° F
700° C / 1290° F	Dunkles Kirschrot	Gelbbraun	260° C / 480° F
650° C / 1200° F	Blutrot	Dunkelgelb	240° C / 460° F
600° C / 1110° F	Rotbraun	Gelb	230° C / 450° F
		Strohgelb	220° C / 430° F
		Hellgelb	210° C / 410° F

Diese Farbtabelle sollte bei normalem, diffusem Tageslicht und nicht bei Sonnen- oder Kunstlicht betrachtet werden Die Farben gelten für eine Anlasszeit von 30 Minuten. Sie sollten auf einem polierten Stück Stahl betrachtet werden.

Tabelle mit freundlicher Genehmigung von uddeholm tooling ab, www.uddeholm.com.

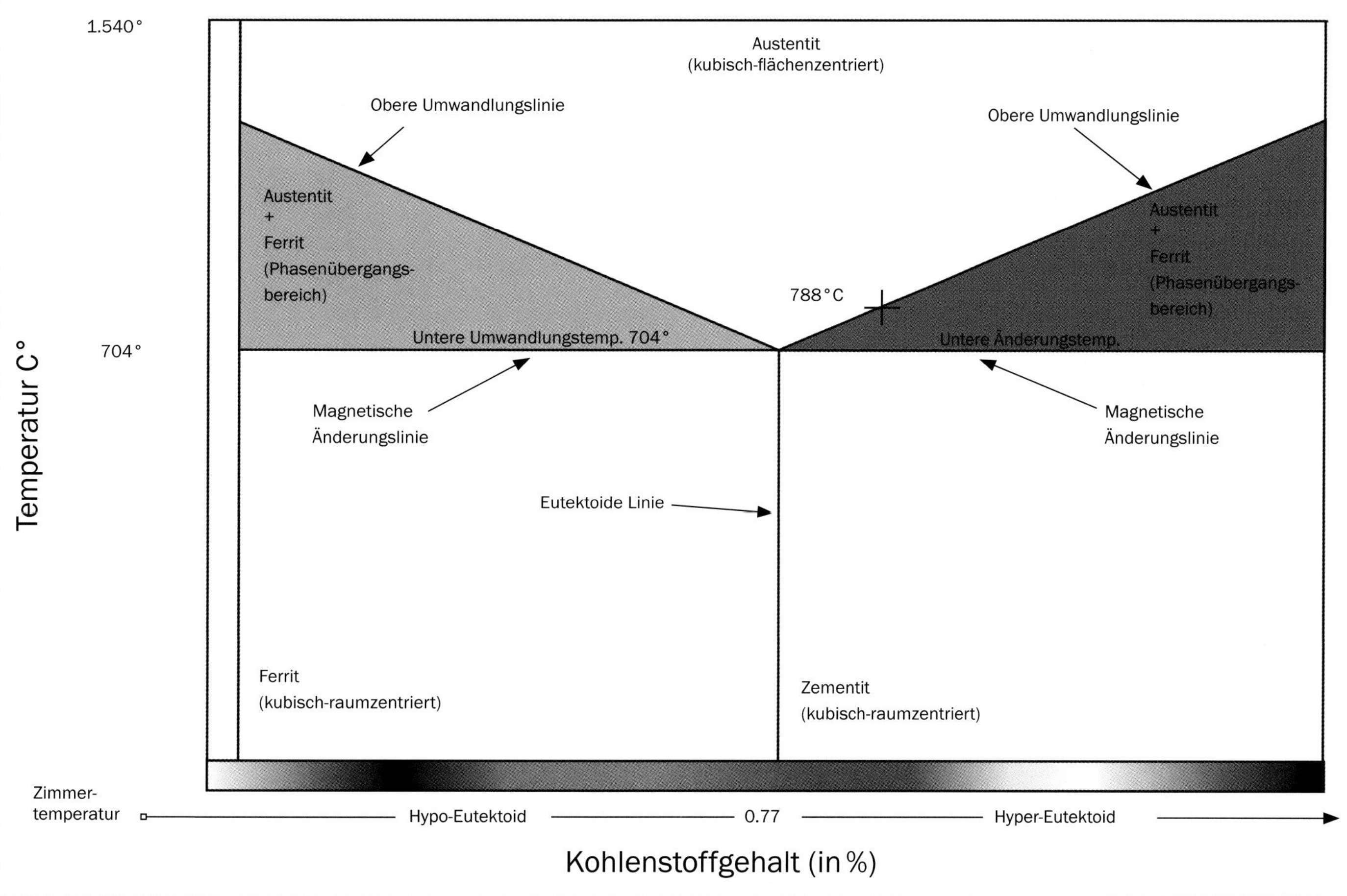

Dieses Diagramm zeigt die Phasen bei verschiedenen Temperaturen in Abhängigkeit vom Kohlenstoffgehalt des Stahls. Die kohlenstoffarmen Stähle sind links von der eutektoiden Linie, Stähle mit hohem Kohlenstoffgehalt rechts davon. Die Linie auf 704° C ist die „Kohlenstofflinie" – sie zeigt an, wann Kohlenstoff in Lösung geht. Stahl mit einem Kohlenstoffanteil von 0,77 % wird bei über 704° C ganz zu Austenit. Hat der Stahl einen mehr oder weniger hohen Kohlenstoffgehalt, steigt die Umwandlungstemperatur. Unser ölhärtender AISI O-1 enthält 0,95 % Kohlenstoff und wird bei 788° C zu Austenit.
+ kennzeichnet den Umwandlungspunkt für AISI 0-1.

länger braucht, was das Risiko von Kohlenstoffausbrand erhöht. Wenn der Stahl seine kritische Temperatur erreicht hat, sollte man ihn pro 25 mm Dickenabmessung 20 Minuten lang durchwärmen lassen, damit die Kristalle eine vollständige Strukturumwandlung vollziehen können. Es sollte darauf geachtet werden, dass der Stahl die kritische Temperatur nicht übersteigt. Überhitzung fördert das Wachstum großer Körner, die den gehärteten Stahl nur schwächen. Danach schreckt man den Stahl ab – O-1-Stahl im Öl-, A-2-Stahl einfach durch Kontakt mit unbewegter Luft –, um die Kohlenstoffatome an ihren neuen Standorten festzuhalten und die Austenitkristalle in harten, verschleißfesten Martensit umzuwandeln. Das Anlassen erfolgt dann, sobald das Werkstück wieder Raumtemperatur erreicht hat – ansonsten besteht Bruchgefahr, da sich beim Übergang von Austenit zu Martensit sowohl die inneren als auch äußeren Abmessungen verändern. Bei manchen dicken Stahlstücken können große Querschnittsänderungen im Werkstück zu Rissen auf der Außenoberfläche führen, da die Umwandlung sich auch einige Zeit nach dem Abkühlen fortsetzt. Die letzten Endes für Anwendungen verwendbare Härte wird durch die Anlasstemperatur bestimmt. Auch hier entscheidet wieder die Legierung über die genauen Temperaturen. Unser O-1-Stahl sollte nach dem Abschrecken eine Härte von etwa 66 HRC haben (sehr hart, aber auch spröde, wie bei einer Feile) und nimmt bei 150° C eine Rockwell-Härte von 63 HRC an, bei 205° C 60 HRC, bei 260° C 57 HRC, etc. A-2 sollte beim Abschrecken in etwa 64 HRC haben und nimmt bei 150° C 63 HRC an, 205° C 61 HRC und bei 260° C 60 HRC.

Unser Härteprüfer aus dem 2. Weltkrieg mit einem Schabhobeleisen.

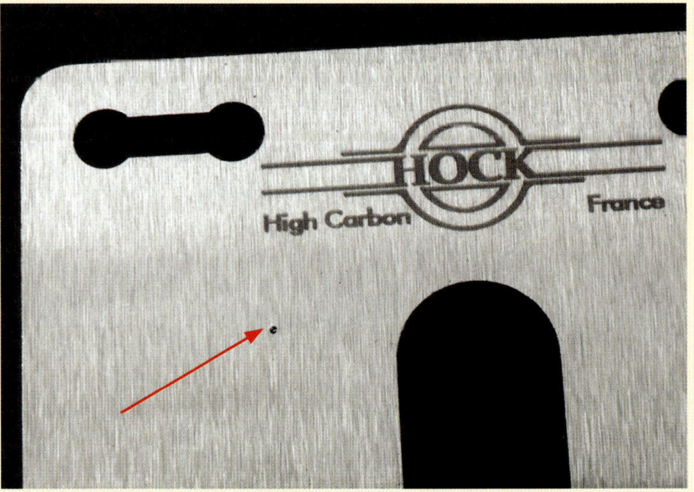

Die Härteprüfung hinterlässt eine kleine Einbuchtung im Werkstück. Sie misst die Tiefe der Einbuchtung und ermittelt hieraus die Härte des Werkstücks.

Härte

Die Rockwell-Skala ist eine willkürliche Skala, die entwickelt wurde, um die Härte von Werkstoffen zu quantifizieren. Härte ist definiert als Widerstand eines Werkstoffs gegen das Eindringen eines anderen Körpers; die Härteprüfung nach Rockwell bedient sich also des Eindringens zur Messung von Härte. Ein Diamantprüfkörper mit genau vorgeschriebener Kegelform wird mit meßbarem und wiederholgenauen Druck auf die Oberfläche des zu prüfenden Werkstoffs gepresst. Dann wird die Tiefe des Eindrucks gemessen und mit der Rockwellskala verglichen. Es gibt verschiedene Rockwell-Skalen: A., B, C., etc. Die C-Skala ist für harte Werkstoffe wie z. B. gehärteten Werkzeugstahl. zum Vergleich: es sollten beispielsweise Metallfeilen sehr hart sein (z. B. 65 HRC), Hobeleisen oder Beitel eine Härte von 62 HRC haben; Sägen haben in der Regel eine Härte von ca. 45 HRC bis Anfang 50 HRC. Die Härte kann man abschätzen, indem man ein wenig des zu bestimmenden Stahls mit einer Feile abträgt. Feilen sind in der Regel härter als jedes Probestück – je härter also das Metall, desto schlechter „beißt" die Feile. Durch einen Vergleich des „Bisses" verschiedener Werkzeuge können Sie Ihre eigene relative Härte-Skala entwickeln.

Do it yourself-Methoden

Mit ein wenig know-how, etwas Hitze und einer bekannten Stahllegierung können Sie Ihre Werkzeuge erfolgreich selbst härten. Dabei ist die schwierigste Frage: um welchen Stahl handelt es sich? Und: welches Abschreckmittel soll man verwenden? Der in einem Werkzeug verwendete Stahl ist nämlich nicht leicht zu bestimmen. Ein metallurgisches Labor verlangt nicht wenig Geld, um eine Legierung zu testen, und mir persönlich ist ansonsten keine zu Hause anwendbare, todsichere Prüfung bekannt. Außerdem ist das Abschrecken z. B. eines ölhärtenden Stahls in Wasser mit einem gewissen Risiko verbunden. Er könnte sich extrem verformen oder sogar brechen. Früher unterzog man Stähle einer Funkenprobe, um festzustellen, woraus sie bestanden. Die an einer Schleifmaschine entstehenden Funken zeigen nämlich je nach verwendeten Legierungsstoffen verschiedene Eigenschaften (wie die verschiedenen Mineralfarbstoffe bei Feuerwerkskörpern). Man kann also eine Ecke des zu untersuchenden Werkstückes abschleifen, danach einen bekannten Stahl schleifen, versuchen, die dabei entstehenden, kleinen Funken nach Form, Helligkeit, Komplexität etc. zu vergleichen und dadurch eine Identifikation vorzunehmen.

Für den Heimwerker lautet die häufigste Frage: ist ein Stück Stahl (Autofeder, alte Säge oder sonst etwas) öl- oder wasserhärtend? Einen unbekannten, vielleicht wasserhärtenden Stahl sollte man eher in Öl abschrecken als andersherum. Es kann nämlich sein, dass der wasserhärtende Stahl im Öl nicht voll aushärtet, und wenn das der Fall ist, gestatten die Gesetze von Chemie und Physik einen neuerlichen Versuch in Wasser. Ich weiß: das klingt belehrend, und das ist es auch. Obwohl ich Do-it-Yourselfern nur ungern falsche Hoffnungen mache, weiß ich aber auch, dass man Stahl selbst härten kann. Als ich früher aus Sägeblättern Messerklingen herstellte, schusterte ich mir mit sehr wenig Geld einen Hochtemperaturofen zusammen, baute mir mein eigenes (friteusenartiges) Ölbad zum Härten und Anlassen und es gelang mir, die Wärmebehandlung von über 1000 Messern ziemlich anständig durchzuführen. Durch das Trial-and-Error-Prinzip lernte ich viel über das Verfahren, baute die Vorrichtung entsprechend um und verfeinerte sie. Bei kleinen Aufgaben in der Werkstatt und aus reiner Neugier durchgeführten Prüfungen im kleinen Maßstab wirke ich immer noch selbst mit – ansonsten überlasse ich die Wärmebehandlung unserer Produktion jetzt natürlich den Profis. Bei den Chargengrößen, die wir heute verarbeiten, erledigen sie ihre Aufgaben viel kontinuierlicher und einheitlicher als ich das mit meinem preiswerten Aufbau machen könnte. Dabei lautet Schritt 1: das Metall auf kritische Temperatur bringen, was beim guten alten (ölhärtenden) O-1-Stahl 790° bis 815° C wären. Haben Sie ein gutes Pyrometer? Kein Problem. Dabei signalisieren zwei Dinge den Übergang von Perlit (dem Niedrigtemperatur-Eisenkristall) zu Austenit. Das eine: die plötzliche Farbänderung des rotglühenden Stahls. Wenn sich das Werkstück an die kritische Temperatur annähert, wird die Rotglut, die bei ca. 650° C einsetzt (Foto 1), deutlich heller, bis das Werkstück 760° C erreicht (Foto 2). Diese Farbe bleibt dann bestehen und der Perlit wird zu Austenit. Wenn der Übergang ganz abgeschlossen ist, wechselt die Farbe plötzlich zu einem wesentlich helleren

1

2

3

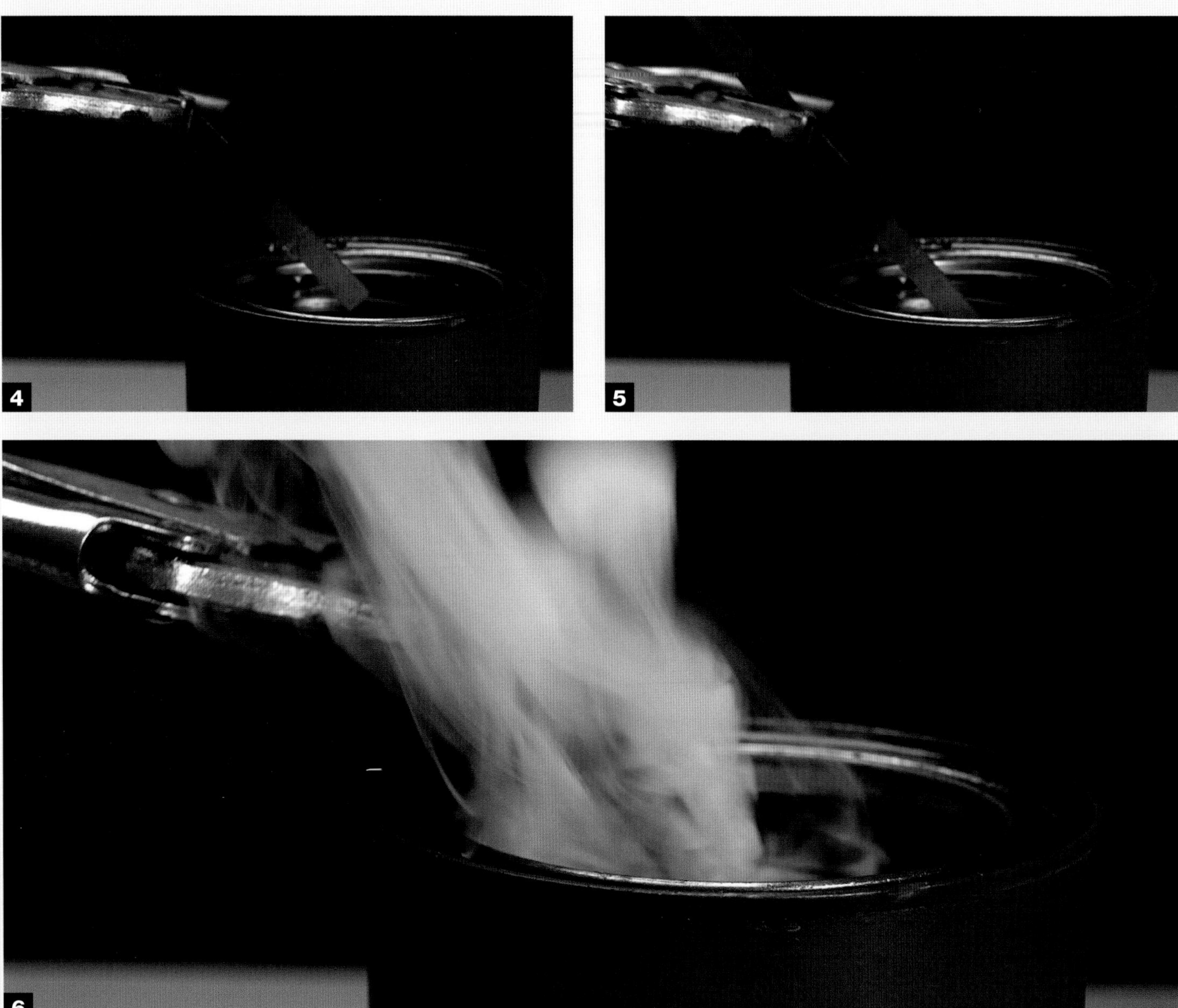

Orange (Foto 3). Es kann eine gewisse Erfahrung nötig sein, um diese Farbänderung zu erkennen, die für Neulinge vielleicht nicht so deutlich ist. Erfreulicherweise ist Austenit nicht magnetisch. Der Punkt, an dem normaler, kohlenstoffreicher Stahl seine magnetischen Eigenschaften verliert, heißt „kritische Temperatur". Aufgrund dieser praktischen physischen Eigenschaft kann man das Metall also ganz einfach erhitzen, bis es aufhört, einen Magneten anzuziehen, und es danach in Öl abschrecken. Abschrecköle sind im Handel erhältlich, aber um der Einfachheit willen verwende ich Erdnussöl. Erdnussöl hat einen sehr hohen Flammpunkt, was das Brandrisiko verringert (siehe auch den Abschnitt „Vorsicht Brandgefahr!" auf S. 33) und riecht angenehmer als Erdöl, wenn es raucht. Das größte Problem für den Hobbywerker besteht wohl darin, die Schneide auf Curie-Temperatur zu bringen. Wenn das Metall ungefähr die 700° C-Grenze überschreitet, verhält sich der Kohlenstoff wie im flüssigen Zustand und kann daher frei herumwandern. Das ist nötig, damit das Härten erfolgen kann. Doch in Oberflächennähe werden Kohlenstoffatome „unruhig" und hätten nichts dagegen, mit den Sauerstoffatomen, auf die sie treffen, „durchzubrennen", auf ewig verloren in ihrer neuen Beziehung als atmosphärisches Kohlendioxid. Wir versuchen, diese

Vorsicht Brandgefahr! Sicherheitsbestimmungen beachten

Hier besteht eine ganz reale Brandgefahr. Flammen + rotglühendes Metall + heißes Öl = Gefahr!
Bereiten Sie sich richtig vor: Verwenden Sie eine lange Zange, tragen Sie Schutzhandschuhe und eine Schutzbrille/Gesichtsschutz. Wenn man eine Wärmebehandlung durchführt, sollte man hellwach sein und zur Sicherheit einen Feuerlöscher bereithalten. Wenn Sie diesen Arbeitsschritt in Werkstatt oder Garage durchführen, schalten Sie ein Gebläse an und seien Sie nicht überrascht, wenn der Rauchalarm angeht. Erhitzen Sie das Öl nie über offenem Feuer! Verwenden Sie stattdessen lieber eine im Freien aufgestellte Elektrofritteuse. Erledigen Sie diese Arbeit im Haus, halten Sie die Nummer eines Scheidungsanwaltes bereit.
Passen Sie gut auf!

Entkohlung des Stahls zu verhindern, indem wir das Metall in einer inerten (sauerstofffreien) Atmosphäre erhitzen oder die Zeit des Rotglühens streng begrenzen. Ein Sauerstoff-Acetylen-Brenner, oftmals die Wärmequelle der Wahl für Heimwerker, macht das erste unmöglich und das zweite sehr schwer. Es ist eine echte Herausforderung, etwas so Großes wie ein Hobeleisen gleichmäßig zu erhitzen, wenn aus einem kleinen Brenner nur eine kleine Flamme kommt. Das Feuer einer Schmiede ist wegen seiner Gleichförmigkeit einem Brenner vorzuziehen. Hier lässt sich auch durch Verringern der Luftzufuhr eine Umgebungsatmosphäre schaffen, die den Sauerstoff in der unmittelbaren Umgebung beschränkt. Ein kleiner Labor-Testofen oder ein Keramik-Brennofen erfüllt diese Aufgabe gut, obwohl es sein kann, dass man hier die Farbänderungen beim Erhitzen nicht nachvollziehen kann. Werfen Sie ein Holzkohlebrikett hinein, um einen Teil des Sauerstoffs aus dem Ofeninneren zu entfernen, solange der Stahl darin ist. Die beste Lösung des Problems von Kohlenstoffausbrand für Selbst-Wärmebehandler lautet: den Stahl mit einer abdeckenden Pulverbeschichtung zu versehen ((siehe hier auch den Abschnitt „Weiterführende Literatur“)). Diese wird auf den vorab auf 230° C erwärmten Teil aufgetragen. Dann wird das Werkstück wieder erhitzt, um das Verfahren abzuschließen. Die Beschichtung wird nach dem Abschrecken vom Wasser abgewaschen. Obwohl ein Werkstück laut offiziellen Anweisungen bei kritischer Temperatur etwa 1 Minute für jeden mm Dickenabmessung durchwärmen soll, gilt für die meisten Aufgaben mit geringeren Durchmessern (wie z. B. Messern): sobald man sicher ist, dass die kritische Temperatur erreicht wurde (Foto 4), können Sie das Werkstück von der Wärmequelle entfernen und es bei Raumtemperatur rasch in eine ausreichend große Menge Öl tauchen (Foto 5). Machen Sie sich darauf gefasst, dass das Öl dabei Feuer fängt und halten Sie das Eisen so, dass sich Ihre Hand (bzw. Ihr Gesicht) nicht unmittelbar darüber befindet (Foto 6). Eine gleichmäßige Kühlung erzielt man, indem man das Werkstück im Öl auf und ab bewegt. Wenn Sie es aber zu sehr bewegen, besteht das Risiko, dass es an einer Seite schneller abkühlt, was zu Verformungen führen kann. Das Werkstück sollte angelassen werden, sobald es auf ca. 65° C abgekühlt ist. Ohne Anlassen ist es sehr hart und für die Verwendung zu spröde. Eine Härteprüfung können Sie mit einer Feile durchführen. Infolge der Entkohlung befindet sich auf dem Werkstück wahrscheinlich ein dünner, weicher entkohlter Überzug, den die Feile dann erfasst. Drücken Sie ein wenig fester auf, um den Überzug zu durchdringen – darunter finden Sie dann, harten, nicht feilbaren Stahl, an dem die Feile einfach abgleitet.

Der übliche Farb-Regenbogen, der Oberflächentemperaturen anzeigt. Das helle „Strohgelb" auf der rechten Seite zeigt sich 200° C, Dunkelbraun bei ca. 260° C, Fahlblau bei ca. 315° C und Hellblau bei 340° C.

Um das oben beschriebene Schadenrisiko zu vermeiden, gehen Sie nach dem Abschrecken sofort zum Anlassen über. Das Ziel ist einfach: Erhitzen Sie das Werkstück auf die gewünschte Anlasstemperatur (siehe Tabelle), halten Sie diese 20 Minuten pro 25 mm Dickenabmessung Durchmesser aufrecht, fertig. Herauszufinden, ob die richtige Temperatur erreicht ist, kann problematisch sein. Wenn Sie einen sehr präzisen Küchenofen haben, können Sie einfach die gewünschte Temperatur einstellen und Ihr Eisen so lange wie nötig erhitzen. Eine genau einstellbare Friteuse erzielt dieselben Resultate und das Abschrecken in einem Ölbad (siehe den Abschnitt „Vorsicht Brandgefahr!" auf S. 31) funktioniert gut. Um die Temperatureinstellungen von Ofen bzw. Fritteuse nachzuprüfen, sollten Sie stets ein zuverlässiges Thermostat verwenden. In dieser Phase ist ein Abschrecken nicht unbedingt erforderlich (aber möglich); stellen Sie aber sicher, dass das Eisen die angepeilte Temperatur auf jeden Fall erreicht hat, ohne sie jedoch zu überschreiten.

Ohne präzise Überwachung der Temperatur müssen Sie die Temperatur der Oberflächenoxide beobachten, um herauszufinden, wann es genug ist. Ein frisch abgeschrecktes Werkstück ist schwarz und blättrig; führen Sie das Anlassen mit einem Schweißbrenner durch, verwenden Sie also etwas Schleifpapier, um einen Teil des Eisens so abzureiben, dass wieder blankes Metall zum Vorschein kommt. Bei Erwärmung ändert diese Stelle ihre Farbe (Sie haben den Regenbogen an Farben gesehen, der erscheint, wenn Stahl erwärmt wird, s. S. 22): es beginnt mit schwachem Gelb (hellem Strohgelb) und geht über ein auffälliges Zinnoberrot bis hin zu Blaugrün und Grau. Die hochkohlenstoffhaltigen Hobeleisen von Hock Tools werden bei 163° C auf Rockwell-Härte 62 HRC gebracht. Ich kann diese Härte nur empfehlen – sie hat sich für uns jahrzehntelang bewährt, stellt Hobby-Wärmebehandler jedoch vor gewisse Rätsel, weil sich das erste, vage Farbindiz bei ganz knapp über der Temperatur von 163° C zeigt. Mein Tipp lautet also: Leicht überhitzen, bis sich das erste Farbindiz, ein zartes helles Strohgelb, zeigt, und dort dann aufhören. Ihr fertiges Werkstück wird dann zwar nicht unbedingt 62HRC-Härte haben, aber dem sehr nahe kommen und gut einsatzfähig sein. „Härten nach Farben" mag eine romantische alte Schmiede-Tradition sein, ist aber nicht so effektiv wie ein Ofen- oder Ölbad, bei dem der Stahl über einen optimalen Zeitraum so lang durchwärmen kann, bis er den Übergang völlig vollzogen hat.

Beginnen Sie mit dem Erwärmen an der der Schneide gegenüberliegenden Stelle, gehen Sie sparsam mit der Flamme des Schneidbrenners um und lassen Sie die Farben „in die Schneide hineinlaufen". Es kann sein, dass Sie das Werkstück abschrecken müssen, um eine weitere Temperaturerhöhung zu verhindern. Jede Färbung jenseits eines zarten Strohgelb ist schon zu viel. (Das Eisen ist immer noch einsatzfähig – wenn auch vielleicht nicht so schneidhaltig, wie Sie es sich wünschen würden.) Seien Sie beim Anlassen ganz besonders vorsichtig. Merke: eine zu hart gewordene Schneide können Sie immer noch ein weiteres Mal anlassen, aber wenn Sie zu weit gehen und sie zu weich machen, müssen Sie den gesamten Härtevorgang noch einmal von vorn beginnen. Wenn eine Klinge zu hart geworden scheint, können Sie sie ja immer noch in den Ofen zurückgeben und bei einer um 13°C höheren Temperatur erwärmen. Bei dieser Temperatur halten Sie dann ein paar Minuten aufrecht, bevor Sie die Hitzezufuhr stoppen. Verwenden Sie für das Härten die Ölbad-, also die „Fritteusen"-Methode, verfärbt sich die Klinge vom Härten nicht, weil das Öl den Sauerstoff von der Bildung der vielfarbigen Oxide auf der Oberfläche des Stahls abhält. Haben Sie Vertrauen in das Thermometer und das Verfahren; anschließend nehmen Sie die Klinge aus dem Öl oder schalten die Hitzezufuhr einfach aus und lassen sie abkühlen. Fertig! Sieht die Klinge unschön aus, können Sie sie mit dem Sandstrahler oder der Schleifmaschine bearbeiten – einsatzfähig sollte sie auch so scin. Wcnn Sic cin Hobclciscn oder einen Beitel hergestellt haben, sollten Sie die Fase vor dem Abziehen ein wenig zurückschleifen. Ohne Schutzbeschichtung oder Atmosphärenregelung hat eine dünne Schneide wahrscheinlich sehr viel schädlichen Kohlenstoffausbrand abbekommen. Deshalb müssen Sie sich wieder zum hochwertigen Stahl durcharbeiten (die entkohlte Schicht kann bis zu 0,6 mm stark sein). Dasselbe gilt für die Rückseite: Sorgfältiges Abziehen ist hier mindestens so wichtig, wenn nicht wichtiger, als das Abziehen der Fase. Mit ein bisschen weiterem Einsatz entfernt man auch die entkohlte Schicht und bringt den gehärteten Stahl zum Vorschein. Doch vergessen Sie nicht: die Rückseite ist nicht die Schneide. Bedenken Sie dabei: Wenn die Rückseite nicht sorgfältig genug abgezogen wurde, funktioniert die Schneide nie so gut, wie sie sollte.

Tieftemperaturbehandlung

In den vergangenen 25 Jahren wurden zahlreiche Lobeshymnen auf die Wirkung von extremer Kälte oder einer *Tieftemperaturbehandlung* auf Metalle (und so ziemlich auf alles andere) angestimmt. Manche dieser Behauptungen klingen ungeheuerlich, andere klingen schlichtweg dumm, doch nach und nach kristallisiert sich aus alledem einiges Wahres heraus. Die Unternehmen, die Tieftemperaturbehandlungen durchführen, behaupten, dass Metallschneidewerkzeuge damit ohne Nachschärfen zehnmal länger halten, Stanzwerkzeuge zwischen einzelnen Nachschärfen eine ähnlich hohe Steigerung der Einsatzzeiten erfahren, dass damit behandelte Gewehrläufe präziser schießen und Maschinenteile länger halten. Tieftemperaturbehandelte Blasinstrumente, so heißt es, klingen besser, Gitarrensaiten voller (einschließlich längerer Haltbarkeit). Und sogar Golfbälle fliegen damit weiter und Strumpfhosen halten länger. Wow! Beim Abschrecken von Stahl mit hohem Kohlenstoffanteil wird im gehärteten Werkstück Austenit zu Martensit umgewandelt. Bei einfachen Stählen mit hohem Kohlenstoffgehalt und sorgfältiger Wärmebehandlung ist die Umwandlung in allen praktischen Aspekten vollkommen. Bei komplexeren Stählen (insbesondere bei Lufthärtern) kommt es manchmal vor, dass nach dem Abschrecken noch Austenit vorhanden ist. Die Umwandlung zu Martensit dauert länger als der Abschreckzylus und ein gewisser Austenit-Anteil kann stunden-, tage-, monate- oder sogar jahrelang bestehen blei-

Sogar die Hersteller von Angelruten zum Fliegenfischen aus Bambus profitieren von der Tieftemperaturbehandlung von Metallklingen.

Foto mit freundlicher Genehmigung von Jim Lowe

ben. Durch Tieftemperaturbehandlung wandelt sich so gut wie der gesamte enthaltene Austenit zu Martensit um. Sie wirkt wie ein abschließendes, umfassendes Abschrecken des Werkstückes. Tieftemperaturbehandlung verbessert die Zähigkeit ohne nennenswerte Änderung der Härte. Die mögliche Verbesserung für jedes denkbare Werkstück wird davon abhängen, wie viel Austenit noch darin enthalten ist. Dies wiederum hängt davon ab, mit welcher Sorgfalt die erste Wärmebehandlung erfolgte. Es sind aber auch noch andere Faktoren im Spiel, die die Schneidhaltigkeit bei der Tieftemperaturbehandlung ebenfalls verbessern. Eine intensive Tieftemperaturbehandlung bei -195° C ist der Schlüssel zur Bildung sehr kleiner (bis zum 0,1 µm) und harter Karbid-Teilchen, die als *Eta-Karbide* (oder η-Karbide, nach dem griechischen Buchstaben „η") bezeichnet werden und die im Eisengitter verteilt sind. Die Umwandlung von noch vorhandenem Austenit in Martensit lässt sich bei „geringen" Tieftemperaturen von −85° C durchführen, die wesentlich höher sind als die tiefen kryogenischen Temperaturen. Drastische Verbesserungen bei der Verschleißfestigkeit werden allerdings nur bei sehr tiefen Temperaturen erzielt, bei denen sich η-Karbide bilden. Außerdem wird behauptet, dass der Abbau der im Gitter vorhandenen Eigenspannungen in gewissem Grad zur Korrosionsfestigkeit beiträgt. Insgesamt gesehen spricht also einiges für eine Tieftemperaturbehandlung von Werkzeugstählen.

Die industrielle Tieftemperaturbehandlung erfolgt in computergesteuerten „Truhen", die den Inhalt ganz langsam auf −195° C abkühlen; als Kühlmittel fungiert flüssiger Stickstoff. Insgesamt benötigt das System zum Abkühlen und Halten auf Temperatutr über die vorgeschriebene Zeit und Wieder-Hochfahren ganze 40 Stunden, wobei für das Abkühlen und Wieder-Aufwärmen jeweils spezifische Zeitvorgaben herrschen. Eine Tieftemperaturbehandlung kann zu einem beliebigen Zeitpunkt während der Lebensdauer eines Gegenstandes erfolgen und wirkt bis zum Ende der Lebensdauer des Werkstücks (oder bis zu einer neuerlichen Wärmebehandlung des Stahls). Es handelt sich hierbei nicht um eine schlichte Oberflächenbehandlung, sondern um das Ende des ewigen Dramas der Wärmebehandlung. Vor vielen Jahren hatte ich einige tieftemperaturbehandelte Holzwerkzeuge zur Verfügung und fand die Ergebnisse wenig überzeugend. Aber dies waren einfache Legierungen aus hoch kohlenstoffhaltigem Stahl, die zunächst mit größter Sorgfalt wärmebehandelt wurden. Sie hatten offenbar einen sehr geringen Austenit-Restanteil (wenn überhaupt). Als Hock Tools damit begann, aus A-2-Werkzeugstahl gefertigte Eisen anzubieten, bestanden wir darauf, diese mit Tieftemperaturtechnik zu behandeln, weil A-2 eine lufthärtende Legierung ist, die dazu neigt, Austenitrückstände zu bewahren. Und wir hielten das Potenzial für verbesserte Schneidhaltigkeit durch Tieftemperaturbehandlung für zu groß, um es zu ignorieren. Die Leistungen der Hobeleisen tragen dem in Form von zufriedenem Kundenfeedback Rechnung. Die Hersteller von Fliegenruten freuen sich ganz besonders über die Fähigkeit des A2-Stahls, beim Hobeln von Bambus ihre Schneidhaltigkeit zu bewahren, da Bambus große Mengen des als Schleifmittel fungierenden Siliziumoxids enthält, das bekannt dafür ist, scharfe Schneiden rasch stumpf zu machen.

Rost

Jede Diskussion über Stahl, die Rost nicht erwähnt, ist unvollständig. Rost entsteht durch Oxidation von Eisen. Eisen und Sauerstoff sind bestrebt, sich miteinander zu verbinden und dadurch Rost zu bilden, doch damit dies passiert, muss das Eisen in Verbindung mit Wasser und Sauerstoff kommen. Je nach relativer Luftfeuchtigkeit sind diese beiden Bestandteile in der Luft vorhanden. In der Luft befindliches Wasser wird leicht von Staubkörnchen auf der Oberfläche eines Ihrer Werkzeuge aufgenommen und bildet dann ein Tröpfchen. Ein winziger Wassertropfen auf einer Oberfläche aus Eisen allein reicht aus, um den Elektrolyten zu bilden, der erforderlich ist, damit sich Sauerstoff mit Eisen und Wasser verbindet, woraus dann das Eisenhydroxid-Molekül (Fe(OH)x) entsteht. Weiterer Sauerstoff im Wasser verbindet sich mit dem Eisenhydroxid zu Eisenoxidhydrat ($Fe_2O_3.H_2O$), einem uns allen wohl bekannten Anblick: brauner Rost – ein poröser, saugfähiger Überzug, der noch mehr Rost nach sich zieht. Das Rost-Molekül ist physisch größer als das Eisen allein, wodurch der Rost buchstäblich wächst, wenn sich der Oxidationsprozess tiefer ins Eisen hinein fortsetzt. Die größeren Eisenhydroxid- und Eisenoxid-Moleküle schieben sich gegenseitig aus den Weg und verursachen Rostablagerungen und -flocken, die sich von der Oberfläche des Eisens ablösen lassen. Unter den richtigen Bedingungen, und wenn der Rost seinen „Willen" bekommt, setzt sich sein Siegeszug auf der Oberfläche fort, bis das gesamte Eisen in das entsprechende Oxid umgewandelt ist und nichts mehr vorhanden ist als ein Haufen Rost. Neil Young traf den Nagel also auf den Kopf, als er sang: „Rust Never Sleeps".

Eisen reagiert so leicht mit Sauerstoff, dass die einzigen Beispiele für reines metallischen Eisen auf unserem Planeten Knollen sind, die sich so tief unter der Erde befinden, dass sie weit von der Wirkung des Sauerstoffs entfernt sind. Man hat festgestellt, dass von jedem Kilo Eisen oder Stahl, die innerhalb eines Jahres hergestellt werden, ein Viertel dem Rost zum Opfer fällt. 2002 erstellte die National Association of Corrosion Engineers (NACE) eine Studie, in der festgestellt werden sollte, welche Kosten Korrosionsprozesse den USA verursachen und man kam auf die verblüffende Summe von 276 Milliarden Dollar pro Jahr! Das sind 3,1 % des Bruttoinlandsproduktes und auf den einzelnen Bürger umgerechnet 970 Dollar pro Kopf. Nimmt man aber auch noch die indirekten Kosten für Korrosion hinzu wie z. B. Produktionsausfall durch Schäden, Ausfälle, Verzögerungen und Rechtsstreitigkeiten, wäre die Summe pro Person doppelt so hoch. Diese verflixten Sauerstoffatome – dieselben, die unseren Stahlwerkzeugen bei der Wärmebehandlung Kohlenstoff entziehen – sind also auch wild entschlossen, unsere Werkzeuge nach dem Härten zu ruinieren, indem sie genau das Eisen angreifen, aus dem diese Werkzeuge hergestellt sind.

DIE CHEMIE DES ROSTES

Die Korrosion von Eisen zu Rost ist jedoch ein weitaus komplexerer Prozess als es scheint. Auf den ersten Blick denkt man: Ein Eisenatom wird von einem Sauerstoffatom „angefallen" und daraus entsteht dann eine neue Verbindung – Rost. So einfach ist es jedoch nicht.

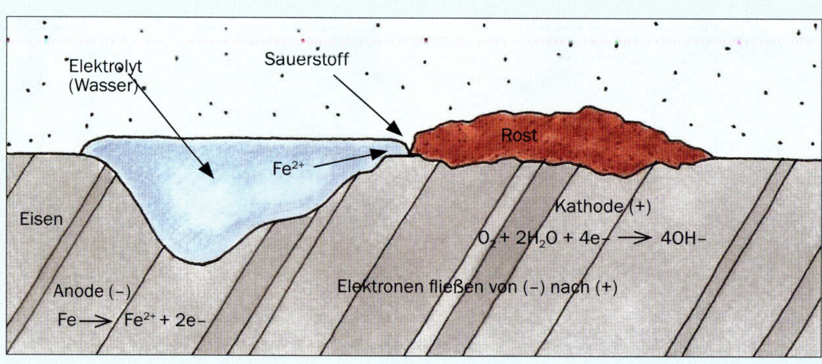

Eisenatome geben mit dem größten Vergnügen ein oder zwei Elektronen ab. Zum Beispiel an Wassertropfen. Das Eisenatom ist jetzt positiv geladen (was durch die Abgabe von Elektronen erfolgt) und verbindet sich gerne mit anderen, negativ geladenen Atomen. Wasser entzieht der Luft Sauerstoff, und unser Tröpfchen hat einige weitere Elektronen (aus den Eisenatomen), die Hydroxyl-Ionen im Wasser erzeugen. Diese Hydroxyl-Ionen verbinden sich mit den positiv geladenen Eisen-Ionen zu Eisenhydroxid. Weil sich Sauerstoff in Wasser löst, ist in der Regel ein Sauerstoffüberschuss vorhanden, der sich mit dem Eisenhydroxid verbinden kann, um Eisenoxidhydrat zu bilden, das als roter Rost erscheint.

Ich bin nicht qualifiziert genug, um alle chemischen Reaktionen zu erklären, die sich bei der Bildung von Rost vollziehen und greife daher dankbar auf den Beitrag der Korrosionstechnikerin Katherine Cockey zurück:

Rost ist das Korrosionsprodukt eines elektrochemischen Vorganges. Über die Oberfläche von Stahl sind verschiedene elektrische Potenzialgefälle verteilt; dies führt zu zahlreichen galvanischen Zellen, d.h. zu vielen Mini-Batterien. In diesem Fall beginnt der Prozess mit dem Übergang von Elektronen von Eisen auf Sauerstoff. Die Zellen-Elektrode, die durch eine Oxidations-Reaktion Elektronen verliert, heißt Anode. Eisen gibt Elektronen an Wasser ab:

$Fe \rightarrow Fe^{2+} + 2e^-$

In der anderen Elektrode der Zelle, der Kathode, findet eine Reduktionsreaktion statt. Die Elektronen wandern zum Sauerstoff und es bilden sich Hydroxid-Ionen:

$O_2 + 4e^- + 2H_2O \leftrightarrow 4OH^-$

Ein zentrales Element der Bildung von Rost ist die Reduktions-/Oxidations-Reaktion (Redoxreaktion) zwischen Eisen und Sauerstoff in Anwesenheit von Wasser.

$4\,Fe^{2+} + O_2 \rightarrow 4\,Fe^{3+} + 2O_{2-}$

Beim Eisen ist es ähnlich wie beim Cholesterin: es gibt „gute" und „schlechte" Oxide. Das Eisen-II-Oxid (Fe2+) haftet sich an die Oberfläche des Eisens und bildet eine Schutzschicht – gut. Das Eisen-III-Oxid (Fe3+) hingegen haftet eher nicht an und blättert ab – nicht gut. Im Mikrokosmos von Sauerstoff und Wasser richtet sich das Produkt der Korrosion nach der Verfügbarkeit von Sauerstoff und Wasser. Begrenzt man den gelösten Sauerstoff, ist das gut für das Eisen-II-Oxid (FeO) und es ergibt sich folgende Gleichung:

$Fe^{2+} + 2\,H_2O \leftrightarrow Fe(OH)_2 + 2H^-$
$Fe(OH)_2 \leftrightarrow FeO + H_2O$

Erhöht man die Sauerstoffkonzentration, geht das Eisen-III-Oxid (Fe_2O_3) als Sieger hervor:

$Fe^{3+} + 3\,H_2O \leftrightarrow Fe(OH)_3 + 3H^-$
$Fe(OH)_3 \leftrightarrow FeO(OH) + H_2O$
$2FeO(OH) \leftrightarrow Fe_2O_3 + H_2O$

Die Welt ist noch immer im Lot, doch das Ergebnis ist in der Regel der unerwünschte rote Rost.

Wichtig bei all diesen Diskussionen über Anoden und Kathoden: der sich über die Oberfläche ausbreitende Rost befindet sich möglicherweise nicht an demselben Ort wie die Eisenatome, die die Elektronen abgaben, was die ganze Reaktion in Gang setzte. So kann sich Rost auch unter einer Farb- oder anderen aufgetragenen Schicht verbreiten. Ein winziges Loch in der Beschichtung kann Wasser in Kontakt mit Metall bringen – der Beginn der Ausbreitung von Rost. Rost ist eine hinterhältige Sache.

In diesem durchsichtigen Spezial-Farbtopf befindet sich ein Einmachglas mit einem Eisen. Wird die Luft aus dem Farbtopf entzogen, weicht sie auch aus dem Einmachglas und der Deckel wird bei Entfernung des Vakuums aus dem Topf über den atmosphärischen Druck versiegelt. Keine Luft im Glas bedeutet: kein Wasser, das Oxidationsprozesse in Gang setzen könnte.

Vorbeugende Massnahmen gegen Rost

Was können wir hier tun? Es gibt zwei grundlegende Ansätze, um Rost vorzubeugen: verhindern, dass das Eisen in Berührung mit Wasser und Sauerstoff kommt oder das Eisen in eine andere Verbindung überführen, die der Wirkung des Sauerstoffs besser widersteht.

Trocken halten

Der einfachste Weg, um zu verhindern, dass Rost Ihre Werkzeuge zerfrisst: Sie an einem Ort aufbewahren, der zu trocken ist, um den Oxidationsprozess in Gang zu setzen. In trockenen Gegenden wohnende Holzwerker verbringen viel weniger Zeit mit dem Kampf gegen Rost als ihre in feuchteren Gegenden wohnenden Kollegen. Sie können Ihre Werkzeuge in einem Vakuum oder einem mit Stickstoff gespülten, versiegelten Behälter aufbewahren, der auch ein Trockenmittel enthalten kann, um die Feuchtigkeit ganz aufzufangen. Allzu praktisch ist das nicht, aber der Standort von Hock Tools liegt keine zwei Meilen vom Pazifik entfernt, und deshalb lagern wir Kleinteile in Einmachgläsern, in denen wir ein Vakuum gebildet haben. Werkstücke werden in ein Einmachglas gelegt, der Deckel sicher, aber nicht zu fest, darauf geschraubt. Dann stellt man das Glas in einen mit einem alten Kühlschrankkompressor über ein Ansaugrohr verbundenen Farbtopf und pumpt die Luft ab. Der Deckel des Einmachglases lässt die darin befindliche Luft entweichen, schließt aber dicht ab, wenn die Atmosphäre in dem Farbtopf wiederhergestellt wird. Kleine Eisen oder Schrauben werden so in einem Beinah-Vakuum gelagert, das in einem Test über acht Jahre lang hielt. Beachtlich! Manche Leute legen eine wattarme Heizvorrichtung, eine kleine Glühbirne oder feuchtigkeitsabsorbierende Produkte in ihren Werkzeugkasten, um ihn warm und/oder trocken zu halten. Oft entsteht Rost durch Kondensation, wenn Metallteile von einem kalten Ort an einen warmen gelangen. Warmluft speichert Feuchtigkeit besser als Kaltluft. Diese Feuchtigkeit kann auf der Oberfläche des kalten Stahls kondensieren und bildet dabei unendlich viele „Schweißtropfen", wie man sie z. B. auch auf einem Glas Eistee an einem heißen Sommertag sieht. Jeder dieser Tropfen ist eine einzelne elektrolytische Zelle, die den darunter liegenden Stahl korrodiert. Zur Kondensation kann es auch dann kommen, wenn sich die Atmosphäre schneller aufwärmt als die Teile aus Stahl. Ein kühler Frühlingsmorgen mit schnell ansteigenden Tempe-

Dieses Stahlteil wurde auf einer Seite poliert, auf der anderen mit dem Sandstrahler behandelt und dann mehrfach in die Kühltruhe gelegt und wieder herausgenommen. Die Feuchtigkeit, die sich ansammelt, wenn kaltes Metall warmer Luft ausgesetzt ist, schafft beste Voraussetzungen für die Bildung von Rost. Die mit dem Sandstrahler behandelte Seite schaffte die Struktur, die den Korrosionsprozess auslöst.

raturen kann Metall schnell zum „Schwitzen" bringen. Luftzirkulation kann helfen, Kondensation zu vermeiden. Dennoch kann eine feuchtigkeitsabwehrende Beschichtung nötig sein. Ähnlich wie Werkzeuge von Feuchtigkeit fernzuhalten, kann auch das Spiegelpolieren der Rostbildung vorbeugen, weil es Unebenheiten auf der Oberfläche beseitigt, an denen sich Tröpfchen verfangen können, die der Rostbildung Vorschub leisten. Polierter Stahl ist zwar nicht rostfrei – man muss dennoch Rostvermeidungs- und -schutzmaßnahmen anwenden –, aber dennoch bleibt glänzender, polierter Stahl länger so als Stahl mit rauer Oberfläche.

Verschliessen

Zu den anderen Rostschutzmethoden zählen auch die verschiedenen Dinge, die wir fortwährend tun, um zu verhindern, dass Sauerstoff Gegenstände befällt, die uns wertvoll sind. Wir schützen Stahl u. a. mit anderen, weniger reaktionsfreudigen Metallen wie Messing, Zink oder Chrom; dieser Schutz kann auch in einer aufgetragenen Farbschicht bestehen, die unser Auto vor schädlicher Oxidation schützt. Diese Maßnahmen sind wirksam, doch aus Erfahrung wissen wir: die geringste Beschädigung der Schutzschicht setzt weder eine Oxidation in Gang. Und wenn die erst mal beginnt, breitet sie sich unter dem Chrom oder der Farbe rasch aus, bis die Beschichtung abblättert und nur noch Rost übrig bleibt. Bei scharfen Werkzeugen können wir eine solche Schicht auf der Schneide nicht gebrauchen. Andererseits ist gerade die Schneide am wichtigsten: ein gewisses Dilemma also. Eine Beschichtung, die Luft und Feuchtigkeit vom Stahl fernhält, lässt sich aber auch aus anderem herstellen als Farbe oder einem Überzug. Wachs, Schmiere, Öl etc. – sie alle können Teil unseres Rüstzeuges zum Schutz unserer Werkzeuge werden. Es gibt viele entsprechende Produkte am Markt, und die meisten wirken gut – wobei natürlich manche effektiver sind als andere. Allgemein kann ein scharfes Werkzeug vor jedem Gebrauch abgewischt und danach geölt werden. Eine Schicht Schutzwachs auf dem Maschinentisch kann auch zweifach wirken, indem sie Feuchtigkeit abhält und die darauf verwendeten Gegenstände gut gleiten lässt. Nachteil dieser spezifischen Anwendungen: Wachs und Öl sind wartungsintensiv und müssen oft neu aufgetragen werden. Und in keiner dieser Anwendungen würde man schweres Schmierfett einsetzen, obwohl dieses für Langzeitlagerung vielleicht angezeigt sein kann. Außerdem bietet der Markt auch diverse Produkte auf Ölbasis an, die Wasser auf Metalloberflächen gut fernhalten – ein echtes Plus, da Rost noch weiter arbeiten könnte, wenn man Öl auf Wasser anwendet. Die Formel wasserverdrängender Öle ist so beschaffen, dass sie die gesamte evtl. auf einer zu beschichtenden Oberfläche vorhandene Feuchtigkeit verdrängen, was die Schutzwirkung erhöht. Von Produkten auf Silikonbasis würde ich allerdings abraten. Für Rostschutz und allgemeine Schmieranforderungen funktionieren sie zwar gut, können in der Holzwerkstatt aber Probleme bringen. Silikon bahnt sich in der Werkstatt seinen Weg nämlich überallhin: entweder durch Kontakt mit Fingern und anderem oder (beim Versprühen) durch Vernebeln. Und weil nichts an Silikon anhaften will, mischt es sich im unerwartetsten Moment in das Haften von Kleber und Auftragen von Oberflächenfinish ein. (Die so genannten Krater oder „Fischaugen" auf Farb- oder Lackflächen können von zahlreichen Verunreinigungen verursacht werden. Am wahrscheinlichsten: Silikontröpfchen.) Die sicherste Lösung lautet daher: einen großen Bogen darum machen und Silikon gar nicht erst in die Werkstatt bringen. Nie.

Umwandlung

Die Rostschutzmaßnahme der Umwandlung ist nicht so einfach wie die Rostschutzbeschichtung; es gibt allerdings eine Reihe von auf Eisen oder Stahl auftragbaren, rostumwandelnden Chemikalien, die jedes vorhandene Eisenoxid (und es ist auch vorhanden, wenn man es nicht sieht) in eine stabile, fest haftende Schicht aus Eisenphosphat oder Eisentannin umwandeln können. Die chemischen Umwandler können mit dem Pinsel oder anderen Geräten aufgetragen werden; manche von ihnen bilden einen Film, der als Grundierung für weitere Farbschichten fungiert. Wichtig zu beachten: alle eine Schicht ausbildenden chemische Umwandler sind für den Schutz von scharfen Werkzeugen in der Regel ungeeignet, weil sich eine Beschichtung ja auch auf die scharfen Teile unserer Werkzeuge erstrecken würde.

Brünieren oder Parkerisieren sind Oberflächenbehandlungsverfahren, die Feuerwaffen rostfrei machen. Brünieren ist eine kontrollierte Oxidation des Eisens an der Oberfläche, wobei das Eisen zu einem schwarzen Oxid wird, das über ein stabileres Molekül mit demselben Rauminhalt wie das nicht oxidierte Eisen verfügt; dadurch bildet sich auf der Oberfläche des Stahls eine Schutzschicht. Parkerisieren war eine aus einem Markennamen abgeleitete, elektrochemische Phosphatumwandlung, die bis in die 1940er Jahre oft angewandt, danach aber durch andere Phosphatumwandlungsverfahren ersetzt wurde. Brünierte und parkerisierte Oberflächen weisen noch immer eine gewisse Porosität auf und schützen nur vor Rost, wenn die Oberflächen mit Öl bedeckt werden. Infolgedessen bezeichnen wir diese schützenden Verfahren also am besten als „rostresistent".

Über die chemischen Lösungen zur Beschichtung und Umwandlung von Oberflächen hinaus gibt es eine Reihe von Dampfphaseninhibitoren oder flüchtige Korrosionsschutzwirkstoffe (engl. Abk.: „VCI" von: Volatile Corrosion Inhibitors) – es handelt sich um sehr langsam verdampfende Trockenchemikalien. Diese chemischen Dämpfe neutralisieren die auf der Stahloberfläche verfügbaren Ionen, was der Interaktion des Sauerstoffs mit dem Metall entgegenwirkt und auch die Bildung von Rost unterbindet. VCIs sind in der Regel als Rostschutz-Einwickelpapier oder kleinen Behältern erhältlich, die man in den Werkzeugkasten etc. stellen kann. Die Stärke der Schutzschicht beträgt nur ein oder zwei Moleküle, was aber ausreicht, um bei einer geschlossenen Lagerung einen Rostschutz zu bewirken. Beim Öffnen des Werkzeugkastens verdampfen die Moleküle natürlich, doch nach dem Schließen füllen sie den Raum gleich wieder. Flüchtige Korrosionsschutzwirkstoffe verflüchtigen sich schließlich, und deshalb sollte man die Herstelleranweisungen genau befolgen und auf regelmäßigen Ersatz achten um den Fortbestand des Korrosionsschutzes zu gewährleisten.

Geschlossene Räume wie z. B. Werkzeugkästen schützte man früher vor Rost, indem man Campherstücke oder Mottenkugeln hineinlegte. Hierbei handelt es sich um ölbasierte, feste Produkte, die bei niedrigen Temperaturen sublimieren (d. h. direkt verdampfen, ohne flüssig zu werden) und innerhalb geschlossener Räume eine dünne Schicht auf Werkzeugen ablagern, die ihrerseits die Werkzeuge vor der Berührung mit Luft und Feuchtigkeit schützt (sofern Sie den Geruch ertragen).

Grundsätzlich beugt man Rost vor, indem man entweder seine Stahlgegenstände trocken hält, also keinen Kontakt mit Wasser und Sauerstoff zulässt, oder das Eisen in eine Verbindung umwandelt, die schwerer mit Sauerstoff reagiert. Sie können das Eisen in Eisenphosphat umwandeln oder es mit einem

Hier eine kleine Auswahl der im Handel erhältlichen Rostschutz- und -umwandlungsmittel. Es gibt noch Dutzende von Anderen: Wachse, Fette, Öle, Phosphatierer und Dampfphaseninhibitoren.

Überzug, Farbe, Fett, Wachs oder Öl beschichten. Oder – da Rost ja bekanntlich immer in Aktion ist – Sie sorgen für den nötigen Schutz, indem Sie Ihre Werkzeuge sorgfältigst trocken halten.

Rostentfernung

Hat sich Rost einmal gebildet, dann hat die böse Rost-Armee einen Teil Ihres Eisens gefangen genommen, den Sie nie wiedersehen. Es ist nämlich nicht möglich, dass Sie den Rost entfernen und die Eisenatome wieder da auf der Oberfläche des Rostes anbringen, wo sie einmal waren. Auf oxidierte Eisenatome haben Sie keinen Zugriff mehr. Auf der Oberfläche bildet sich also zuallermindest eine kleine Mulde. Befindet sich diese Mulde in Schneidennähe, müssen Sie die umgebende Oberfläche auf die Höhe des Muldengrundes abschleifen bzw. noch ein Molekül tiefer, da Sie ja sichergehen wollen, dass Sie den ganzen Rost entfernen und dieser aufhört, Ihren Stahl zu zerfressen. Immer, wenn frisches Metall der Umgebung ausgesetzt wird, muss es vor dem Weiterrosten geschützt werden.

Manche Oxidationstypen sind eher harmlos. Die blaugraue Patina, die sich auf Küchenmesser aus Kohlenstoffstahl legt, richtet wenig Schaden an und entsteht einfach dadurch, dass man gute Messer hat und verwendet (ich halte Messer aus Kohlenstoffstahl für viel besser als die aus „rostfreiem Stahl"). Manchmal treibt es die Oxidation für meinen Geschmack etwas zu bunt, und dann reibe ich sie mit ein wenig Stahlwolle dezent wieder zu einem einheitlichen Grau. Aggressiver roter Rost hingegen ist wirklich lästig und muss aufgehalten werden, bevor der entstehende Schaden zu groß wird. Für manche Werkzeuge – Hammerköpfe oder Schraubenschlüssel – reichen Abschmirgeln und Ölen. Schneiden jedoch sollte man vorsichtshalber mit einem oder mehreren der oben beschriebenen Verfahren pflegen.

Rost lässt sich auch durch chemische oder elektrolytische Verfahren entfernen. Zitronensäure ist bekannt für ihre Fähigkeit, Rost wesentlich schneller aufzulösen als den darunter liegenden Stahl und wird daher oft zur Rostentfernung auf Werkzeugen eingesetzt. Rezepte oder Mischempfehlungen: 30 bis 60 ml Zitronensäure mit ca. 950 ml Wasser mischen. Das Werkzeug demontieren und nur die verrosteten Stahlteile in die Lösung eintauchen. Überwachen Sie den Fortschritt und entfernen Sie alle paar Minuten den abgelösten Rost. Eine Behandlung mit frischer Lösung kann in nur 20 Minuten abgeschlossen sein, hängt aber auch von den Faktoren Konzentration, Temperatur und Bewegung ab. Um die Technik zu finden, die für Sie am besten funktioniert, sollten Sie ein wenig experimentieren. Die Säure greift schließlich den Stahl an; lassen Sie den Stahl zum Ablösen des Rostes also nicht länger in der Lösung als nötig. Spülen Sie die gespülten Teile gut ab und tragen Sie sofort neuen Rostschutz auf.

Die elektrolytische Methode ist recht einfach und wenn sie richtig angewandt wird, schadet sie dem darunter liegenden Eisen überhaupt nicht. Bei mir funktioniert Folgendes gut: beginnen Sie mit einem 20-Liter-Plastikeimer oder einem anderen

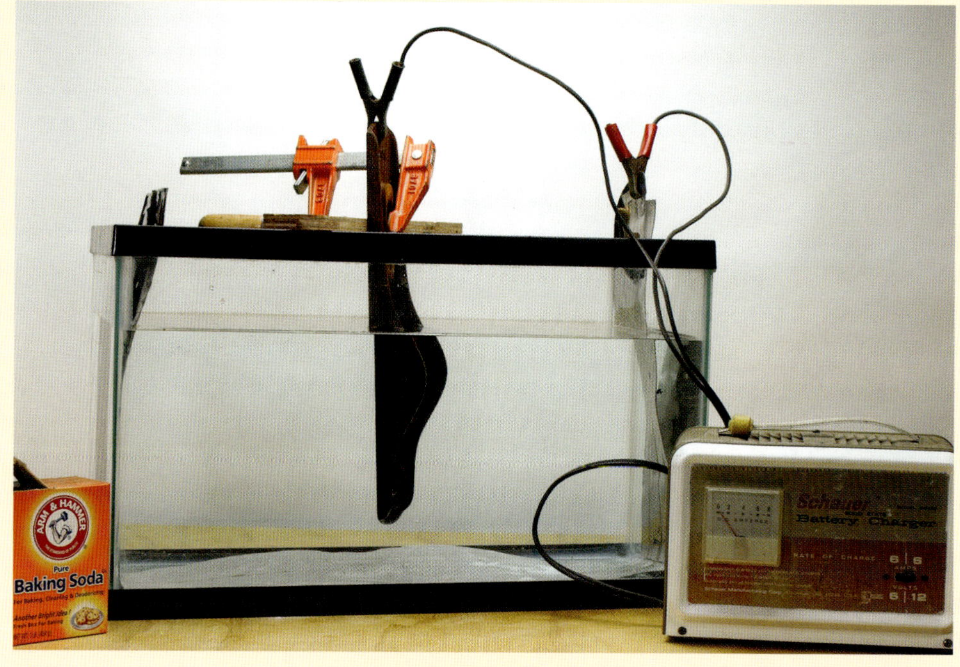

Um der Sichtbarkeit willen nehme ich hier ein Aquarium zur Rostentfernung eines Hobels #5. Damit gut deutlich wird, was dann hier passiert, tauche ich es nur zum Teil in das Wasser/Backpulver ein. Man beachte dass der Minuspol (schwarz) der Ladebatterie an das Hobeleisen (das als Kathode fungiert) angeschlossen ist, der Pluspol hingegen an ein Stück rostfreien Stahl (Anode), dessen Form in etwa an den Behälter angepasst ist, damit die Kathode der Anode möglichst optimal ausgesetzt ist.

Behälter, der fast zum Rand mit Wasser gefüllt ist und dem Sie gut eine Handvoll Backpulver hinzugefügt haben, das den Elektrolyten bildet. Als Anode bevorzuge ich rostfreien Stahl: einen Gemüsedämpfer oder eine Käsereibe. Ein paar unten in den Behälter gelegte Drähte reichen aus. Anoden aus rostfreiem Stahl sind haltbarer – als Anode können Sie zwar auch einen beliebigen Eisen- oder Stahlgegenstand verwenden, doch er wird dabei aufgebraucht. Demontieren Sie, soweit es geht (ein paar „auf ewig festgefressene" Schrauben könnten sich dabei übrigens auch lösen lassen) und entfernen Sie alles, was nicht aus Stahl ist. Hängen Sie das verrostete Werkstück in die Lösung und achten Sie sorgfältig darauf, dass es nicht die Anode berührt. Die Wirkung entfaltet sich an der „Sichtlinie" zwischen dem verrosteten Werkstück und der Anode; es kann also sein, dass Sie die Lage des Werkstücks korrigieren oder die Anode umwickeln müssen, damit eine völlige Abdeckung gewährleistet ist. Verbinden Sie den Pluspol des Ladegeräts mit der Anode und den Minuspol mit dem Werkstück. Ich betone es noch einmal: Plus an die Anode, Minus ans Werkstück. Verwechseln Sie die beiden nicht, da die Anode bei dieser Reaktion kaputt geht und Sie ja nur den Rost ablösen wollen (anstatt den verrosteten Gegenstand aufzulösen). Sobald das Ladegerät angeschaltet wird, steigen in der Lösung Luftblasen auf. Durch eine chemische Reaktion wird dann das Eisenoxid, das Sie entfernen wollen, wieder in metallisches Eisen verwandelt und sinkt auf den Boden des Eimers. An seinem ursprünglichen Ort lagert es sich nicht ab. Der Rost wird entfernt; die löchrige Oberfläche bleibt löchrig. Je nach Rostmenge und Ampere-Leistung des Ladegerätes dauert die Rostentfernung zwischen einigen Minuten und ein paar Tagen. Haben Sie Geduld und werfen Sie gelegentlich einen Blick auf Ihr Werkstück. Auch wenn der ganze Rost entfernt ist, steigen vom Werkstück noch Luftblasen hoch, doch keine Sorge: in dieser Phase teilen Sie das Wasser nur noch in seine Bestandteile (Sauerstoff und Wasserstoff) auf. Die so entstehende, rostfrei gemachte Oberfläche ist mit einem schwarzen Überzug versehen, den Sie wahrscheinlich abwischen wollen. Trocknen Sie sie gründlich: in einem Ofen mit Druckluft oder einem Föhn. Maßnahmen zur Rostverhinderung sollten sofort beim Trocknen des betreffenden Werkstückes erfolgen; andernfalls rostet es minutenschnell wieder.

Der Rost wurde zu einem kreideartigen, schwarzen Oberflächenbelag verwandelt, der jetzt mit einer Stahlbürste oder Schleifmittel entfernt werden sollte. Die saubere, rostfreie Oberfläche setzt sofort wieder Rost an. Verlieren Sie also keine Zeit für Rostschutzmaßnahmen.

3 Schleifmittel

Wall Street, Zion Narrows, Zion National Park, 2006.

Foto: Jon Sullivan

Der Zion Canyon im Südwesten des US-Bundesstaates Utah ist eines der atemberaubend schönsten Gebiete, die ich je besucht habe. In 150 Millionen Jahren wurden Sedimentschichten nach und nach auf 3000 m Höhe angehoben und bilden nun das so genannte Colorado Plateau. Dieses allmähliche Anheben löste einen Beschleunigungsprozess aus: die Flüsse verwandelten sich in schnell fließende, steinschneidende Wassersägen, die sich ihren Weg durch den Sedimentstein bildeten und dabei Schlamm, Sand und Steine flussabwärts transportierten – dabei schliffen sie sich ihr Bett im Laufe der Zeit tiefer und weiter. Der nördliche Lauf des Virgin River hat sich in das Plateau eingegraben und den Zion Canyon gebildet. Jedes Jahr führt er drei Millionen Tonnen Gestein und Sand durch diesen spektakulären Canyon, den er dadurch immer tiefer gräbt. Wenn ich schärfe, denke ich manchmal daran. Der Virgin River verrichtet seine Schleifarbeit mit allem, was er in seinem Flussbett mit sich führt: Geröll, das größtenteils aus Siliziumdioxidkörnern (Sand) besteht. Wir können beim Schleifen von Stahl viel aggressiver vorgehen als der Virgin River im Colorado Plateau, indem wir die härtesten, schärfsten Körnungspartikel wählen, die es gibt. Wir können das für die jeweilige Aufgabe geeignetste Schleifmittel entscheiden. Zahlreiche Verbindungen werden als Schleifmittel eingesetzt: Granat, Cer-Oxid, kubisches Bornitrid, Chromoxid, Eisenoxid, Zirkoniumdioxid etc. Zum Schärfen jedoch setzen wir – sei es als lose Körner oder als Schleifpapier, Banksteine oder Schleifscheiben – fast immer eine Form von Siliziumdioxid, Siliziumkarbid, Aluminiumoxid oder Diamant ein. Das Schärfen von gehärtetem Werkzeugstahl erfordert Körnungspartikel, die härter sind als Stahl und scharf genug sind, um in die Oberfläche des Stahls einzudringen und ein wenig davon abzutragen.

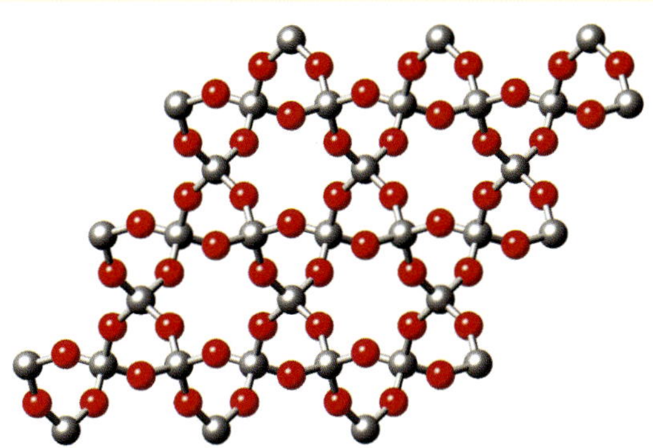

Siliziumdioxid, SiO_2. Bild mit freundlicher Genehmigung von Ben Mills

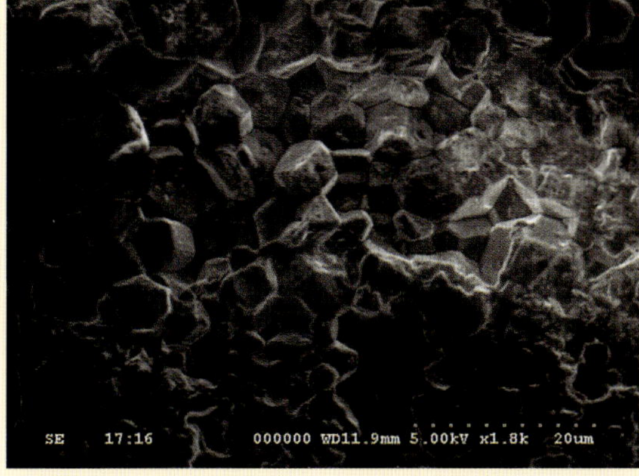

Harter Arkansas-Schleifstein in 1800facher Vergrößerung.

Siliziumdioxid SiO_2

Siliziumdioxid (SiO_2) ist das in der Erdkruste am häufigsten vorhandene Mineral. Es hat eine Knoop-Härte von ca. 820. Werkzeugstahl (62 HRC) hat eine Knoop-Härte von ca. 780. Die Differenz zwischen diesen Härten ist zwar nicht groß, doch sie reicht aus, um SiO_2 als Schleifmedium einsetzen zu können. Zu dessen vielen Formen zählen Sand, Feuerstein, Quarz, Hornstein sowie eine weniger häufige Form, die uns am meisten interessiert: der Novaculit. Novaculit ist ein vorwiegend aus mikrokristallinem Quarz bestehendes Sedimentgestein und ist eine rekristallisierte Variante des Hornsteins. Die Kristallstruktur des *Novaculits* bestimmt seine Aggressivität als Schleifmittel; die härteren Formen bestehen oft aus feineren Körnungen. Die Dichte und Härte des Novaculits machen ihn zum Idealkandidaten für Schärfaufgaben – was man bereits vor Jahrhunderten erkannte. Der beste Novaculit wird in den Ouachita (sprich: „Washita“) Mountains nahe Hot Springs, Arkansas, gewonnen. Der allgemein als Washita-Stein, Arkansas-Schleifstein etc. bekannte Stein kommt in der Natur als *Ölstein* vor, der standardmäßig als Schärfmedium verwendet wurde, bis in den letzten Jahrzehnten vom Menschen hergestellte Steine an Beliebtheit gewannen. Auf die Verwendung von Ölsteinen gehen wir schon bald ein. Siliziumdioxid liefert auch die Schleifkörner in natürlichen Wassersteinen. Novaculit ist eine kristallisierte Variante – natürliche *Wassersteine* bestehen in erster Linie aus Siliziumdioxid in einer Ton-Matrix. Die Durchschnittsgröße der Teilchen im Stein führt zur Einteilung in grob (arato), mittelgrob (nakato) und fein (shiageto). Wie natürliche Arkansas-Ölsteine werden auch natürliche Wassersteine selten, da die hochwertigsten Ablagerungen bereits bei der Gewinnung verlorengehen. Im Gegensatz zu Arkansas-Schleifsteinen sind natürliche Wassersteine *krümelig* – zerbrechlich, sich unter Druck auflösend –, weil die Tonmatrix weicher ist als Novaculit. Diese Krümeligkeit gestattet es dem Stein, sich durch Gebrauch abzunutzen und frische Schleifkörner zum Vorschein zu bringen, da stumpfe Körner durch den Schleifdruck verschoben werden.

Siliziumkarbid SiC

Siliziumkarbid (SiC) kommt in der Natur vor, selten jedoch in Form klarer Kristalle, die als Moissanit bekannt sind und gelegentlich von arglosen Schmuckkäufern für Diamanten gehalten werden. 1893 erfand Edward Goodrich Acheson (1856–1931) ein Verfahren zur Herstellung von Siliziumkarbid und ließ es sich patentieren. Der Geschichte nach versuchte Mr. Achesons einer neue Verbindung durch Auflösung von Kohlenstoff in geschmolzenem Aluminiumoxid zu finden. Er erhielt schwarze, funkelnde Kristalle, die er in der Annahme, Erfolg gehabt zu haben, Carborundum – „carbon + corundum" – nannte. Er irrte sich. Doch er hatte Siliziumkarbid hergestellt. Sein Verfahren führte zur Großproduktion von SiC für Schleifmittel. Siliziumkarbid wird auch in Halbleitern, astronomischen Spiegeln und Strukturanwendungen angewendet, die extremer Hitze widerstehen müssen. SiC ist das Schleifmittel auf dem überall zu findenden, nass oder trocken zu verwendendem Schleifpapier sowie auf Schleifsteinen (u. a. der Marke Crystolon). Unser Interesse an SiC richtet sich auf seine Härte und die Schärfe seiner Kristalle. SiC-Körner sind sehr scharf und hart: Ihre Mohs-Härte liegt zwischen 9 und 9,5 (ihre Knoop-Härte bei 2480); sie sind aber sehr krümelig. Dies hat Vor- und Nachteile: gut ist, dass die Körner unter Schleifdruck zerbrechen und dann neue scharfe Schleifpunkte bilden. Schlecht ist, dass sie bei hartem Stahl zu leicht zerbrechen und dadurch recht schnell aufhören zu schneiden. Für Holz wird ebenfalls von SiC abgeraten, da Holz nicht hart genug ist, um die SiC-Körner zu zerreiben. Setzt man SiC bei Holz ein, neigt es dazu, sich aufzuladen und schon vor dem Stumpfwerden nicht mehr zu schneiden (daher die Aufteilung in nass oder trocken; Nassschleifen hilft beim Verhindern unerwünschten Ladens und Blockierens beim Schleifen weicher Oberflächen wie z. B. Holz oder Farbe – die Automobilindustrie ist der weltweit größte Abnehmer von Nass- bzw. Trocken-Schleifpapier). Lose Siliziumkarbidkörner können zum Läppen von Schleifsteinen nützlich sein, wenn sie auf Oberflächen wie z. B. Gusseisen, Kupfer oder Plastik verwendet werden, die weicher sind als die fein zu schleifende Fläche. Eine weiche Oberfläche nimmt die Körner in sich auf und macht sie beim Flachschleifen des Steins unbeweglich.

SiC-Schleifsteine werden für Weichmetalle wie z. B. Messing und Aluminium verwendet; die Schleifpartikel sind scharf genug, um weichere Metalle zu schneiden. Und aufgrund seiner Schärfe und Härte wird Siliziumkarbid in Spezial-Schleifscheiben zum Karbidschleifen verwendet.

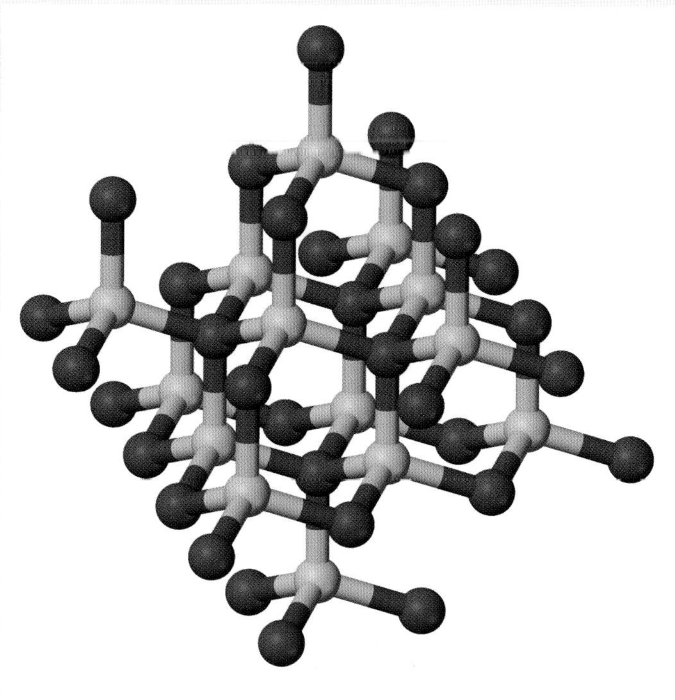

Siliziumkarbid, SiC — Bild mit freundlicher Genehmigung von Ben Mills

15 µm große Siliziumkarbidkörner in 1000facher Vergrößerung.

Aluminiumoxid Al_2O_3

Aus Tonerde – *Aluminiumoxid* (Al_2O_3, oft einfach mit AO abgekürzt) – bestehen mehr als 15 % der Erdkruste (6 % bestehen aus Eisenoxiden). 65 Millionen Tonnen davon werden alljährlich in Form des aluminiumhaltigen Erzes *Bauxit* abgebaut; 90 % davon werden zur Herstellung von Aluminiummetall verwendet. Die reine, natürliche Form von Aluminiumoxid ist eine weiße Verbindung namens *Korund*, woraus bei einer Kontamination mit ca. 2,5 % Chromoxid ein Rubin entsteht. Bei Vorhandensein von anderen Elementen wie Eisen, Titan und Chrom bezeichnet man Korund als *Saphir*, der zwar meistens blau ist, aber fast jede andere Farbe annehmen kann (Ausnahme: rot; diese Farbe ist Rubinen vorbehalten). Tonerde ist auch Hauptbestandteil von *Schmirgel*, einer in der Natur vorkommenden Verbindung, die eines der verbreitetsten Schleifmittel war, bis das vom Menschen hergestellte Aluminiumoxid und reinere, gleichförmigere Schleifmittel aus Silikonkarbid entwickelt wurden. Heute werden zirka acht kristalline Formen von AO hergestellt, jede mit anderer Krümeligkeit. AO besteht mühelos den ersten Test für Schleifmittel: es ist hart und scharf. Mit einer Mohs-Härte von 9 (und einer Knoop-Härte von 2100) zwar nicht so hart wie Siliziumkarbid, aber dennoch eine der härtesten Substanzen, die es gibt. Allerdings haben nicht alle kristallinen Formen des Aluminiumoxids die Krümeligkeit von Siliziumkarbid zur Bildung neuer scharfer Schleifpunkte. Aluminiumoxid ist zwar fester – schwerer zerdrückbar – als SiC, wird schließlich aber stumpf. Der Tendenz von AO zum Abstumpfen wirkt man in der Regel durch Schleifsteine entgegen, bei denen die AO-Körner einer weichen Matrix eingebettet vorliegen. Wird ein Korn stumpf, steigt der Druck darauf, bis es sich vom Verbund ablöst, wodurch ein neues, scharfes Korn frei wird, das weiterschneidet. Krümelige Schleifmedien sind wirklich selbstschärfend. AO das mit höherer Krümeligkeit kristallisiert und dadurch Neuschärfung durch Ausbruch von Körnern erlaubt, sind am Markt ebenfalls erhältlich und werden eingesetzt. Norton stellt Schleifsteine mit Seeded-Gel-Technologie (keramischen Schleifkörnern) und krümeligen AO-Körnern und 3M bietet sein sol-gel mit derselben Zielsetzung an. Bestimmte AO-Korngrößen erhält man in der Regel durch Zerdrücken größerer Stücke in kleine, während man die Seeded-Gel- und Sol-Gel-Körner aus Impfkristallen buchstäblich heranzüchtet, bis sie zur gewünschten Größe heranwachsen. Aluminiumoxid ist das Arbeitspferd der Werkzeugschärfbranche. Die meisten Schleifmedien, die weltweit tagtäglich in Gebrauch sind, sind aus der einen oder anderen Form von Aluminiumoxid hergestellt.

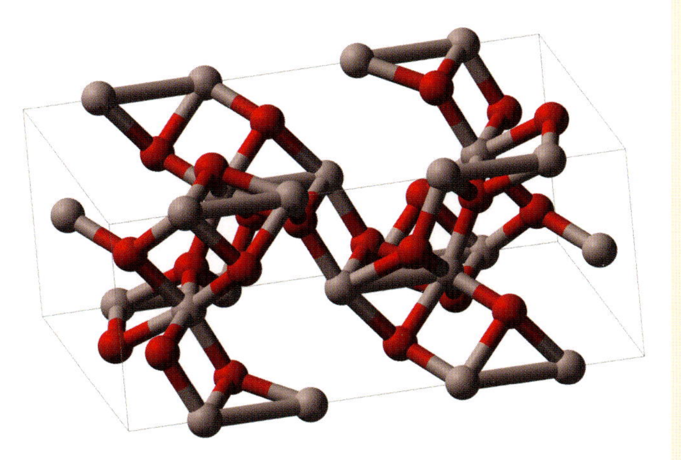

Aluminiumoxid, Al_2O_3. Bild mit freundlicher Genehmigung von Ben Mills

15 µm Aluminiumoxid-Körner in 1000facher Vergrößerung.

Superabrasive Schleifmittel

Diamant

Vor den 1870er-Jahren waren *Diamanten* seltene Edelsteine, die vorwiegend aus Indien oder Brasilien kamen. 1870 entdeckte man am südafrikanischen Orange River große Diamantvorkommen, was zu einem wahren Diamanten-Boom führte. Die dadurch entstandenen Minen überfluteten den Markt mit so vielen Diamanten, dass die Hersteller (und deren Investoren) eine Herabstufung der Diamanten auf bloße Halbedelsteine befürchteten. Um dem vorzubeugen, fusionierten die Diamantenabbaufirmen im Jahr 1888 zum vielleicht erfolgreichsten Kartell der Geschichte: der De Beers Consolidated Mines, Ltd. Diese erwarb sich die fast vollständige Kontrolle über das Angebot und beschloss 1938, auch Einfluss auf die Nachfrage zu nehmen. Man engagierte eine New Yorker Werbeagentur, die in der Öffentlichkeit verbreiten sollte, Diamanten sollten die einzige Wahl sein, wenn man einen Verlobungs- oder Ehering erwirbt. Mit der cleveren Kampagne *Diamonds Are Forever* und Produktplatzierungen in Hollywoodfilmen, Prominentenhochzeiten, über die mit Presseberichten für die Gesellschaftsseiten berichtet wurde, in denen man den so wichtigen Ring auch gebührend betonte, gelang es De Beers, Diamanten als höchstes Sinnbild romantischer Liebe darzustellen. Dabei kontrollierte De Beers sorgfältig das Angebot, indem es die meisten Diamanten der Welt hortete, um die Preise künstlich hoch zu halten. Was hat das mit uns zu tun? Ohne De Beers wäre es wahrscheinlich nicht zu dem Forschungs- und Entwicklungsschub gekommen, der in den 1950er Jahre zur Herstellung künstlicher Diamanten führte. Ein starker Schwerpunkt der heutigen Diamantenherstellung liegt auf Halbleitern aus Diamanten für die Elektronikbranche (Ihr nächster Computer hat möglicherweise schon einen „Diamant-Pentium"-Prozessor). Die Zeit verging, das Unternehmertum entwickelte sich weiter, und so entstanden diverse Herstellverfahren für Diamanten, die die Preise für Diamantschleifmittel drastisch sinken ließen. Praktisch alle heute erhältlichen Diamantschleifmittel setzen „synthetisch" hergestellte Diamanten ein. In der Natur vorkommende Diamanten mögen, wie es in dem alten Lied heißt, „a girl's best friend" sein, doch vom Menschen hergestellte zählen zu den besten Freunden eines Holzwerkers. Die beiden bei der Herstellung von Diamanten vorherrschenden Technologien bringen Diamanten mit anderen Eigenschaften hervor, auf die man beim Werkzeugschärfen besonderen Wert legt. Das über ein halbes Jahrhundert angewendete Hochdruck-Hochtemperatur-Verfahren (engl. Abk. HPHT) gilt als „traditionelle" Methode der Diamantherstellung. In einem waschmaschinengroßen Behälter bildet dieses Verfahren die geologischen Umgebungsbedingungen (Hitze und hoher Druck) nach, unter denen sich im Schoß der Erde Diamanten entwickeln. Diese Bedingungen animieren eine kohlenstoffhaltige Masse, aus einem echten Impfkristall neue Diamanten wachsen zu lassen. Bei 1500° C und 850.000 psi (58.000 atm) wächst so in ca. 3 Tagen ein 2,8-Karat-Diamant in Edelsteinqualität. Das dürfte auch De Beers beeindrucken! Das zweite, neuere Verfahren ist die *chemische* Gasphasenabscheidung (CVD), bei dem ein kohlenstoffreiches Gas in einer Niederdruckkammer durch Erhitzen in Plasma überführt wird. Dieses setzt sich dann auf einem polierten

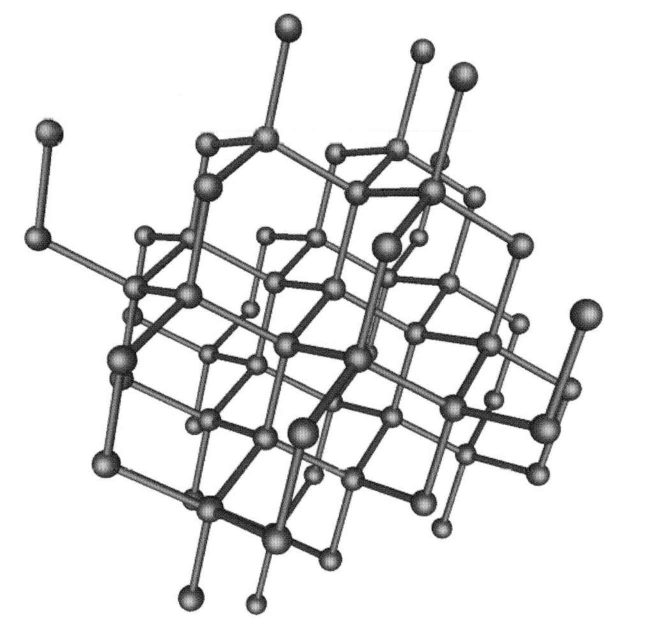

Diamant. Illustration: Michael Ströck

Diamanten in Nickelmatrix; 1500fache Vergrößerung.

Impfdiamanten ab. In dieses Verfahren setzt die Halbleiterindustrie ihre größten Hoffnungen, da die dabei entstandenen Diamanten aus reinem Kohlenstoff bestehen können, wohingegen das HPHT-Verfahren aufgrund der beigemischten, aber nötigen Katalysatoren Verunreinigungen enthält. Und beim CVD-Verfahren lassen sich auch andere Elemente, z. B. Bor, dem Gas in präzisen Konzentrationen hinzufügen, woraus Diamanten mit speziellen semikonduktiven Eigenschaften entstehen. Warum erzähle ich das? Weil durch das HPHT-Verfahren *monokristalline* Diamanten entstehen, durch CVD hingegen polykristalline.

Der Unterschied ist für das Schärfen besonders bedeutend. Ein monokristalliner Diamant ist ein einzelner Kristall, der zur Gänze aus extrem starken Kohlenstoffbindungen besteht, die Diamanten ihre einzigartige Festigkeit verleihen. Polykristalline Diamanten bestehen aus einer Vielzahl von kleinen Diamantkristallen, die über Kohlenstoffbrücken miteinander verbunden sind, die jedoch schwächer sind als die Bindekräfte im Kohlenstoffeinkristall. Diese schwächeren Bindungen sorgen dafür, dass die polykristallinen Diamantpartikel, die Sie vielleicht auch zum Schärfen verwenden, leichter auseinanderfallen als Partikel einkristalliner Diamanten. Daraus folgt: polykristalline Diamanten eignen sich gut für Läpppasten mit losen Körnern. Sie zerquetschen beim Verschleißen und schärfen sich von selbst nach. Einkristalline Diamante werden für Bank- oder Abziehsteine verwendet, bei denen Diamantkorn fest (in der Regel auf einer Nickelschicht) fixiert ist. Bei dieser Anwendung ist es wünschenswert, dass die Kristalle sich weder ablösen noch zerreiben, damit sie noch lange so effizient wie möglich schneiden.

Kohlenstoff gehört zu den Elementen, die in verschiedenen Formen, so genannten *Allotropen*, vorkommen können. Diamant ist eine allotrope Modifikation des Kohlenstoffs – die Kohlenstoffatome sind hier in Tetraederform angeordnet. (Grafit ist ein weiteres bekanntes Allotrop des Kohlenstoffs; hier sind die Kohlenstoffatome in Plättchen angeordnet, die sich leicht gegeneinander verschieben lassen.) Da Diamanten ganz aus Kohlenstoff bestehen, lassen sie sich nicht für das Stahlschleifen mit Elektrowerkzeugen verwenden, bei dem die Stahltemperatur so hoch werden könnte, dass sich der Kohlenstoff im Stahl auflöst. Stumpfwerden ist eine Sache; doch Sich-im-Werkzeug-Auflösen ist absolut nicht hinnehmbar. Schärfen von Hand ist *okay* – Schärfen mit Elektrogeräten *nicht*. Mit einer Mohs-Härte von 10 (Knoop-Härte: 7000) ist Diamant das härteste bekannte Material (mit Ausnahme anderer Form von Diamanten – suchen Sie im Internet doch mal nach *Fullerenen*). Dies, und die Tatsache, dass Diamantkristalle scharf sind, bedeutet, dass sie zum Schärfen eingesetzt werden können. Diamantkristalle ver-

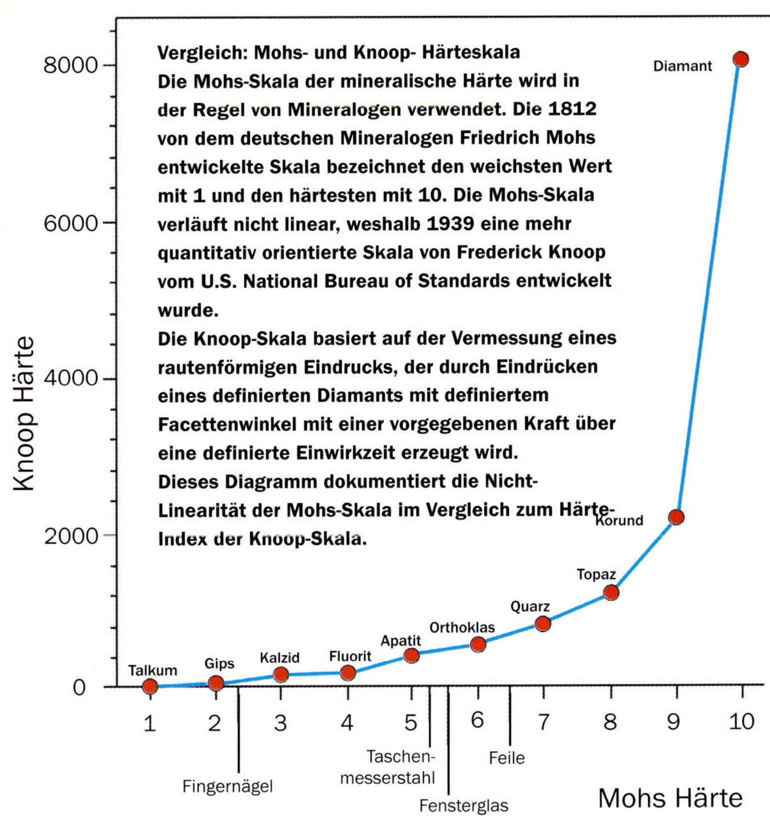

Tabelle und Angaben nach Some Fundamentals of Mineralogy and Geochemistry Autor: L. Bruce Railsback von der Geologie-Fakultät der University of Georgia.

schleißen zwar irgendwann auch, doch in den meisten Fällen ist die Lebensdauer von Diamantschleifmitteln so hoch, dass die Ausgabe gerechtfertigt ist. Es ist aber zu bedenken: obwohl sie in großer Stückzahl gefertigt werden, sind Diamantschleifmittel im Vergleich zu herkömmlichen Schleifmittel nach wie vor teuer.

Kubisches Bornitrid (cBN)

Wie Diamanten gilt auch *kubisches Bornitrid* (cBN) als *superabrasives Schleifmittel* – diese kleine Gruppe umfasst die härtesten und zähesten Schleifmittel. CBN hat eine ähnliche Struktur wie Diamanten und ist beinah genauso hart. Da es kohlenstofffrei ist, kann cBN verwendet werden, um Stahl bei hohen Temperaturen zu schneiden, bei denen der Kohlenstoff in Diamant sich schon im Stahl auflösen würde. Der Nutzen von cBN für unsere Zwecke ist somit allerdings begrenzt, und weil es fast so teuer ist wie Diamanten, wird es nur selten zum Schärfen eingesetzt.

Chromoxid (Cr_2O_3)

Das oft als Auflage für Abziehvorrichtungen oder Polierscheiben verwendete Chromoxid ist auch unter dem Namen Viridian bekannt: ein prachtvolles grünes Pigment, das für Farben und Anstriche verwendet wird. Es ist auch als grüner, buntstiftartiger Stick erhältlich, der auf eine Filz- oder Musselinscheibe aufgetragen oder einfach auf eine Abziehvorrichtung aus Leder, Filz, Pappe oder Holz aufgebracht werden kann. Ich bewahre einen wachsig-fettigen „Ziegel" davon in meiner Werkstatt auf – für die Polierscheiben, die ich bei einem Büchsenmacher kaufe. Der manchmal auch als „Messermacher-Grün" gehandelte Viridian ist bei Gewehrherstellern beliebt wegen seiner Fähigkeit, gehärteten Stahl bei der letzten Politur spiegelblank zu machen.

Chromoxidkörner in 1500facher Vergrößerung.

Polierpasten

Wird *Polierpaste* als Schärfhilfe angeboten, enthält sie wahrscheinlich Aluminiumoxid (dann ist sie weiß), Chromoxid (dunkelgrün) oder beides (hellgrün). Manche andersfarbigen Pasten bestehen einfach aus Aluminiumoxid mit zur Unterscheidung beigemischtem Farbstoff. Hersteller geben die Inhaltsstoffe ihrer Pasten nur ungern preis. Mein Tipp daher: andere Holzwerker um Rat fragen, Kommentare in den Fachforen lesen und Erfahrungen untereinander austauschen, um eine fundierte Wahl zu treffen. Die meisten dieser Pasten sind recht erschwinglich; das Ausprobieren ist also kaum mit Risiken verbunden. Es tut ja auch nicht weh, wenn man einmal etwas Neues probiert. Wenn Sie es gut finden, empfehlen Sie es weiter. Manche Pasten sind aber für Poliermaterialien formuliert, die weicher sind als gehärteter Stahl; es kann zwar sein, dass Sie auf Ihren Klingen gut wirken, tun dies aber oft nur sehr langsam.

Von JRE Industries (www.jreindustries.com) nach Maß hergestellte Streichriemen. Vier Seiten mit folgenden Beschichtungen: (eine Schicht pro Seite) mit schwarzer, grüner und weißer Paste, eine mit Naturleder.

Abziehriemen

Abziehriemen bestehen in der Regel aus einem Lederstreifen mit einer Schleifpaste darauf, die zum abschließenden Abziehen, Feinstpolieren und Entgraten verwendet wird. Wie fast alle Themen rund ums Holzwerken und Schärfen werden auch Abziehriemen kontrovers diskutiert. Es liegt in der Natur eines Abziehriemens, dass er Schneiden verrunden könnte; mancher behauptet aber auch, Abziehriemen würden mit Feinstschleifmitteln geschärften Schneiden letzten Endes schaden. Die Angst vor Verrunden ist bei Abziehriemen aus Leder gerechtfertigt, da Leder eine elastische Oberfläche hat, die ein wenig eingedrückt wird, wenn man das Werkzeug andrückt. Sogar bei nur minimalem Druck können dieses Zusammendrücken und der Rückprall dazu neigen, die Schneide leicht abzurunden, und für manchen (sowie für manche Werkzeuge) ist jede Abrundung schon zu viel. Was den Vorwurf einer Zerstörung der Schneide durch das Abziehen betrifft, so lieferte meine Arbeit am *Rasterelektronenmikroskop* (siehe Anhang) lediglich gewisse Hinweise darauf, dass die von mir verwendeten Abziehpasten möglicherweise verschiedene Körnungen enthielten. Insgesamt betrachtet glaube ich aber, dass man durch Abziehen sehr fein polieren und entgraten kann. Obwohl es keine Garantie gibt, wie weit jeder einzelne damit kommt, ist die Investition, die man zum Ausprobieren tätigen muss, sicherlich nicht groß. Abziehriemen kann man kaufen oder selbst aus beinah jedem Stück Leder herstellen: die Verwendung erfolgt dann auf einer Bank oder durch Fixierung auf einem ähnlich großen Holzstück. Man kann auch ein abgeflachtes Holzstück als Abziehriemen verwenden und dadurch den Rückstoßeffekt völlig eliminieren. Ich habe aber auch schon Abziehriemen aus Papier, Schachtelkarton, MDF (mitteldichten Faserplatten), Leinwand oder anderen Stoffen gesehen.

Dieses traditionelle Schleifsystem für Holzbildhauer und -schnitzer stammt von Woodcraft (www.woodcraft.com). Leicht zu verwenden: einfach die gewünschte Paste auf das Leder aufbringen und dann das Werkzeug daran abziehen, so wie ein Barbier Rasiermesser ledert.

Foto mit freundlicher Genehmigung von Woodcraft

Vergleichstabelle Körnung

Durchschnitt in µm	ANSI/CAMI (USA)	FEPA (Europa)	JIS (Japan)	Stein (annähernde Werte)
0,5			30000	Grüne Chromoxid-Paste
0,9			16000	
1,2		F2000	8000	
2		F1500	6000	
3		F1200	4000	
4			3000	
4,5		F1000		
5,5	1200		2500	
6"				Hard Black" oder durchscheinender Arkansas-Stein
6,5		F800	2000	
7	1000			
8		P2500	1500	
9	900			
9,5		F600	1200	
10		P2000		
11,5			1000	Harter, weißer Arkansas
12	800			
13		F500/P1500		
14	700		800	
15		P1200		
17		F400	700	
18	600	P1000		
19	500			
22	400	P800		weicher Arkansas-Stein/ X-feiner India-Stein
23		F360		
25			500	
26		P600		
29		F320		
30		P500	400	
31	320			
35		P400	360	Washita-Stein/Feiner India-Stein
36,5		F280		
39	280			
40		P360	320	
44,5		F240		Feiner Crystolon-Stein
46		P320		
48			280	
50	240			
53		F230/P280		Mittelfeiner India-Stein
57			240	
58,5		P240/F220		
63	220			
69		F180		
76	180			Mittelfeiner Crystolon-Stein
89	150	F150		
102	120	F120		Grober India-Stein
122	100	F100		Grober Crystolon-Stein
165	80			
254	60	F60		
269		P60		
336		P50		
438		F40		
483	36			
538		P36		

Körnung

Die Größe der Körner einer beliebigen Schleifkonfiguration – losen Körnern, Schleifpapier, Steine und Scheiben – wird von verschiedenen Normen beschrieben. Am häufigsten ist eine Siebgröße, die die Anzahl der Löcher pro Zoll in einem Sieb beschreibt, das die Schleifkörner passieren. Siebe mit immer kleineren Lochdurchmessern fangen die Teilchen auf, die nicht hindurchgelangen und werden dann nach dem Gitter benannt, das sie soeben passiert haben. Diese Methode wird für Körnchen mit einer Körnung von ca. 220 (60 µm) angewandt. Eine ausreichend geradlinige Methode. Für feinere Partikel jedoch wird eine ganze Reihe von cleveren Methoden angewandt. Beim Sortieren nach *Sedimentierung* werden die Körner mit Wasser vermischt und können über eine bestimmte Zeit absinken; die größeren Partikel setzen sich am schnellsten ab. Die Mischung, die sich nicht abgesetzt hat, wird abgezogen und setzt sich danach wieder ab etc. Bei einer Sortierung oder Klassifizierung mit Luft werden die Teilchen über eine Reihe von Löchern geblasen; die größeren, schwereren Teilchen setzen sich zuerst ab.

Bei einem Verfahren namens *Elutriation* (Schlämmen) fallen Teilchen einer bestimmten Größe und Gewicht in einem bestimmten Verhältnis durch Flüssigkeit oder Gase mit einer bestimmten Viskosität (die Formel finden Sie, wenn Sie das *Stoke'sche* Gesetz nachsehen). Sind sämtliche Variablen außer der Teilchengröße bekannt, lässt sich diese aus den anderen Werten herleiten.

Für uns stellt sich für die Größenbestimmung von Schleifmittelkörnern das Problem, dass es sehr schwer ist, einzelne Körnergrößen aus den anderen heraus zu isolieren. Selbst bei einem so direkten Verfahren wie dem Sieben dürfte sich ein ganzes Spektrum von Korngrößen ergeben. Schleifkörner sind keine Kugeln (sonst würden sie nicht gut schleifen); das bedeutet: ob sie ein Sieb passieren oder darin hängenbleiben, hängt auch von der Ausrichtung des Teilchens ab. Stellen Sie sich vor, wie Reiskörner gesiebt werden. Manche fallen der Länge nach durch das Sieb; wenn man sie seitlich an das Sieb drückt, passieren sie dieses hingegen nicht. Sähen Schleifkörner aus wie Reis, hätte Ihr Schleifpapier diverse Korngrößen mit der Breite und Länge aller dazwischen liegenden Körner und Ausrichtungen. Ab diesem Punkt wird die Frage der Bezeichnung von Schleifkörnern wirklich schwierig. Es gibt Normen für die Größen von Schleifmitteln vom ANSI („American National Standards Institute), FEPA („Federation of European Producers of Abrasives") und JIS („Japanese Standardization Organization"). Die Normen sind unterschiedlich – je nachdem, ob es sich um *gebundene* (Steine und Scheiben), *beschichtete* (Schleifpapier) oder lose Schleifmittel (Strahlmittel) handelt, und sie unterscheiden sich auch zwischen den einzelnen Norminstitutionen. Die „Unified Abrasives Manufacturers' Association" erklärt recht gut, wie verwirrend all dies werden kann:

Die Norm ANSI B74.18-1996, die derzeit überarbeitet wird, gilt für beschichtete Schleifmittel. Die hier zu erfüllenden Größenanforderungen unterscheiden sich recht stark von denen für gebundene bzw. lose Schleifmittel. (Der Kürze halber werden die verschiedenen Normen als „gebunden" bzw. „beschichtet" bezeichnet.) Allgemein ist es durchaus möglich, dass ein bestimmtes Schleifmittel die Anforderungen für eine beschichtete Größe erfüllt und dabei auch die für dieselbe gebundene Korngröße (d.h. ein ANSI für „gebunden 180" kann auch für ANSI „beschichtet 180" akzeptabel sein, und umgekehrt). Außerdem kann es durchaus auch sein, dass ein FEPA F120 (gebunden) nicht die Anforderungen eines FEPA P120 (beschichtet) erfüllt und umgekehrt.

Der Grund: die Normen gelten für verschiedene Siebgrößen, die für Tests eingesetzt werden, gestatten oder erfordern verschiedene Prozentsätze von zurückbehaltenem Material in den verschiedenen Sieben und formulieren ihre Anforderungen in der Regel in einer Weise, die einen Direktvergleich der Größen unmöglich machen.

Ohne an dieser Stelle in einen detaillierten Vergleich der Normen einsteigen zu wollen (was der interessierte Anwender durchaus tun sollte), soll dies hier anhand eines Beispiels illustriert werden. Für FEPA P80 (beschichtet) fordert FEPA GB43-1991, dass das gesamte Material durch ein 355 µm-Sieb hindurchgeht und maximal 3 % in einem 255 µm-Sieb hängenbleiben. Für FEPA F80 (gebunden) fordert FEPA 42GB-1984R1993, dass das gesamte Material durch ein 300 µm-Sieb geht. Es bestehen keine Anforderungen zu 255 µm-Sieben, und bis zu 25 % des Materials dürfenin einem 212 µm-Sieb hängen bleiben.

Ein einziges Schleifmittel, bei dem keine Teilchen über 255 µm groß sind, würde beide Normen ganz klar erfüllen. Doch ein Schleifmittel, das keine Teilchen über 355 µm enthält, einen 1 %-Anteil von 300 bis 355 µm und 2 % 255 bis 300 µm große Körner, würde der Norm für „beschichtet" genügen, der für „gebunden" jedoch nicht. Ein Schleifmittel ohne Teilchen über 300 µm, aber 4 % Anteil an 255 bis 300 µm, würde die Norm für „gebunden" erfüllen, nicht aber die für „beschichtet". (Quelle: www.uama.org.)

Leuchtet Ihnen das ein? Mir auch nicht. Es mag aber ausreichen, dass die Annahme, dass Ihr Wasserstein mit Körnung 8000 anders reagiert als der Shapton-Wasserstein gleicher Körnung Ihres Freundes zweifelsohne zutrifft. Die Körner können verschiedene kristalline Zusammensetzungen aufweisen, es kann in der Mischung auch ein breiteres oder engeres Größenspektrum vorhanden sein, und für die Klassifizierung der Körner bzw. ihre Trennung können verschiedene Normen angewandt werden. Ich möchte damit nicht sagen, dass eines besser ist als das andere, nur: Seien Sie nicht überrascht, wenn beide irgendwie verschieden wirken. Und damit ist noch gar nichts über die verschiedenen Verbünde und Herstellungsverfahren der einzelnen Marken gesagt.

Vier Schleifpapier-Körnungen (von links nach rechts): 60 (grob); 100 (mittelgrob); 150 (fein) und 220 (sehr fein).
Foto mit freundlicher Genehmigung von Norton Abrasives

Banksteine

Bei Schleifpapier und Schleifsteinen wird am Produkt selbst oder auf der Verpackung klar ausgewiesen, welches Schleifmittel verwendet wird; bei Banksteinen jedoch ist das nicht immer der Fall. Schleifpapier und Schleifscheiben sind das Mittel der Wahl zum Sandstrahlen bzw. Abschleifen verschiedener Werkstoffe wie Holz, Farbe, Kunststoffen etc. und ihre Auswahl basiert auf der jeweiligen Anwendung. Banksteine jedoch dienen nur zum Schärfen von Stahlwerkzeugen; folglich sehen die Hersteller auch keinen Grund, entsprechende Details preiszugeben. Die genaue Zusammensetzung ist oftmals eine Mischung aus zwei oder mehr Schleifmitteln; Details dazu gelten als Betriebsgeheimnis. Seien Sie jedoch sicher: Was als Mittel zum Schärfen von Werkzeugstählen verwendet wird, wird diese Funktion höchstwahrscheinlich in gewissem Grad zufriedenstellend ausführen, und um seine Wahl zu treffen, braucht man nicht die genaue Mischung oder Kristallstruktur zu kennen. Das Härte-/Krümeligkeitsspektrum von Banksteinen ist sehr breit und reicht von sehr weichen Wassersteinen am einen Ende des Spektrums bis zu stahlbasierten Diamantsteinen am anderen. Mit Ausnahme von Diamant-Stahl-Schleifplatten bestehen Banksteine aus Schleifkörnern, die in einer Art Matrix – Harz, Schellack, Keramik oder dem geologischen „Kleber" der Sedimentierung und Kristallisierung – miteinander verbunden sind. Daher umfasst der Begriff auch Schleifscheiben und Banksteine (im Gegensatz zu beschichteten Schleifmitteln, wie z. B. Schleifpapier). Die Härte eines Steins hängt von seinem Binder ab – Keramik und herkömmliche Ölsteine sind am „harten" Ende des Spektrums angesiedelt, Wassersteine am „weichen". Wassersteine können Stahl aufgrund ihrer Weichheit so schnell schneiden. Die Oberfläche wird vom Schärfen permanent abgetragen, und dieser ständige Prozess bringt neue, frische Schleifkörner zum Vorschein. Härtere Steine tragen nicht so schnell ab, weshalb man sich darauf verlassen muss, dass die von Anfang an vorhandenen, harten Teilchen ihre Aufgabe lange Zeit erfüllen. Natürlich muss man Abstriche machen, weil sich in der Mitte weicherer Wassersteine eine Kuhle bildet, die häufig abgerichtet werden muss (denken Sie daran: eine wichtige Voraussetzung zum erfolgreichen Schärfen von Beiteln, Hobeleisen etc. ist ein gut abgerichteter Stein). Weiche Steine sind wartungsintensiv und können nur so ihr Bestes geben. Keramiksteine hingegen brauchen auch laut Herstellerangaben nur gelegentliche Reinigung – Sie können sie der Geschirrspülmaschine anvertrauen (im Ernst!). – das öffnet ihre Poren und macht sie wieder einsatzfähig. Dasselbe gilt für Ölsteine – gelegentliche Reinigung mit Lösungsmittel oder Kerosin reicht aus, um sie jahrelang brauchbar zu machen (stimmt, auch sie nutzen sich in der Mitte ab, aber nur sehr langsam). Und stumpf werden sie auch – das

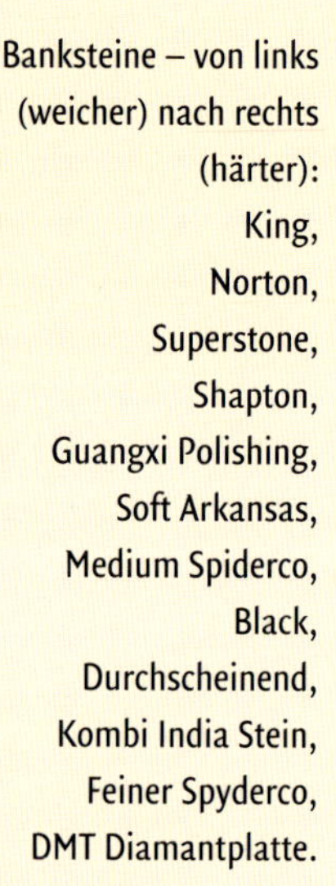

Banksteine – von links (weicher) nach rechts (härter): King, Norton, Superstone, Shapton, Guangxi Polishing, Soft Arkansas, Medium Spiderco, Black, Durchscheinend, Kombi India Stein, Feiner Spyderco, DMT Diamantplatte.

Abrichten mit einer Diamantplatte oder Schleifpapier löst beide Probleme. Hier besteht der Kompromiss darin, dass härtere Steine langsamer schneiden und sich das Schärfen für Sie „meditativer" gestaltet, als Sie es sich erwartet hätten. Ölsteine kann man anstatt mit Öl auch mit Seifenlauge verwenden, für Wassersteine hingegen sollte man nur Wasser einsetzen; hier niemals mit Öl arbeiten! Wenn Sie kein Wasser in der Werkstatt mögen, können Ölsteine die Lösung für Sie sein. Wenn Sie andererseits unbedingt vermeiden möchten, dass Öl auf Ihre Holzarbeiten gelangt oder Steine schneller schneiden sollen, können Wassersteine für Sie die Lösung sein. In der Mitte des Spektrums liegen Wassersteine aus Keramik wie z. B. die leistungsstarken Schleifsteine von Shapton und Naniwa (Superstones). Wassersteine aus Keramik enthalten eine härtere Paste als in der Natur vorkommende oder vom Menschen hergestellte Wassersteine, die eigentlich länger halten und dabei schnell schneiden sollten. Wassersteine aus Keramik sind zwar oft nicht so weich wie Wassersteine, müssen aber dennoch oft abgerichtet werden. Ein erfahrener Schärfer, mit denen ich mich unterhielt, bevorzugt Schleifsteine von Shapton, weil Wassersteine von *Norton* zu schnell verschleißen; ein anderer, im Schärfen erfahrener Freund hingegen findet, dass Steine von Shapton sich zu leicht zusetzen und bevorzugt deshalb Naniwa Superstones. Mittlerweile schwören viele Studenten des Studienganges Fine Woodworking am College of the Redwoods auf Norton-Steine. Wenn Sie bei einem Gespräch mit einem Holzwerker einmal nicht mehr weiter wissen, schneiden Sie das Thema Schärfen an. Das weitere Gespräch dürfte kein Ende nehmen. Diamantsteine bieten eine ideale Lösung, weil sie nicht abgerichtet zu werden brauchen und nach dem Gebrauch einfach abgespült werden müssen. Aber: sie sind teuer. Und obwohl es eine Zeit dauert, verschleißen die Diamantpartikel letzten Endes auch; und zwar in der Regel in der Mitte, was das gleichmäßige Abrichten breiterer Schneiden beeinträchtigen könnte. Verwirrt Sie das? Mich auch. Heutzutage hat jeder erhältliche Schärfstein ebenso seine Fans (nicht vergessen: das kommt vom englischen „fanatic") wie seine Gegner. Die bloße Tatsache, dass zahlreiche Holzwerker einen Stein empfehlen, deutet darauf hin, dass er gute Arbeit leistet. Meine Empfehlung: probieren Sie so viele Steine aus wie irgend möglich. Seien Sie den Werkzeughändlern auf den Fersen und lassen Sie sich von anderen Holzwerkern deren Schärfvorrichtungen zeigen. Joel Moskowitz von Tools for Working Wood (.com) vergleicht die Auswahl eines Schärfsteins mit der Auswahl des richtigen Weins zu einem Essen. Es ist eine Frage persönlicher Präferenzen und des Geschmacks in Kombination mit der zu lösenden Aufgabe und insofern mit dem Abstimmen von Wein zum Essen vergleichbar. Manchmal wird trotz hohen Wartungsaufwands ein schnell schneidender Stein verlangt; in anderen Fällen ein langsamerer, sorgfältiger arbeitender Öl- oder Keramikstein. Darf ich Ihnen zum *Filet mignon* einen Zinfandel-Wein empfehlen? Larry Williams von Clark & Williams – (www. planemaker.com) sagt: *Zum Schärfen verwende ich drei Steine: einen mittleren India-Stein, einen durchscheinenden, harten Arkansas-Stein sowie einen rauen Diamantstein, der aber nur zur Wartung der anderen beiden dient. Im Gegensatz zur allgemeinen Meinung tragen und stumpfen die beiden Ölsteine sehr wohl ab.*

Eine kurze Anwendung des rauen Diamantsteins an beiden Ölsteinen sorgt dafür, dass diese vor jedem Schärfen gut abgerichtet sind und schnell schneiden. Beim Schärfen redet jeder vom Abrichten – doch niemand erklärt, warum es wichtig ist. Man richtet ab, weil man Wiederholbarkeit schaffen will. Bei einheitlich abgerichteten Steinen braucht man beim Einsatz einer anderen Körnung nicht jedes Mal ein Werkzeug an eine andere Topographie anzupassen. Ich habe früher viel Schleifzeit damit verbracht, Werkzeuge an die nicht abgerichtete Form meiner Steine anzupassen. Das ist Vergangenheit – wenn ich Steine wechsle, schneiden diese an denselben Orten. Zuerst kommt der feine Arkansas-Schleifstein an die Reihe, dann der rauere India-Stein. Den sich ansammelnden Schlamm sollten Sie auf dem Stein belassen; er schneidet dadurch noch schneller. Zur Entfernung des verbleibenden Grates verwende ich auch einen Abziehriemen aus Leder.

Lose Schleifkörner

Die zuvor erwähnten Schleifmittel sind als nach Größen sortierte *lose Körner* erhältlich und können dementsprechend eingesetzt werden. *Läppen* bezeichnet in der Welt der Metallbearbeitung jedes Verfahren, bei dem zwei Werkstücke, zwischen denen sich Schleifmittel befindet, aneinandergerieben werden. Dies geschieht in der Regel, um Werkstücke extrem glatt zu schleifen und zu polieren. Beim Läppen ist in der Regel eine der Oberflächen weicher als das Werkstück, das man schleift; Gusseisen ist ein zum Läppen häufig eingesetztes Material: die Schleifkörner graben sich in die weiche Oberfläche ein und bleiben dort. Veritas Stone Pond liefert noch ein Stück gehärtetes Glas mit, das als Andrückfläche fungiert, sowie eine gleich große Folie aus Plastik mit Kleberückseite, die man an das Glas kleben kann. Im Plastik können sich die Siliziumkarbidkörner mit Körnung 90 (im Lieferumfang ebenfalls enthalten) ablagern, wodurch die Karbidkörner den abzurichtenden Stein schleifen. Würde man die Körner ohne den Kunststoff einfach über das Glas verteilen, würden sie beim Läppen ihre Position verändern und auch das Glas ebenso wie den Stein (oder sogar noch mehr als diesen) abschleifen.

Diverse Anbieter bieten auf Präzision flach geschliffene Läppplatten aus Gusseisen an. Sie werden bei losen Schleifmitteln sowohl für das Läppen als auch für Schärfen eingesetzt. Genau wie Schärfen bringt auch das Läppen eine ganz eigene Lernkurve mit sich; besonders beliebt war es nie, obwohl es Zeitgenossen gibt, die darauf schwören. Manche behaupten, bei der Verwendung von Karbidkörnern müsse man nur mit einer einzigen grobkörnigen Anwendung beginnen – z. B. Körnung 90 fürs erste Abschleifen und Abrichten –, und da die Körner langsamer zerdrückt werden, wird das Finish immer feiner, bis die Körner sehr klein sind und die Klinge polieren. Hierbei geht man davon aus, dass jedes Korn nach und nach auf dieselbe Größe gedrückt wurde und nirgendwo auf der Oberfläche noch restliche große Körner „lauern", die nur darauf warten, die soeben von Ihnen geschaffene glänzend-glatte Fläche wieder zu beschädigen. Wenn das Schleifen mit Läppplatten ordnungsgemäß gemacht wird, ist die Oberfläche immer plan, und wenn man nach und nach kleinere Körner hinzugibt, anstatt später einfach die größeren zu zerbrechen, wird die Arbeit immer von einem frischen, scharfen Schleifmittel erledigt. Bei einem Wechsel der Körnung unbedingt gründlich nachspülen, um Vermischungen zu vermeiden. Vorteil des Schleifens mit Läppplatten: die Schärfvorrichtung besteht aus nur einem Werkzeug, die losen Schleifmittel sind preisgünstig und der einzige über die Anschaffung der Läppplatte hinausgehende Kostenfaktor. Wenn Sie Läppen einmal ausprobieren möchten, können Sie für die losen Körner viele verschiedene Oberflächen verwenden. Auf Präzision geschliffene Eisenplatten sind hier zwar Standard, doch ich habe auch schon von Leuten gehört, die Plastik auf Glas (wie es z. B. das Modell Stone Pond von Veritas anbietet), Kupfer- oder Messingplatten vom Schrottplatz verwenden. Für kleinere Arbeiten sogar CDs oder DVDs. Alles, was weicher ist als die Schneide selbst, dürfte nützlich sein, um die Körner zu fixieren. Es ist ein bisschen, als wollte man sich sein eigenes Schleifpapier für unterwegs herstellen. Diamanten sind auch als lose, nach Größen geordnete Körner erhältlich, werden aber häufiger in Pasten vermischt. Nortons Diamantpaste wird in vier Spritzen à 5 Gramm (jede in anderer Körnung) geliefert; diese sind zur sofortigen Erkennbarkeit nach Farben unterschieden. Der Kit beinhaltet vier MDFs, die als Einlagerungssubstrat verwendet werden sollen: eine Platte pro Korngröße. Nach dem Auftragen dürften die in der Paste enthaltenen Diamanten lange Zeit halten; in der Praxis aber zerbrechen sie rasch und müssen immer wieder mit einem Tropfen Paste erneuert werden. Mein Tipp: alle jeweils in separaten Plastiktüten aufbewahren und so einer Vermischung vorbeugen. Wird eine MDF (mitteldichte Faserplatte) schmutzig, kann man sie im Gegensatz zu Banksteinen nicht einfach abspülen; tut man es dennoch, wäscht man die investierten Diamanten mit ab und muss neu auftragen.

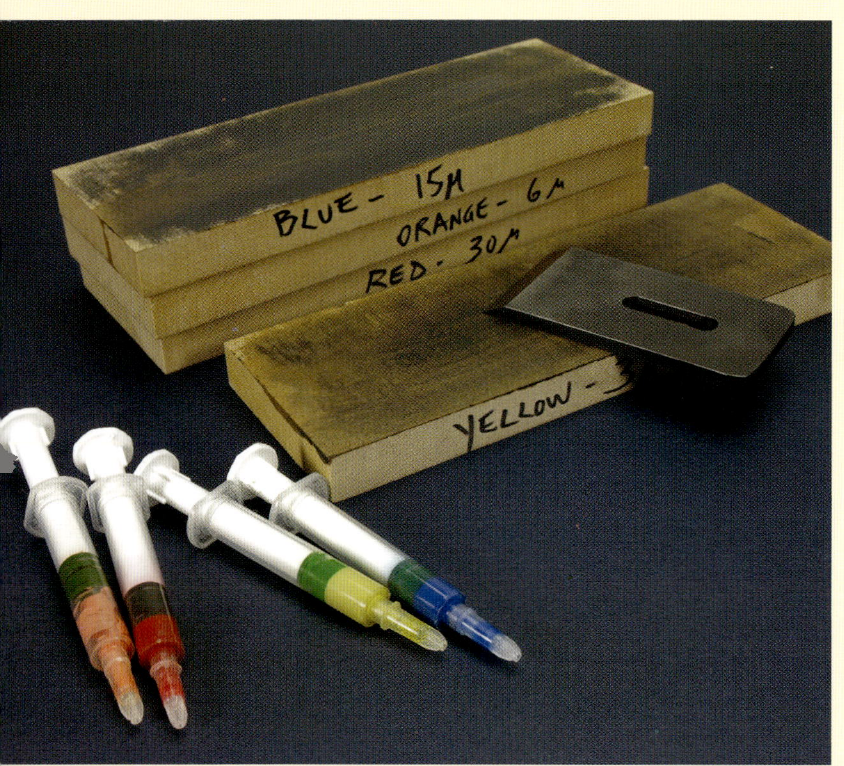

Diamantpasten-Kit von Norton

Schleifpapier und Schleifbänder

Diese beiden Schleifmittel sind der Kategorie der *beschichteten Schleifmittel* zuzurechnen. Am Markt gibt es zwar viele Produkte, die als „Sandpapier“ bezeichnet werden, doch Sand befindet sich nur selten darin – und Papier ist nicht das beste Trägermaterial für Schärfmedien. Ich habe ganz normale Nass-Trocken-Schleifpapiere mit annehmbaren Ergebnissen verwendet; das Schleifmittel aus Siliziumkarbid trägt nämlich sehr schnell ab. Don Naples von Wood Artistry (www.woodartistry.com), dem Hersteller des „Lap-Sharp“-Schärfsystems, beschreibt dies wie folgt: *Siliziumkarbid ist ein scharfes Schleifmittel, bricht aber leicht aus. Es zieht das Werkzeug eher ab, anstatt es abzuschleifen. Dies lässt sich unschwer anhand von zwei Schleiffolien aus Siliziumkarbid demonstrieren, von denen eine ein feineres Korn besitzt als die andere. Reiben Sie ein Stahlwerkzeug an einem Stück dieser Schleiffolie (z.B. mit Körnung 400). Nach kurzer Arbeit mit dem Werkzeug nimmt dieses Glanz an. Reiben Sie dann denselben Bereich des Werkzeugs ein- oder zweimal auf einem neuen Stück Papier Körnung 500. Beachten Sie dabei die Kratzer an der Stelle, die zuvor glänzte. Die frische, aber feinere Körnung hat den von der vorherigen Körnung abgezogenen Bereich abgetragen. Ein scharfes Werkzeug entsteht durch Abschleifen der aufeinander treffenden Kanten eines Werkzeugs zu fein polierten Oberflächen – und nicht dadurch, dass man sie auf Hochglanz poliert. Schleifmittel aus Siliziumkarbid behaupten sich nicht so gut wie solche aus Aluminiumoxid.*

Im Fachhandel erhältliches Schleifpapier aus Aluminiumoxid ist offen gestreut, d.h. die Bedeckung des Papiers mit Körnern weist deutliche Lücken auf. Dadurch wird ein Verstopfen des Schleifpapiers mit feinen Holzspänen bzw. Farbpartikeln vermieden; es handelt sich um eine für diese Anwendungen wünschenswerte Eigenschaft. Obwohl *offen gestreute* Papiere gut funktionieren, wenn man nichts anderes zur Hand hat, funktionieren Schleifpapiere mit dichterer Körnung zum Schärfen besser. Die Welt der beschichteten Schleifmittel wurde ein Stück high-tech-mäßiger, seitdem es Schleiffilme gibt – dünne Mylar-Folien, *geschlossen gestreut*, mit hoher Konzentration an gleichmäßig großen Aluminiumoxid-Körnern (laut Hersteller sind 90% der Körner auf einer Folie so groß wie angegeben). Diese Folien sind in verschiedenen Größen erhältlich – sowohl einfach als auch mit drucksensitivem Kleber auf der Rückseite. (PSA); die Rückseite ist selbstklebend, abziehbar und haftet somit auf Glas, Granit oder jedem anderen eingesetzten flachen Untergrund. Sie sind wasserdicht und halten beeindruckend lange; Folien mit PSA-Rückseite bleiben flach aufgeklebt und für nur wenig Geld können Sie ein beeindruckendes Spektrum an Körnungen für Ihre Schleifausrüstung erwerben: von 180 µm (ca. Körnung 80) bis 0,3 µm (bedenken Sie, dass ein Wasserstein Körnung 8000 eine durchschnittliche Teilchengröße von etwa 2 µm hat) in Ihrem Schärf-Kit. Bänder für Bandschleifer (in der Welt der Metallbearbeitung verwendet man Bandschleifmaschinen) werden in der Regel aus Webstoff mit Bekörnung hergestellt. Und auch hier ist Aluminiumoxid die häufigste Körnung für Metallarbeiten und Bänder; es wird aber auch Holz- und andere Sandstrahl-/Polieraufgaben zuverlässig erledigen. Zirkoniumoxid und eine Reihe anderer, hoch belastbarer Mineralien sind ebenfalls auf Bändern verfügbar; sie kosten zwar mehr, halten aber auch länger und stehen für hohen Materialabtrag. Für den normalen Holzwerker, der ab und zu auf einem kleinen Bankbandschleifer schärfen muss, reichen die leicht erhältlichen Aluminiumoxidbänder aus. Ich möchte Sie ermuntern, auszuprobieren, was immer Sie finden. Die Kosten für ein Band sind nicht sehr hoch, und Ausprobieren tut nicht weh.

Schleifscheiben

Nach der ganzen Verwirrung und Unsicherheit rund um das Thema Banksteine wirken Schleifscheiben geradezu einfach. Es gibt ein branchenübliches Kennzeichnungssystem für Schleifmaschinen, das das gesamte Spektrum umfasst: von der in Werkshallen eingesetzten Oberflächenschleifmaschine über Karosserie-Winkelschleifer bis hin zum 6- bis 8-Zoll-Schleifbock, den vielleicht auch Sie in Ihrer Werkstatt einsetzen. Das übliche Kennzeichnungssystem sieht so aus: A60-I8-V, wobei A für Aluminiumoxidkörner steht (dem bei weitem häufigsten Schleifmittel für Schleifscheiben, C für Siliziumkarbid (Hersteller können aber auch Buchstabencodes wie PA verwenden, das für „Pink Aluminiumoxid" steht, etc.), 60 ist die Körnung, I ist der Härtegrad der Bindung (für Werkzeugstähle wählt man eine weichere Bindung – härteres Material, weichere Scheibe – A steht für die weichsten, Z für die härtesten Verbunde; für Schärfaufgaben wählt man in der Regel etwas zwischen H–K aus), 8 steht für den Abstand der Körner im Verbund (zwischen 4 und 15) und das V zeigt an, dass die Scheibe durch einen keramischen Verbund zusammengehalten wird (der gängigste Verbundtyp – andere Verbünde: B, das für Kunstharzbindung steht, R für „rubber" (Gummi), E für Schellack und P für Epoxid). All diese Angaben wirken vielleicht recht wissenschaftlich; zumeist jedoch sind in jedem Laden erhältliche Schleifscheiben den häufigsten Kategorien zuzurechnen und man hat keine sonderlich große Auswahl. Geschäfte für Holzwerkerbedarf bieten vielleicht nur eine oder zwei Arten von Aluminiumoxid in einem oder zwei Härtegraden (möglicherweise I oder J) an, wobei zwei oder drei Körnungen zur Auswahl stehen. Und obwohl das so klingt, als würde man hier Ihre Auswahlmöglichkeiten einschränken, sind die angebotenen Scheiben oft zum Schärfen von Werkzeugstählen genau richtig. Die tatsächliche Entscheidung fällt dann zwischen dem standardmäßigen, grauen Scheibe aus dem Fachhandel, den teureren, krümeligeren weißen Scheiben, die ein wenig kühler schneiden und den noch teureren, blauen Norton Seeded Gel-Scheiben, die noch kühler schneiden. Wenn's ums Schärfen geht, ist kühleres Schneiden für eine Schleifscheibe eine wünschenswerte Eigenschaft. Darf sich das zu schleifende Metall erhitzen (d.h. besteht es *nicht* aus gehärtetem Stahl), sollte man die härteste Scheibe mit der längsten Lebensdauer wählen. Wenn das Werkstück aber unter der Anlasstemperatur gehalten werden muss, sorgt eine krümelige Scheibe für die nötige Kühle. Zwei Typen von Krümeligkeit werden angeboten: Bei den preiswerteren grauen Scheiben wird beim Abstumpfen der Aluminiumoxidkörner der Druck auf diese Körner größer, bis sie aus dem Verbund ausbrechen und ein neues, scharfes Korn freilegen. Bevor sich ein stumpfes Korn ablöst, erzeugt es Hitze, was jedoch sorgfältig vermieden werden muss. Krümeligere Schleifscheiben sind aus einer reineren, schärferen Form von Aluminiumoxid hergestellt, das mit weniger Druck schneidet und leichter ausbricht – wodurch sie scharf und kühl bleiben. Man kann ein Werkzeug aber immer noch verbrennen, weshalb Vorsicht angeraten ist. Es gibt Keramik-Aluminiumoxid-Scheiben aus Blue-Seeded Gel, die immer wieder kleine, scharfe Körner freilegen, bevor sie schließlich aus dem Verbund ausbrechen. Dieses Freilegen hält die Scheibe scharf und senkt die Hitzeentwicklung. Auch hier gilt, dass Sie mit einer Scheibe trotzdem ein Werkzeug verbrennen können, aber dennoch ist hier das Risiko niedriger. Kevin Glen Drake (www.Glen-Drake.com) meint:

Für meine Drechselwerkzeuge setze ich die Scheiben ein, die mit der Schleifmaschine mitgeliefert werden, bis sie verschlissen sind; dann kaufe ich nach Bedarf Nachschub von der Stange im Eisenwarenladen. Einfach die richtige, graue Standard-Körnung. Ich schleife aber nur Tischwerkzeuge (wie Hobeleisen und Beitel), mit einem Handschleifer und einer weißen Scheibe. Dann ziehe ich meine Tischwerkzeuge ab, aber nicht meine Drechselwerkzeuge.

Sicherheitstipps für Schleifscheiben

Meiner Meinung nach kann jedes motorbetriebene Werkzeug gefährlich sein. Das gilt freilich auch für Handwerkzeuge. Dennoch erfordern motorbetriebene Werkzeuge Sicherheitsmaßnahmen, die für Handwerkzeuge nicht gelten. Elektrogeräte sollte man niemals verwenden, wenn man müde, zerstreut, neben der Kappe ist oder unter Drogen oder Alkohol steht (und sei es auch noch so wenig). Okay? Bevor man eine Schleifscheibe an der Maschine anbringt, prüfen Sie, ob die Maschine die zulässige Geschwindigkeit des Rades übersteigt. Führen Sie dann einen einfachen „Ringtest" (OSHA #1910.215(d)(1) durch, um sicherzugehen, dass keine Sprünge vorhanden sind. Schieben Sie die Schleifscheibe auf einen Schraubendreherstiel und klopfen Sie an ein paar Stellen vorsichtig mit einem Hammerstiel darauf. Die Scheibe sollte einen hellen Ton von sich geben (nicht glockenhell, aber versuchen Sie es und Sie verstehen, was ich meine). Klingt sie dabei stumpf oder tot, hat sie höchstwahrscheinlich Sprünge und sollte nicht verwendet werden. Eine Scheibe, die bei schneller Drehung bricht, kann blitzschnell in viele Teile zerbrechen, was Sie und alle Umstehenden in äußerste Gefahr bringt. Verwenden Sie alle im Lieferumfang Ihrer Schleifmaschine und -scheibe befindlichen Beilagscheiben, Flansche etc. Und wenn Sie schon dabei sind, bringen Sie auch Schutzabdeckungen wieder an der Maschine an.

Und danach Ihren Augen-/Gesichtsschutz (dabei bitte nie flunkern!). Hemd, Schürzenbänder, Pferdeschwanz, Krawatte, etc. festbinden. Stellen Sie den Schleiftisch/die Werkzeugauflage nah an die Scheibe, damit zwischen Werkzeugauflage und Scheibe nichts nach unten gezogen werden kann. Schleifen Sie nie an der Seite einer Schleifscheibe. Ich habe schon gehört, dass das von manchen als Schärftechnik angepriesen wird, doch die Räder eines Schleiftisches widerstehen seitlichem Druck nur bedingt und können brechen – mit verheerenden Folgen. Gehen Sie dieses Risiko nicht ein. Wenn Sie Schleifmaschinen anschalten, stellen Sie sich an eine Seite und lassen Sie sie eine ganze Minute lang laufen, bevor Sie sich davorstellen. Ein, zwei Minuten für Sicherheit sollte man unbedingt erübrigen.

4 Holz schneiden

Diese Aufnahme von mir entstand in einem Wald von Küstenmammutbäumen (Sequoia sempervirens) im Montgomery Woods State Natural Reserve in Mendocino County (Kalifornien) am 6. August 2007.

Um von Ihrer Arbeit beim Schärfen möglichst gut zu profitieren, ist es sinnvoll, wenn Sie wissen, wie eine Schneide Holz schneidet. Weil es beim Holzwerken so häufig um das Schneiden von Holz geht, kann Ihr Verhältnis zu Holz sich nur verbessern, wenn Sie ein klares Verständnis dafür entwickeln, was passiert, wenn ein Werkzeug Holzfasern durchtrennt. Für manche ist Holzwerken Schneiden, und jeder Holzbildhauer oder Drechsler wird das bestätigen. Diese Auffassung geht Hand in Hand mit dem Schärfen. Wenn man weiß, wie die Fasern auf eine scharfe Schneide reagieren, verschwindet ein Teil des Geheimnisses rund um das Schärfen von Schneiden. Es gehört alles zusammen: Wenn Ihnen die Grundlagen der Schneidengeometrie und ihres Verhältnisses zum Schneidevorgang nicht bekannt sind, wird ein gewisser Teil Ihrer Arbeit beim Holzwerken einfach Zufallsarbeit sein und Sie fragen sich vielleicht, warum das Resultat Ihrer Anstrengungen anders aussieht, als Sie es sich vorgestellt hatten. Wenn Sie z. B. die Beziehung zwischen Schneiden und Holz verstehen, hilft Ihnen das, Ausreißen beim Handhobeln zu vermeiden. Und irgendwann denken Sie nicht mehr darüber nach. Sie wissen dann ganz intuitiv, welchen Beitel Sie für feine bzw. grobe Arbeiten nehmen müssen. Darüber hinaus verbessert ein besseres Verständnis von etwas so Grundlegendem wie dem Unterschied zwischen der Schneidwirkung einer Säge die quer zur Faser sägt und einer die mit der Faser schneidet, sowohl Ihre Sägetechnik mit Elektro- als auch Handsägen. Wissen ist ganz allgemein die Grundlage von kunstvollem Vorgehen. Viele der folgenden Informationen stehen auch in dem 1980 erschienenen, hervorragenden Buch von Bruce Hoadleyc. „Understanding Wood – A Craftsman's Guide to Wood Technology". Das darin enthaltene Kapitel über Holzbearbeitung behandelt das Thema sehr viel detaillierter als ich es hier tun kann, und ich kann allen Interessierten nur empfehlen, sich mit diesem Buch zu beschäftigen, um ihr Wissen zu vertiefen. Holzbearbeitung ist ein komplexes Thema, und der Autor erläutert es wesentlich gründlicher als ich es hier aus Platzgründen tun kann. Bei allen Arten des Holzschneidens kommt es zur Spanbildung: beim Sägen, Hobeln, Schnitzen, ja sogar beim Schaben und Sandstrahlen – bei jeder dieser Aufgaben geht es darum, ein wenig Holz von einem größeren Werkstück abzutragen, und das dabei entfernte Holz – sei es groß oder klein – nennt man Span. Späne entstehen bei der Bearbeitung eines Werkstückes mit einer scharfen Schneide. Diese bahnt sich ihren Weg entweder zwischen oder durch die Holzfasern und schert sie entweder von sich selbst oder den benachbarten Fasern ab. Der Schneidevorgang ist das Ergebnis des Druckes, der über die Schneide auf das Holz ausgeübt wird; die dadurch entstehende Beanspruchung drückt die Fasern zusammen und führt deren Zusammenbruch herbei – genau das beabsichtigen wir. Unabhängig vom Fasenwinkel oder der Schärfe der Schneide muss die Klinge die Holzfasern vor dem Schneiden, dem Zusammenbrechen, zunächst zusammenpressen. Ein Hauptziel aller Erwägungen zu Schärfe und Schneidengeometrie ist es, die vor dem Zusammenbruch der Fasern stattfindende Kompression zu minimieren. Wir möchten die Bindungen, die das Holz zusammenhalten, zerstören, doch dies soll in vorhersagbarer Weise geschehen.

Schneiden

Zur Beschreibung von Schneiden gibt es diverse Parameter: sie müssen zum einen härter sein als Holzfasern und hart genug, um ihre Form (Schneidhaltigkeit) bei der Durchführung der erforderlichen Arbeiten so lang wie möglich zu behalten. Diese Härte ist oftmals ein Kompromiss zwischen Lebensdauer und Brüchigkeit. In der Regel gilt: je härter die Klinge, desto schneidhaltiger die Schneide, doch mit der Härte steigt auch die Sprödigkeit. Bei weichem, astlosem Holz wirkt sich diese zusätzliche Sprödigkeit nicht wesentlich aus und die höhere Schneidhaltigkeit härterer Klingen ist ein echter Pluspunkt. Ist die Schneide aber zu spröde, können kleine Ausbrüche geschehen und beim Schneiden härterer, anspruchsvollerer Hölzer ihre Schärfe verlieren.

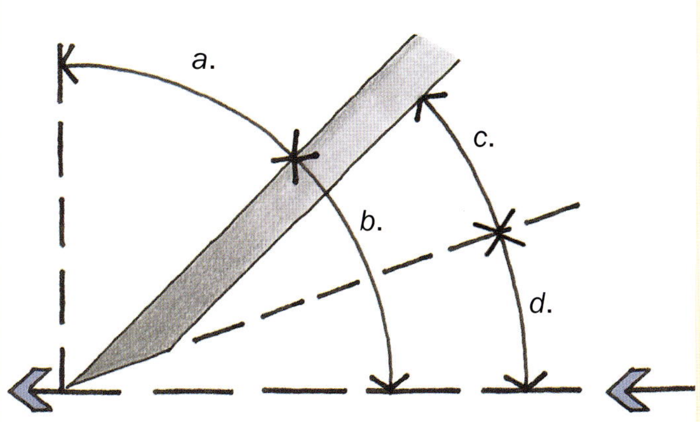

Um Holzfasern effizient zu schneiden, muss eine Klinge in einem wirksamen Angriffswinkel oder Spanwinkel (a. oder b. in dieser Illustration, je nachdem, ob man vertikal oder horizontal misst), eindringen; dabei ist ein geeigneter Winkel an der Schneide (c. beschreibt die Schärfe oder den Fasenwinkel) in Kombination mit einem ausreichend großen Abstand, der als Freiwinkel (d.) bezeichnet wird, erforderlich.

Andere Parameter sind: Schneidenform, Angriffswinkel und Freiwinkel – sie alle wirken sich auf die Fähigkeit der Klinge aus, Späne von einem Werkstück abzutragen. Schneiden treffen entweder in veränderlichen oder festen Angriffswinkeln auf Holzfasern. Der Unterschied zwischen diesen ist der Unterschied zwischen der Art und Weise, wie ein Messer der Beitel verwendet wird und der Art, wie ein Hobeleisen oder Sägezahn einen Schnitt vornimmt. Den Angriffswinkel von Messern oder Beiteln kann der Holzwerker vor und beim Schneiden verändern, um Kraftaufwand und Ergebnis zu optimieren; ein Hobeleisen oder Sägezahn hingegen muss sich einen festen Weg durch das Holz bahnen. Schneidet man mit einem Messer oder Beitel, erleichtert ein kleinerer, spitzerer *Fasenwinkel* an der Schneide das Schneiden von Holzfasern. Ein spitzer *Fasenwinkel* minimiert die Kompression der geschnittenen Fasern. Ist die Fase jedoch zu spitz, kann es sein, dass die dünne Schneide zu schwach ist, um der Beanspruchung standzuhalten – dann bricht sie zu schnell zusammen, um einsetzbar zu sein. Ein Ra-

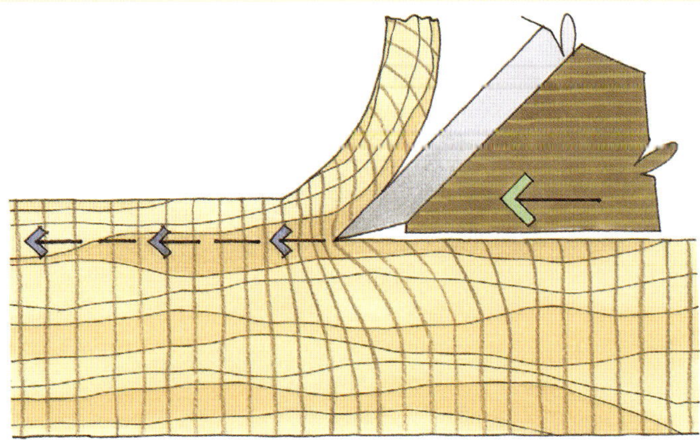

Beim Schneiden von Holz werden die Fasern vor dem Zusammenbruch zusammengedrückt. Eine schärfere Klinge vollzieht dieses Zusammenpressen nicht so stark. Ergebnis: glattere Oberflächen.

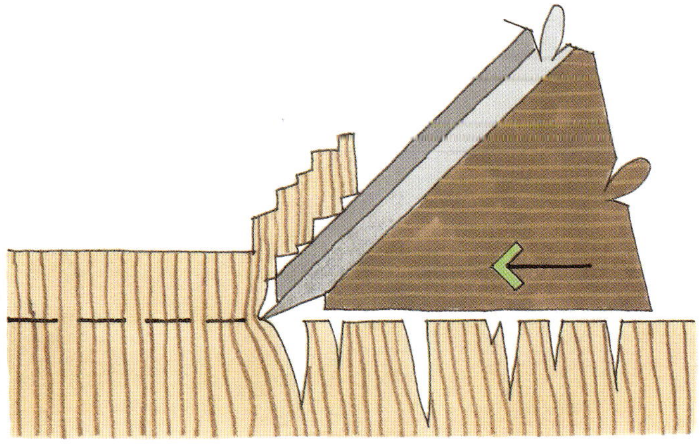

Schneiden von Hirnholz mit einem Eisen mit zu steilem Winkel oder stumpfer Klinge. Die Fasern werden so zusammengedrückt, dass sie eher abgerissen als abgetrennt werden.

sierklinge kann mühelos Haare abtragen, doch eine so dünne Schneide widersteht nicht den Dreh- und Hebebewegungen, die beispielsweise für einen Schnitzbeitel gefordert sind. Erhöht man den Fasenwinkel, um die Schneide zu verstärken, steigt auch der Druck auf die Holzfasern und damit den Widerstand, den sie dem Schnitt entgegensetzen. Dies wiederum erhöht den Kraftaufwand beim Führen des Beitels durch das Holz. Erhöht man den Fasenwinkel noch weiter, beeinträchtigt dies aufgrund des höheren Drucks auf die Holzfasern und dem Widerstand gegenüber dem Vorschub der Klingen auch die Qualität des Schnittes. Bei zu großem Widerstand kann die Klinge die Fasern nicht sauber zertrennen; vielmehr werden sie zerquetscht, weggerissen, was eine raue Oberfläche zur Folge hat. Eine Steigerung des Fasenwinkels ist auch eine Möglichkeit zur Beschreibung einer Schneide, die verschleißt und stumpf wird. Stumpfe Schneiden komprimieren die Fasern stärker als scharfe und werden schließlich zu stumpf, um gut einsetzbar zu sein. Zu stumpfe Schneiden erzeugen die gleichen Resultate wie zu große Fasenwinkel: zerquetschte, abgerissene Fasern. Die genannten Angriffswinkel-Parameter gelten ähnlich auch für Anwendungen mit festem Winkel wie z. B. Hobel und Sägen. Allerdings sind der *Bettwinkel* beim Hobeln und der *Spanwinkel* der *Zähne* beim Sägen wichtiger als der *Fasenwinkel*. Bei Werkzeugen mit festem Winkel sind Bett- bzw. Spanwinkel bei der Anwendung so gut wie nicht beeinflussbar, weshalb sich eine Veränderung der Fasenwinkel auch nicht auswirkt – vorausgesetzt, es wird der richtige *Freiwinkel* eingehalten (siehe Kapitel 6: Hobeleisen). Ein Hobeleisen mit niedrigem Winkel schneidet Hirnholz leichter als eines mit höherem Bettwinkel – somit wirkt es eher wie ein Messer mit spitzem

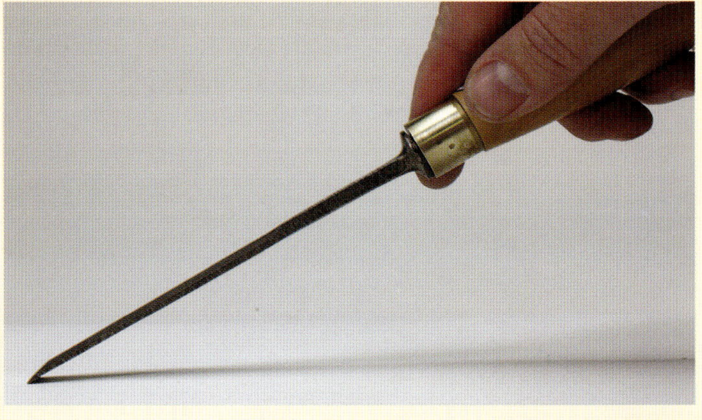

Messer und Beitel haben variable Angriffswinkel, die beim Schneiden angepasst werden können. Hobeleisen und Säge hingegen haben feste Angriffswinkel.

Winkel. Andererseits kann es sein, dass ein Hobel mit kleinem Winkel beim Hobeln mit der Maserung manche Fasern vor dem Eisen anhebt, bevor dieses sie abtrennt, was zu Abreißen führt. Besonders problematisch ist dies bei ungleicher Maserung, wodurch man gelegentlich „bergauf", also gegen die Faser, hobelt. Infolgedessen wird ein Hobel mit größerem Winkel (45° ist Standard, z. B. beim Bettwinkel des Stanley-Bankhobels; manche Hobel haben aber auch einen Bettwinkel von beachtlichen 65°) für Hobeln in Faserrichtung bevorzugt, da ein höherer Bettwinkel das Risiko von Ausreißen senken kann. Steigt der Bettwinkel eines Hobeleisens, wird die Klinge gezwungen, die Fasern beim Schneiden nach vorne zu schieben. Dadurch werden die Fasern vor dem Abtrennen gegen die benachbarten Fasern gedrückt. Somit ist für Hobeln mit hohem Winkel mehr Schubkraft erforderlich. Das Zusammendrücken der gehobelten Fasern beschränkt sich nicht auf den Span selbst. Die Klinge komprimiert die Fasern bogenförmig vor sich her, und zwar sowohl im Span *als auch* unterhalb der Schneidelinie im Untergrund. Wenn der Span abfällt, führt dies zu einer Dekompression der neu freigelegten Fläche, die ein wenig zurückweichen kann. Daher muss ein Freiwinkel vorhanden sein (siehe S. 56). Ist dieser zu klein, reibt sich das hintere Ende der Fase an der zurückweichenden Fläche und hebt die Schneide genug an, dass die Klinge aufhört zu schneiden. Im Zuge der Fehlerbehebung schlecht schneidender Hobeleisen sollte u. a. überprüft werden, ob der Fasenwinkel der Klinge hinter der Schneide einen ausreichend großen Freiwinkel hat. Beliebte Schnellschärfmethode für Hobeleisen: beim Schleifen der Fase einfach die Klinge um ein paar Grad anheben. Dies beschleunigt das Ganze, indem es den Schleifaufwand auf einen schmalen Streifen in unmittelbarer Nähe der Schneide konzentriert, die *Mikrofase* bei leicht größerem Winkel. Daran ist nichts auszusetzen. Ich kann es für die meisten Fälle sogar empfehlen; man sollte aber darauf achten, dass man, wenn man bei jedem Schärfen so vorgeht, den Fasenwinkel in einem Maße vergrößert, dass ein Null- oder Negativ-Freiwinkel entstanden ist, wodurch das Hobeleisen nicht mehr richtig schneidet. Wenn es so weit ist, muss man die Fase wieder auf Optimalmaß zurückschleifen und die Mikrofasen-Bearbeitung wieder von vorn beginnen.

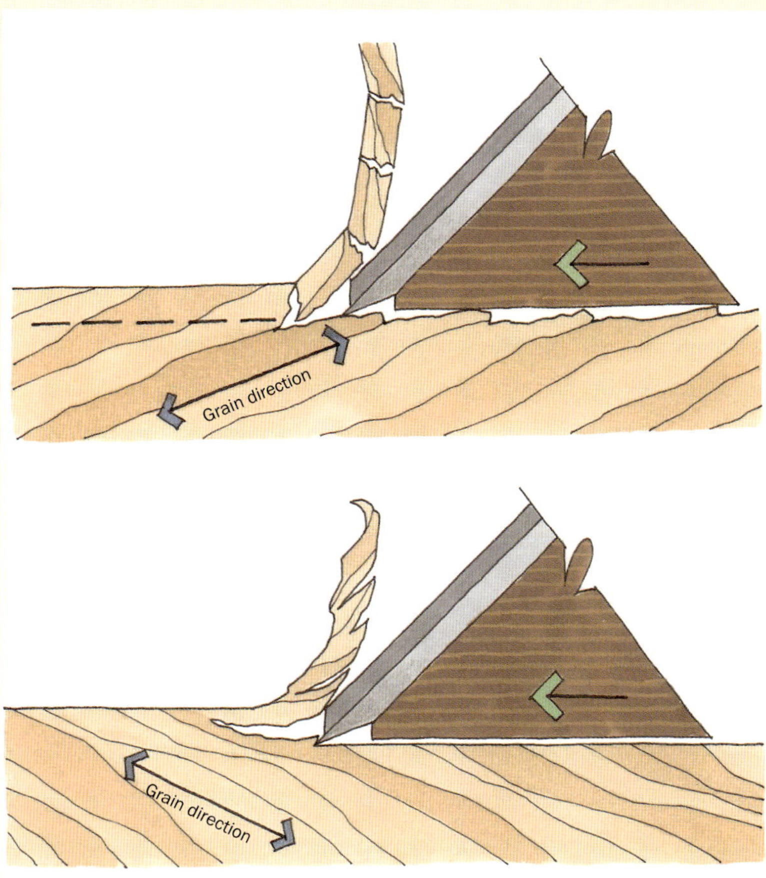

Ausreißen lässt sich nur schwer vermeiden, wenn man gegen die Faser, also sozusagen bergauf, hobelt. Das Hobeln, das bergab – in Faserrichtung – erfolgt, schafft glattere Oberflächen.

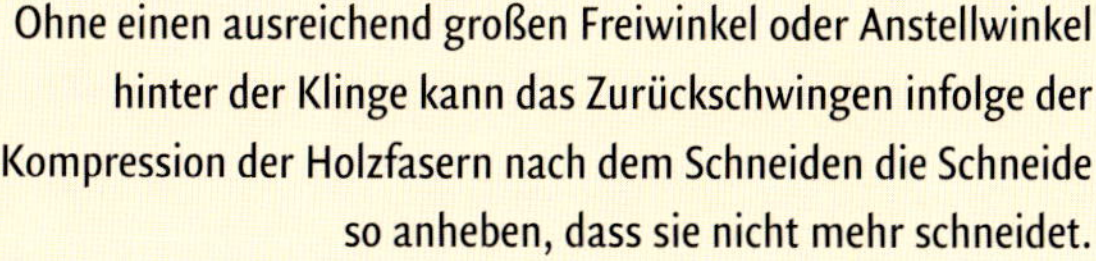
Ohne einen ausreichend großen Freiwinkel oder Anstellwinkel hinter der Klinge kann das Zurückschwingen infolge der Kompression der Holzfasern nach dem Schneiden die Schneide so anheben, dass sie nicht mehr schneidet.

Schnittausrichtung

Schneiden lassen sich in einer oder mehreren von drei grundsätzlichen Arten zur Maserung ausrichten. Unterscheidung nach Hobelrichtung: 1) Hobeln in Faserrichtung, wie z. B. beim Abhobeln eines Brettes, 2) Hirnholzhobeln, 3) Hobeln quer zur Faser, z. B. beim Hobeln von Zapfenwangen/-schulter mit einem Simshobel. Bei Spaltsägen, Drehbänken und anderen Werkzeugen können mehr als einer dieser Schneidvorgänge im selben Arbeitsgang durchgeführt werden.

Hobeln in Faserrichtung. Hobel aus Bocote-Holz. Design: James Krenov

In Faserrichtung

Wenn man mehr oder weniger in Richtung der Faser hobelt, spricht man von Hobeln *in Faserrichtung*. Holzfasern verlaufen allerdings selten genau parallel zur gehobelten Oberfläche; es besteht also ein reales Risiko, dass die Fasern, wenn sie an der schräggestellten Klinge entlang hochlaufen, Späne abheben, die der Schneide vorauslaufen und manchmal tief in die Holzoberfläche hineinragen (Hoadley bezeichnet dies als Span vom *Typ I*). Dadurch haben schon viele Holzwerker Stichwunden im Ballen der den Beitel haltenden Hand davongetragen, wenn ein langer, scharfer Span sich plötzlich loslöst und sich kraftvoll in die Hand bohrt.

Zum Flachhobeln von Oberflächen muss man dünne Schnitte mit dem Hobel machen, ohne dabei allzu große Späne abzutragen. Ein Beitel eignet sich hier nicht – ein Hobeleisen schon. Ein Hobeleisen fungiert letzten Endes nur als Klingenhalter und ersetzt den Beitel im vorherigen Beispiel. Der Vorteil eines Hobels bei einer solchen Anwendung: er hält die Klinge in einem bestimmten Winkel zum Werkstück *und* fungiert über die gesamte Maulbreite als Druckbalken, der die abgetragenen Späne beim Schneiden niederhält. Diese Diese Druckplatte, die zugleich die erste Kante im Hobel ist und der Schneide vorläuft, führt gemeinsam mit dem Spanbrecher das Brechen des Spans, bevor dieser sich aufrichten und bereits vor der Klinge ausbrechen kann (bei Hoadley ist dies ein Span vom *Typ II*). Der Spanbrecher hat seinen Namen daher, weil er beim Hobeln die Fasern bricht und somit dafür sorgt, dass sie nicht so stark werden, dass sie vor der Klinge angehoben werden und ausbrechen. Sie wollen ja nicht, dass die Oberfläche des Werkstückes durch die Späne gestaltet wird, sondern wünschen sich eine Klinge, die so sorgfältig geschärft wurde, dass die Oberfläche gestaltet und ihr ein seidenglattes Finish verliehen werden kann.

Ein schmales Hobelmaul in Kombination mit einem scharfen Eisen, das so ausgerichtet ist, dass feine Späne angetragen werden, ist die beste Kombination zur Gestaltung glatter Oberflächen ohne Ausreißen. Erfahrene Holzwerker führen mit ihren gut eingestellten Hobeln so feine Hobelzüge durch, dass der Spanbrecher eigentlich fast keine Späne zerbricht. Feine, durchsichtige Hobelspäne, wie jene, die z. B. beim Finish-Hobeln erzeugt werden, sind hauchdünn wie Seidenpapier – ihre Fasern sind nicht stark genug, um ein Ausbrechen zu verursachen. Für schwere Hölzer oder aggressives Hobeln lässt sich einem Ausbrechen noch besser vorbeugen (oder sollte man sagen: „vermeiden"?), indem man zu einem Hobel mit anderem Angriffswinkel wechselt. Allerdings haben nur wenige Werkstücke die perfekte Faserstruktur fürs Hobeln, weshalb man früher oder später ohnehin ein Brett hobeln muss, bei dem sich die Faserrichtung umkehrt, manchmal sogar mehr als einmal oder alle paar Millimeter (z. B. stark gemasertes Ahornholz). Selbst der beste Hobel – enges Maul, scharfe Schneide – dürfte bei manchen Hölzern seine Schwierigkeiten haben. Wenn dies passiert, könnte es Zeit sein, das Werkzeug zu wechseln.

Die Führungskante des Mauls fungiert als Druckstange, die die von der Klinge abgetragenen Späne nach unten hält. Dies verringert das Ausreißen, weil es verhindert, dass Fasern vor der Klinge angehoben werden.

Hobeln in Faserrichtung schafft schöne, satinglänzende Oberflächen. Beachten Sie, wie die Maserung in Schnittrichtung aufragt.

Hobeln gegen die Faserrichtung kann zu Ausreißen und rauen, unregelmäßigen Oberflächen führen. Hier ragen die Fasern in den Schnitt hinein und werden von der sich nach vorn bewegenden Klinge erfasst und zerrissen.

Weiter oben (S. 56) hatte ich erläutert, wie sich ein höherer Fasenwinkel auswirkt: er erhöht aufgrund der höheren Kompression der Fasern vor dem Schnitt den Kraftaufwand zum Schneiden der Fasern. Diese Kompression kann man ausnutzen, um die eigenen Fähigkeiten beim Hobeln schwieriger Holzarten zu trainieren. Die Fasern werden durch das Zusammendrücken geschwächt, und zwar so sehr, dass bei korrektem Hobelwinkel und flachem Schnitt ein zerquetschter, spitzenartiger Hobelspan von der Oberfläche abgetragen wird (Hoadleys Span vom *Typ III*). Die Deformation des Hobelspans lässt im weiteren Verlauf des Schnitts nach, wodurch verhindert wird, dass er vor der Klinge aufragt – dies bietet oftmals eine gute Gelegenheit zum Hobeln gegen die Faserrichtung ohne Ausreißen. Wie so oft muss man auch hier Kompromisse eingehen. Aufgrund der größeren Kompression der Fasern beim Abtragen dieses Spantyps erlangt die Oberfläche in der Regel nicht das seidenglatte Finish, das man ansonsten oft beim Hobeln mit niedrigen Winkeln erhält. Die sich daraus ergebende Oberfläche ist zwar glatt (wenn alles richtig eingestelt ist und Ihnen die guten Holzgeister beistehen) – damit Sie die gewünschte Oberfläche erhalten, kann aber noch ein Sandstrahlen erforderlich sein.

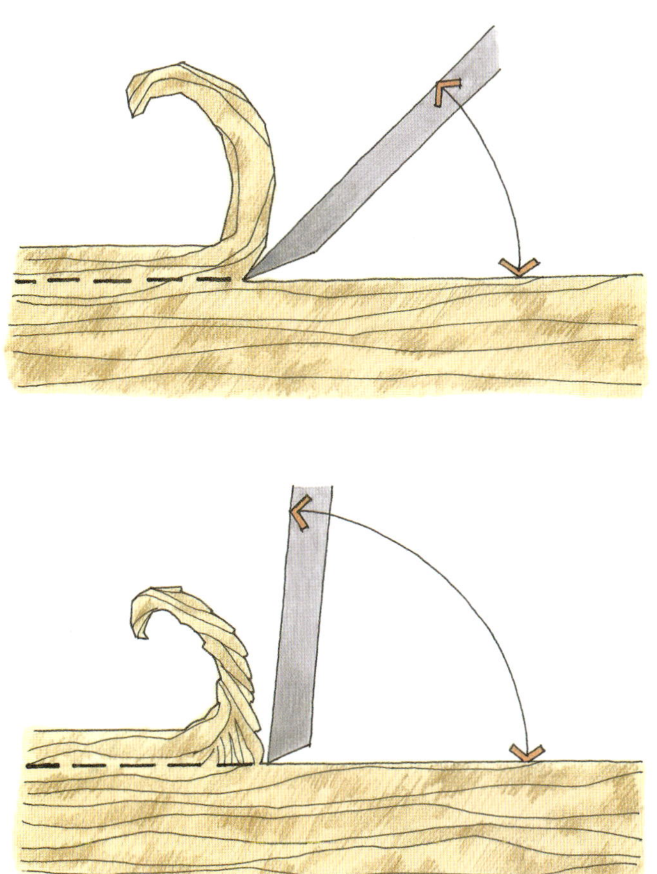

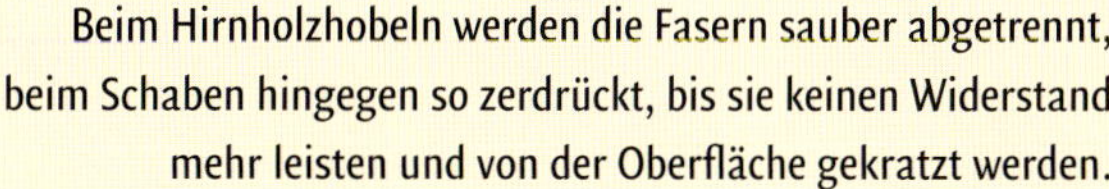

Beim Hirnholzhobeln werden die Fasern sauber abgetrennt, beim Schaben hingegen so zerdrückt, bis sie keinen Widerstand mehr leisten und von der Oberfläche gekratzt werden.

Hirnholzhobeln

Das *Hirnholzhobeln* ist anstrengender als Schneiden in Faserrichtung. Es ist ein größerer Kraftaufwand nötig, um eine Faser direkt quer abzutragen als schräg und sie dadurch von ihren „Nachbarfasern" abzuhobeln. Sie sollten die Vorschubkompression der Fasern minimieren, indem Sie die Schneide scharf halten und einen niedrigen Schneidwinkel verwenden. Bei Verwendung einer stumpfen Klinge werden die Fasern so lange zusammengedrückt, bis sie bei ausreichend großem Kraftaufwand abbrechen und herausgerissen werden, anstatt quer abgehobelt zu werden. Bei einem niedrigen Angriffswinkel und einem kleineren Fasenwinkel wird das Hirnholzhobeln – innerhalb der Grenzen, die durch die Geometrie der Schneide und die Metallurgie vorgegeben sind – leichter. Sich beim Hirnholzhobeln mit entsprechend scharfer Klinge bildende Späne sehen oft aus wie Treppenstufen, wenn sich kleine Faserblöcke von der Klinge ablösen. Zudem ist ein solcher Span sehr zerbrechlich, da der Verbund, der kurze Fasern zusammenhält, vergleichsweise schwach ist.

Quer zur Faser

Beim Schneiden quer zur Maserung – also *quer zur Faser* – lassen die Fasern einander los, rollen sich auf und gehen dem Schnitt sozusagen aus dem Weg wie ein Bambus-Rollo. Ohne Abschneiden der Fasern an jeder Seite des Schnittes reißen die Fasern aus der Wand des Schnittes, was dem Finish der Wand eine raue und lädierte Optik verleiht. Bei vielen Simshobeln findet sich eine kleine Vorschneideklinge, die die Fasern vorab sowie an der Seite des flachen Schnittes quer zur Faser abtrennt. Diese Klinge schneidet stirnseitig, weil sie die Hirnholzfasern der Schulter abtrennt. Die meisten Holzschneidearbeiten beinhalten Kompromisse und Kombinationen der drei grundlegenden Schnittrichtungen: in Faserrichtung, Hirnschnitt und quer zur Faser. Die Dynamik jedes einzelnen bleibt unabhängig davon bestehen, ob der Schnitt mit hand- oder motorbetriebenen Geräten erfolgt. Beispiel: beim Spaltsägen wird, je nach Angriffswinkel der Klinge, oft in Faserrichtung und stirnseitig geschnitten. An einer Tischsäge kann die Höhe des Blattes dazu führen, dass ein Längsschnitt zunächst in Faserrichtung erfolgt, dann aber stirnseitig, und da das Blatt kreisförmig ist, kann beides beim gleichen Schnitt geschehen. Eine genaue Betrachtung der beim Längssägen entstehenden Späne bestätigt, welche Art von Schnitt hier jeweils stattgefunden hat: ein im Verhältnis zum Sägetisch niedrig stehendes Blatt führt zu den langen, fadenartigen Spänen, die typisch für das Schneiden in Faserrichtung sind, wohingegen ein höher stehendes Blatt die rauen, pelletartigen Späne hervorbringt, die typisch für stirnseitiges Schneiden sind.

Mein alter #601 ½ Stirnhobel beim Hobeln von Ahornholz. Zum Hirnholzhobeln brauchen Sie aber nicht unbedingt einen Hobel mit „niedrigem Winkel". Eine scharfe Klinge mit einem Standard-Schnittwinkel (45°) erledigt diese Aufgabe genauso gut.

Dieser schöne Simshobel von Lie-Nielsen schneidet bis auf Schulterhöhe quer zur Faser.

Um alles noch komplizierter zu machen: stellen Sie sich vor, man bohrt mit einem Schneckenbohrer ein Loch in ein Brett. Der Bohrer hat vier Schneiden (zwei pro Seite). Die Vorschneider definieren die Bohrung und die Schneiden vorn den Boden des Bohrloches. Jeder Vorschneider wechselt vom Schnitt in Faserrichtung zum stirnseitigen Schnitt, die Schneiden hingegen pro Drehung zweimal vom Schnitt in Faserrichtung zu einem quer zur Faser.

Beim Drechseln und Holzschnitzen können oft alle drei Schnittarten beteiligt sein (und sind es auch) und wechseln mit jeder kleinen Bewegung, die der Handwerker durchführt, vom einen zum nächsten und dann zum dritten.

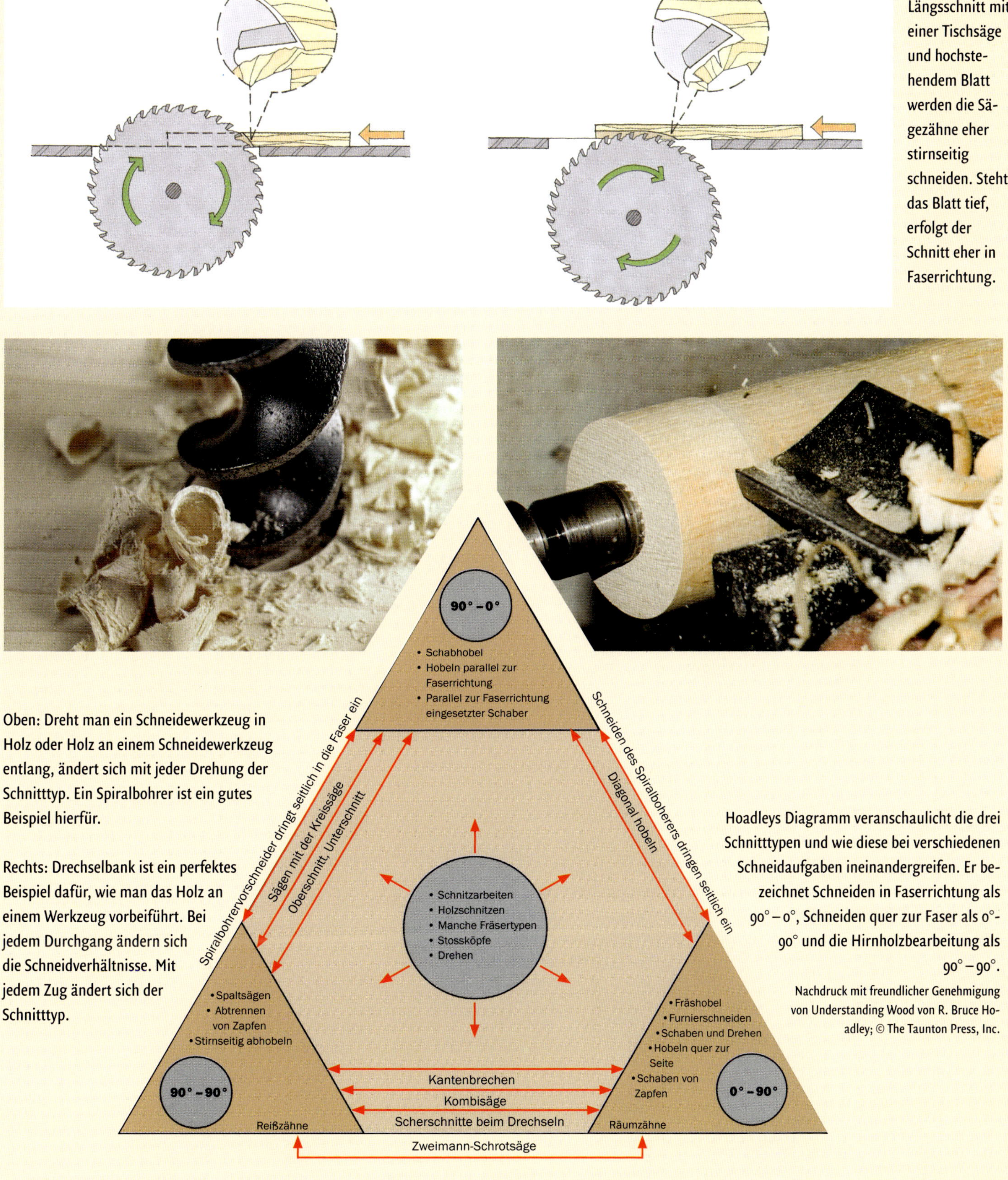

Bei einem Längsschnitt mit einer Tischsäge und hochstehendem Blatt werden die Sägezähne eher stirnseitig schneiden. Steht das Blatt tief, erfolgt der Schnitt eher in Faserrichtung.

Oben: Dreht man ein Schneidewerkzeug in Holz oder Holz an einem Schneidewerkzeug entlang, ändert sich mit jeder Drehung der Schnitttyp. Ein Spiralbohrer ist ein gutes Beispiel hierfür.

Rechts: Drechselbank ist ein perfektes Beispiel dafür, wie man das Holz an einem Werkzeug vorbeiführt. Bei jedem Durchgang ändern sich die Schneidverhältnisse. Mit jedem Zug ändert sich der Schnitttyp.

Hoadleys Diagramm veranschaulicht die drei Schnitttypen und wie diese bei verschiedenen Schneidaufgaben ineinandergreifen. Er bezeichnet Schneiden in Faserrichtung als 90° – 0°, Schneiden quer zur Faser als 0°-90° und die Hirnholzbearbeitung als 90° – 90°.

Nachdruck mit freundlicher Genehmigung von Understanding Wood von R. Bruce Hoadley; © The Taunton Press, Inc.

5 Die Grundlagen

Manche Grundlagen des Schärfens gelten für alle Werkzeuge, Körnungen, Vorrichtungen und Geräte. Ich hatte sie früher schon kurz erwähnt und gehe nun detaillierter auf sie ein, bevor ich mich den Schärfanleitungen für die einzelnen Werkzeuge zuwende. Wenn ich von „Schleifen" spreche, meine ich meist das Anbringen einer neuen Schneide einer Schneide, sei es von Hand mit grobem Schleifstein oder -papier oder mit einer Schleifmaschine. „Abziehen" bezeichnet die Bearbeitung einer stumpfen Klinge, die die richtige Form hat, mit Schleifmedien immer feinerer Körnung. „Polieren" bezeichnet das finale, fast spiegelglatte Finish mit dem feinsten Schleifmittel. Mit „Schärfen" bezeichne ich entweder einen oder die Gesamtheit dieser Arbeitsgänge.

Fasenwinkel

Ihre erste Überlegung sollte dem Winkel für die Fase(n) gelten. (Eine Übersicht des Themas Fasenwinkel für die Erwägungen von Holzwerkern findet sich in Kapitel 4) Ich habe ein wunderschönes altes Rasiermesser, dessen Schneide so dünn ist, dass sie sich durch bloßes Niederdrücken mit dem Fingernagel schon verformen kann. Eine solche Klinge schneidet mühelos Haare, doch von der Durchführung grober Arbeiten sollte man Abstand nehmen – eine derart feine Klinge übersteht das nicht unbeschadet. Ebenso würde man mit einem rasiermesserscharf abgerichteten, zum Brennholzspalten verwendeten Beil aufgrund des größeren Fasenwinkels zum Bartschneiden einen größeren Aufwand treiben müssen. Aus welchem Grund auch immer: im Laufe der Zeit haben wir Wörter und Redewendungen angesammelt, die dasselbe bedeuten. Hier ein kurzes Glossar: der *Bettwinkel* eines Hobels wird auch als sein *Anstellwinkel* bezeichnet (der Winkel der der Klinge durch die Lage auf der Schräge des Hobels mitgegeben ist) Was ich als *Angriffswinkel* bezeichne, wird auch als Schnittwinkel bezeichnet (der Winkel, in dem die Schneide bezüglich der Horizontalen in das Holz eindringt). *Anstellwinkel* und *Freiwinkel* sind in diesem Fall ein und dasselbe (der hoch und weg vom Holz stehende Winkel der Schneide, der der Schneide das Eindringen in das Holz ermöglicht). Manche Autoren beschreiben den *Schnittwinkel*, *Spanwinkel* oder *Abspanwinkel* als den Winkel, der von der Vertikalen aus zurück gemessen wird, doch ich verwende hier lieber die Bezeichnung *Neigungswinkel*. Was manche als Schärfewinkel bezeichnen, nenne ich Fasenwinkel, also den Winkel, in dem zwei zueinander laufende Oberflächen die Schneide bilden. Eine Mikrofase wird manchmal noch der Fase von einfasigen Werkzeugen wie z. B. Beiteln hinzugefügt. Die der Spiegelseite von Hobeleisen wird manchmal noch mit einer *spiegelseitigen Fase* versehen. Messer und ähnliche Werkzeuge mit doppelter Fase haben oft große Primärfasen und deutlich kleinere Sekundärfasen, die manchmal auch als Mikrofasen bezeichnet werden. Weitere Einzelheiten über diese Winkel finden Sie in den Kapiteln zu den jeweiligen Werkzeugen. Wenn man Werkzeuge wie z. B. Äxte schärft, braucht man nur selten die gesamte Primärfase abzuschleifen; das Schärfen der kleinen Sekundärfase – manchmal als Mikrofase bezeichnet – genügt. Dieser Sekundärfasenwinkel muss ziemlich groß sein, um eine Schneide zu tragen, die den auf sie einwirkenden Kräften eines in Benutzung befindlichen Werkzeugs wie z. B. einer Axt widerstehen kann. Der als „Beitel" bezeichnete Werkzeugtyp illustriert recht gut, welche Anforderungen an Fasenwinkel gestellt werden: Stemmen, etc. Es kann sein, dass jeder Beitel eine andere

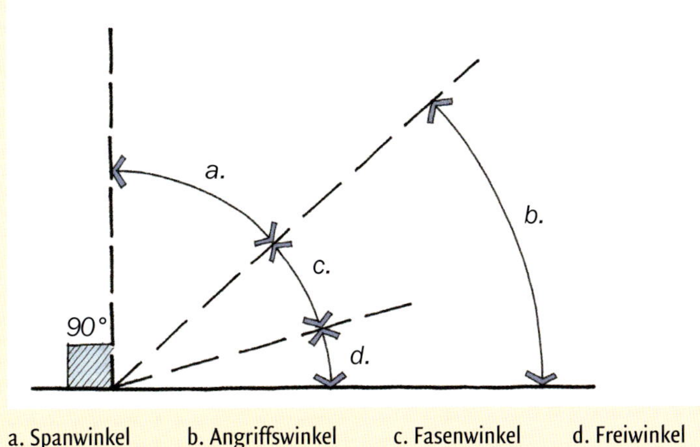

a. Spanwinkel b. Angriffswinkel c. Fasenwinkel d. Freiwinkel

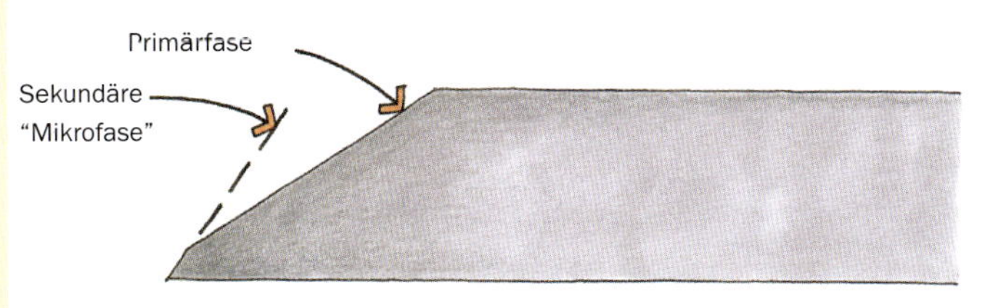

Fase braucht, weil es für jeden so verschiedene Anwendungsformen gibt. Stemmen ist ein kraftvolles Hacken und Brechen, das hohe Festigkeitsanforderungen an Werkzeug und Schneide stellt (vom Holzwerker ganz zu schweigen). Für einen Stechbeitel ist große Beherrschung des Werkzeugs erforderlich, damit er seine Bestimmung erfüllt: das Abtragen präziser, hauchdünner Späne. Dieser Beitel, auf den man niemals schlagen darf, sondern stets mit der Hand führen muss, kann mit so niedrigen und empfindlichen Fasenwinkeln wie 15° verwendet werden, wohingegen ein Beitel zum Stemmen von Hartholz, auf den kraftvoll und unter Nutzung der Hebelwirkung eingeschlagen wird, damit er Hirnholz schneidet und Späne abträgt, einen Winkel von bis zu 35° haben kann. Detaillierte Angaben zu Fasenwinkeln gebe ich in den einzelnen Werkzeugkapiteln. Eine Mikrofase ist eine sehr kleine zusätzliche Fase in der Nähe der Schneide. Diese zusätzliche Fase ist ein paar Grad größer als die Hauptfase. Man erhält sie, indem man die Klingen beim abschließenden Abziehen einfach um ein paar Grad anhebt. Die wichtigsten Gründe für Mikrofasen: sie verleihen der Schneide weitere Festigkeit und sind viel zeitsparender und weniger aufwändig zu schleifen. Zunächst schleift man die Primärfase mit einer groben Körnung. Anstatt die gesamte Fase mit immer feinerer Körnung zu bearbeiten, die Klinge einfach ein wenig neigen und nur einen kleinen Streifen schleifen –

Verschiedene Schneidwerkzeuge (links ein Rasiermesser, rechts eine Axt) benötigen an ihrer Schneide ganz verschiedene Fasenwinkel.

geht schnell und leicht. Bedenken Sie dabei aber Folgendes: Wenn Sie einmal die Mikrofase geschliffen haben, werden Sie, wenn Sie sie bei jedem Nachschleifen etwas weiter anheben, noch ein paar Grad Neigung hinzugeben, was bedeutet, dass Sie nach wenigen Schärfgängen einen zu großen Schnittwinkel haben. Wenn es so weit ist, muss man die Primärfase erneut schleifen und die Mikrofasen-Bearbeitung wieder von vorn beginnen. Eine Abziehführung kann eine solche Bearbeitung der Mikrofase verhindern, indem sie Ihnen das Nachschleifen Ihrer Mikrofase im immer gleichen Winkel ermöglicht. Dann wird die Mikrofase mit jedem Schleifen einfach nur größer, bis sie schließlich die gesamte Fase einnimmt. Wenn das passiert, ist es Zeit, die Fase nachzuschleifen und das Schleifen der Mikrofase von vorn zu beginnen. Bei manchen Werkzeugen lässt sich der Fasenwinkel an die jeweiligen Schneideaufgaben anpassen. Ein Beitel kann speziell für bestimmte Aufgaben geschärft werden, z. B. eine härtere und daher stärkere Fase für Hartholz. Ein Bankhobel mit nach unten zeigender Fase hat jedoch einen festen Angriffswinkel – den Bettwinkel –, wodurch die Fase des Eisens den Anstellwinkel hinter der Schneide bereitstellt. Ein Anstell- oder Freiwinkel hinter der Schneide schafft den nötigen Platz, damit Holzfasern nach dem Zusammendrücken während des Schneidens zurückschwingen können. Da das Hobeleisen einen bestimmten Anstellwinkel braucht, um gut zu funktionieren, besteht für den Fasenwinkel weniger Spielraum. Ein zu großer Fasenwinkel sorgt nicht für den nötigen Freiraum.

Wenn man beim Schärfen von Hand jedes Mal ein paar Grad hinzugibt, erhält man schließlich einen zu steilen Fasenwinkel. Haben wir es mit einem Hobeleisen mit nach unten zeigender Fase zu tun, verliert man dadurch den Freiwinkel des Eisens. Man wird in jedem Fall die Fase neu schleifen und die Mikrofasen-Bearbeitung von vorne beginnen müssen. Eine korrekt eingestellte Abziehführung kann helfen, dies zu verhindern, indem sie Ihnen hilft, die Mikrofase jedes Mal im gleichen Winkel nachzuschleifen.

Westliche Küchenmesser wie das obere im obigen Bild weisen fast immer eine sekundäre Mikrofase auf, weil es so zeitraubend ist, die gesamte flache Fase des Messers zu schärfen. Im Gegensatz dazu schärft man japanische Küchenmesser wie z. B. die weidenblattförmigen Sashimi-Messer durch Schleifen der gesamten Fase der Schneide. Die Schneide ist hauchdünn und zerbrechlich und dient nur zum Schneiden von rohem Fisch. Es gibt eine ganze Reihe von Spezialmessern, die nur einem bestimmten Zweck dienen. Dasselbe lässt sich von manchen Holzwerkzeugen sagen.

Traumziel Nullradius

Wenn man einen Gegenstand schärft, besteht das Ziel darin, die Schneide so spitz wie möglich zulaufen zu lassen. Um dies zu erreichen, entfernt man Metall von einer oder beiden Seiten, die beim Zusammenlaufen die Schneide bilden. Dies erreicht man mit Schleifmitteln aus verschiedenen, harten, scharfen Partikeln; Körner, die in die Oberfläche eindringen und kleine Mengen Metall abtragen. Wenn hieran genügend Teilchen beteiligt sind, wird die Oberfläche des Metalls ausreichend abgetragen,

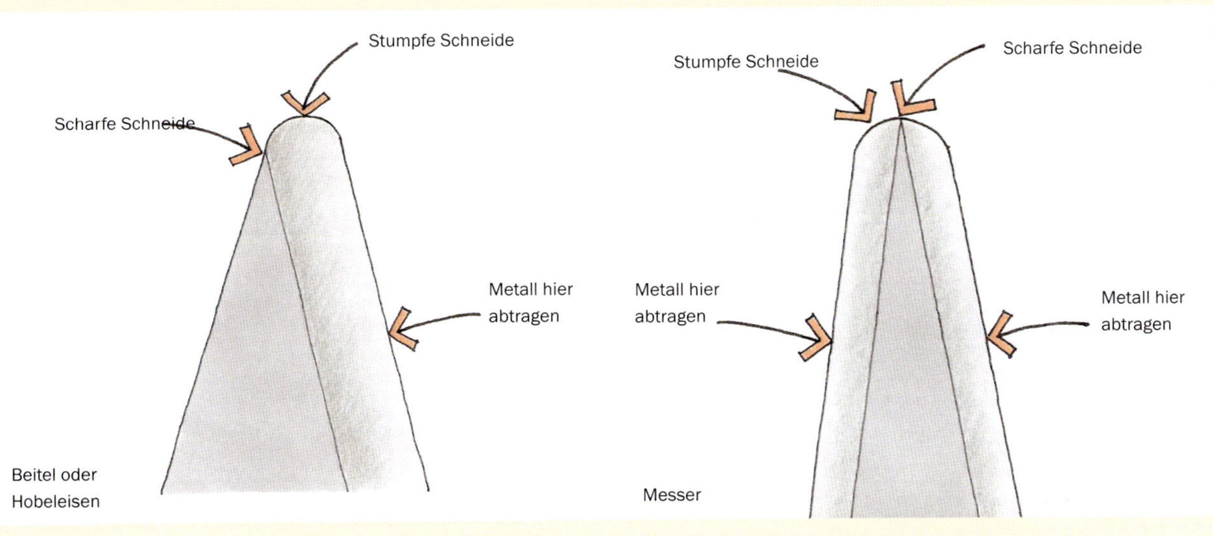

Ein zweifasiges Messer wird an beiden Fasen gleichmäßig geschärft, eine Klinge mit einer Fase hingegen – z. B. ein Beitel – wird geschärft, indem nur an der Fase Metall abgetragen wird.

Schartige Schneide in 200facher-Vergrößerung; Diamantschliff mit 325 Körnung.

Dieselbe Schneide nach stufenweisen Schleifen mit Diamant auf Körnung 8000.

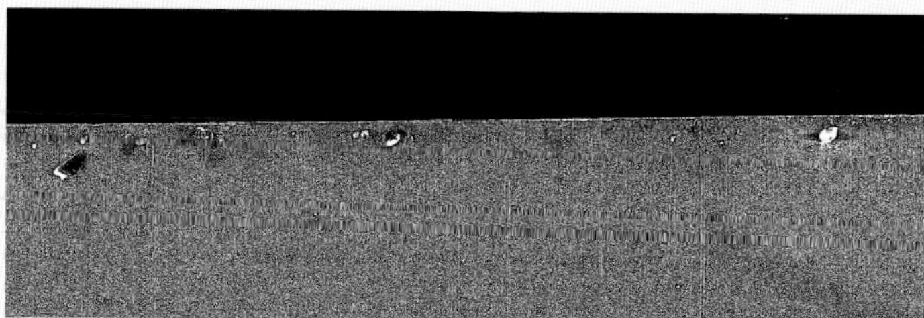

Die Schneide wurde auf einem Shapton-Stein mit Körnung 16000 geschliffen und ist hier in ca. 200facher Vergrößerung abgebildet. Sie ist zwar noch ein wenig staubig, für alle meine Einsatzzwecke aber genau richtig und wird daher jede in diesem Buch beschriebene Schärfeprüfung leicht bestehen.

um sich mit der Ebene an der anderen Seite der Klinge zu kreuzen. Weil sie größere Metallpartikel entfernen, hinterlassen grobe Körnungen relativ große, tiefe Kratzer. Diese schaffen eine raue, sägezahnartige Schneide, die zwar für manche Zwecke geeignet ist, beim Abziehen aber durch immer feinere Körnungen so geschliffen wird, bis sie den jeweiligen Anforderungen entspricht. Wenn man dies berücksichtigt, kann es aufschlussreich sein, festzustellen, dass das jeweils richtige Vorgehen davon abhängt, wie fein die Zähne an der Schneide sind: rauere Körnungen hinterlassen größere Zähne, feinere Körnungen entsprechend kleinere Zähne. Bei ausreichend feiner Körnung sind die Zähne klein genug, um eine Schneide mit einer Fase zu hinterlassen, die tatsächlich spiegelglatt wirkt und deren Zähne zu klein sind, um sie unter dem Mikroskop zu erkennen. Die meisten abgetragenen Metallpartikel vereinen sich mit den verbrauchten Körnern und werden vom Wasser bzw. Öl abgebürstet oder abgetragen, das als Schleifschmierstoff verwendet wird. (Diese Mischung aus Schärfabfällen wird als *Schleifstaub* bezeichnet.) Wenn man sich jedoch an den Nullradius annähert, bleiben einige der zerriebenen Metallpartikel an der Schneide hängen anstatt loszubrechen. Sie bilden einen dünnen schartigen Rand, der als *Grat* bezeichnet wird. Die Verwendung immer feinerer Körnungen entfernt den von der vorherigen Körnung geschaffenen Grat. Es entsteht ein eigener, kleinerer Grat. Bei Verwendung grober Schleifmittel sieht man einen Grat sofort. Je feiner die Körnung, desto kleiner der Grat, der manchmal mit dem bloßen Auge kaum zu erkennen ist. Man muss jedoch sicher sein, dass er vorhanden ist. Falls nicht, wurde die Fase nicht ausreichend geschliffen, um einen Nullradius zu erreichen und Ihre Arbeit mit dieser Körnung ist noch nicht beendet. Immer, wenn Sie durch Ihre Arbeit einen Grat erzeugt haben (egal, mit welcher Körnung Sie beginnen), ist das ein Zeichen, dass Sie zu einer feineren Körnung übergehen können. Der Grat sollte durch Ankratzen mit dem Fingernagel spürbar sein; alternativ kann man auch ein Vergrößerungsglas einsetzen. Beim Verwenden gröberer Körnungen könnten Sie in Versuchung geraten, den Grat durch Reiben oder Hin- und Herbiegen abzubrechen, doch das kann dazu führen, dass der Grat unterhalb der Schneidelinie abbricht. Das Ergebnis: eine Art „umgekehrter Sägezahn" – ein Riss oder eine Einbuchtung in der Schneide, die man nur durch Abschleifen beseitigen kann. Am besten ist es, den Grat mit immer feineren Körnungen einfach abzuschleifen. Je nach Schneide, die Sie gerade schärfen, können Sie auch den Schleifwinkel ändern, wenn Sie zu Schleifmitteln mit feinerer Körnung übergehen. Wenn Sie die Spiegelseite eines Beitels schleifen, legen Sie die Schneide am Stein mit einem Winkel von z. B. 30° an. Beim Übergang zu anderen Körnungen schrägen Sie die Schneide an der anderen Seite ab. Ihre ersten Züge mit der neuen Körnung hinterlassen auf der Spiegelseite eine Schraffur aus alten und neuen Kratzern. Die alten Kratzer verschwinden beim Weiterarbeiten und werden durch neue ersetzt, die von der anderen Körnung stammen. Sind alle alten Kratzer verschwunden und hat sich an der Schneide ein Grat gebildet, ist es Zeit, zur nächsten Körnung überzugehen (siehe Kapitel 6: Hobeleisen.)

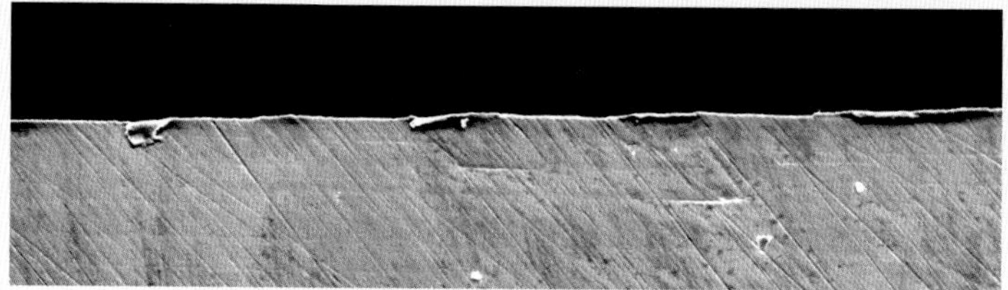

Grat in 300facher Vergrößerung.

Foto eines Kratzmusters.

links nach rechts: Veritas Stone Aquarien-Flachglas mit Kunststofffolie und losen SiC-Körnern; Norton-Abrichtstein und Shapton-Diamant-Abrichtplatte auf einem Bogen SiC-Nass-Trocken-Schleifpapier mit Körnung 120.

Abrichten

Für das Schärfen von Werkzeugen mit gebogenen Schneiden wie Hohleisen ist dieser Arbeitsschritt nicht so wichtig. Für Beitel und Hobeleisen jedoch ist es unabdingbar, über eine flache Schleiffläche zu verfügen. Stahldiamantplatten und Schleiffilme auf Glas brauchen nicht abgerichtet zu werden, manche Steinarten aber sehr wohl – einige mehr als andere. Wenn auch nur einer Ihrer Steine eine Vertiefung aufweist, passt sich die Schneide an diese konkave Form an und wird leicht konvex. Wechselt man dann zu einem feineren Stein, der *tatsächlich* flach ist, lässt sich die Klinge nicht plan darauf platzieren. Verursacht ein vertiefter Stein auf der Spiegelseite einer Schneide eine konvexe Form, die von vorne nach hinten verläuft, biegt sich die Schneide auf, wenn sie auf eine flache Schleiffläche gelegt wird – was das Entgraten enorm erschwert. Wenn ein ausgehöhlter Stein einer Schneide eine durchgehende konvexe Form verleiht, kann es sehr schwierig sein, diese wieder zu kompensieren, da jede unbeabsichtigte Bewegung der Schneide beim Schleifen die Konvexität noch verstärkt. Diese Probleme treten auch beim Schleifen von Fasen auf. Wenn man der konkaven Form folgt, kommt es höchstwahrscheinlich zu einem Verrunden der Schneide auf kleinem Radius. Dies mag zwar für bestimmte Hobeleisen erstrebenswert sein, doch lässt sich dies auch kontrollierter erreichen. Von verrundeten Schneiden bei Beiteln ist dringend abzuraten. Steine werden in der Regel nicht konvex, wenn sie abtragen; würden sie es doch, wäre die Schneide aufgrund ihres Hangs zum Wackeln schwer zu führen. Wenn Sie einen konvexen Stein abrichten, sollten Sie darauf achten, dass Sie ihn nicht einfach auf der Abrichtfläche hin- und herkippen und alles nur noch schlimmer machen. Manche weichere Wassersteine müssen sogar *während* des Schärfens abgerichtet werden. (Dies gilt insbesondere für gröbere Körnungen; nach meiner Erfahrung neigen diese dazu, leichter abzutragen als feinere Körnungen.) Wenn einer Ihrer Steine während des Schärfens erneut abgerichtet werden muss, kann das ein Indiz dafür sein, dass er zu fein ist. Sie werden dadurch gezwungen, zu lange an dem Stein zu arbeiten, um die von der vorherigen Körnung ver-

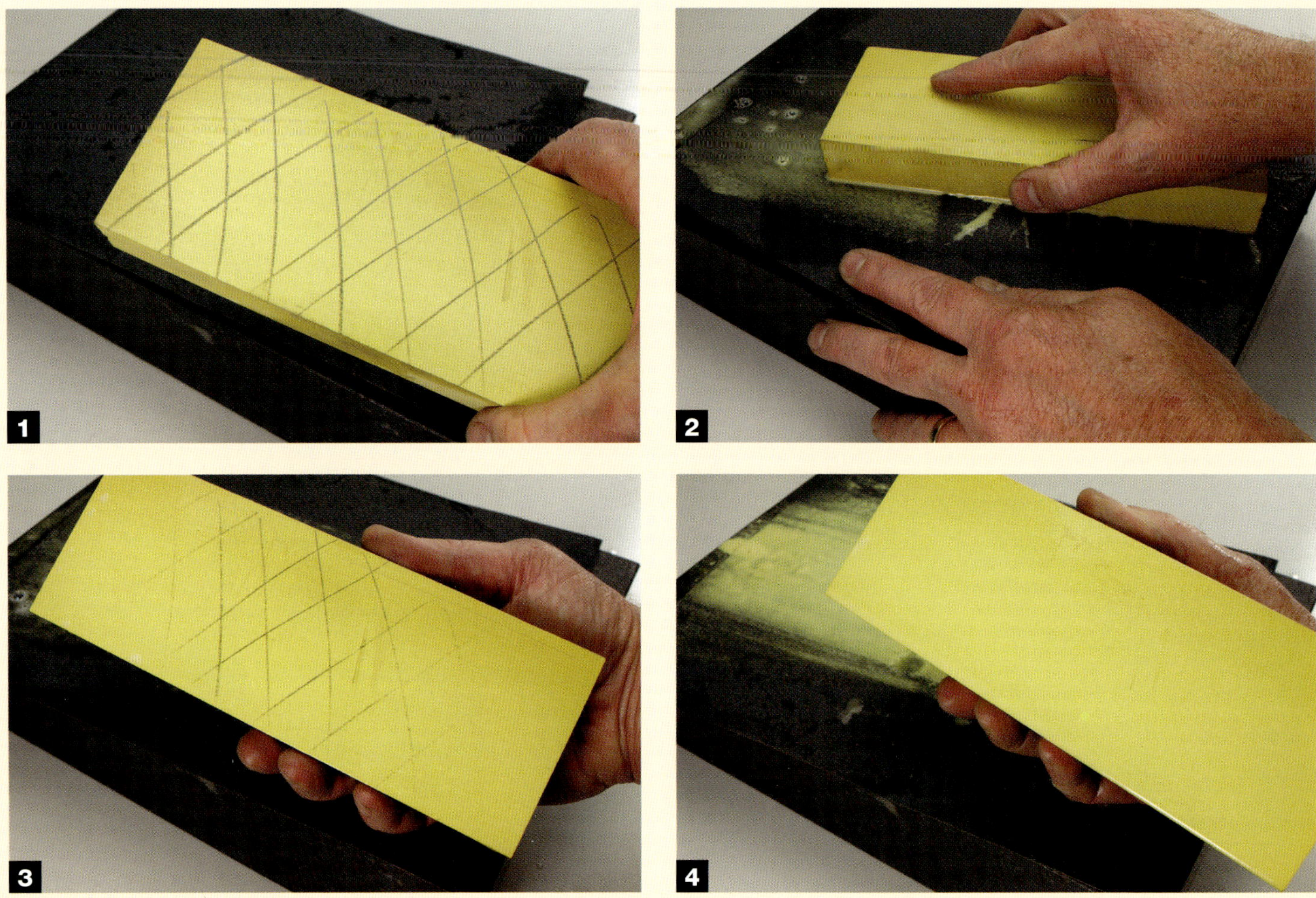

ursachten Kratzer abzuschleifen. Dieser zusätzliche Verschleiß des Steins macht ihn ungerade und sorgt dafür, dass während des Schärfens erneutes Abrichten erforderlich ist.

Die Lösung: eine Zwischenkörnung, die Ihren Schärfwerkzeugen oder Ihrem Verfahren hinzugefügt wird. Shapton stellt eine Abrichtplatte aus Diamant her, die selbst bis zu +/-5μm flach ist. Ein paar Züge über den Stein damit (oder umgekehrt), und Ihr Stein wird so flach wie die Abrichtplatte. Norton stellt einen erschwinglichen rauen Abrichtstein her, der ebenso schnell wie effizient arbeitet. Allerdings muss auch dieser Stein von Zeit zu Zeit abgerichtet werden. Dies geschieht durch Reiben des Steins auf einem Stück Schleiffolie oder Siliziumkarbidpapier (Körnung ca. 220) mit einem Stück Glas oder einer anderen flachen Oberfläche als Auflage. Flache Oberflächen zur Befestigung von Papier oder Folie reichen von schlichten Viertelzollgläsern bis hin zu Granitplatten zur Werkzeug- und Stanzenprüfung und -gestaltung. Natürlich kann man Wassersteine auch ohne dazwischen gelegten Stein direkt auf etwas Schleifpapier abrichten. Ich habe sogar schon von Holzwerkern gehört, die ihre Wassersteine auf dem Gehsteig vor ihrer Werkstatt oder an Betonsteinen abrichten. Zeichnen Sie zum Abrichten eines Steins mit Bleistift ein schraffiertes Muster auf der Oberfläche, die Sie abrichten wollen (Foto 1, siehe oben). Reiben Sie dann den Stein gegen die von Ihnen gewählte Abrichtkörnung. Wenn Sie weiterreiben, verschwinden die Bleistiftstriche nach und nach (Fotos 2 & 3, siehe oben). Wenn die Striche verschwunden sind, ist Ihr Stein abgerichtet (Foto 4, siehe oben). Prüfen Sie das Resultat mit einem Lineal und arbeiten Sie bei Bedarf nach. Ein wirksames Verfahren besteht darin, Ihre Wassersteine nach jeder Verwendung abzurichten, wodurch sie immer plan und einsatzbereit sind. Ölsteine müssen nicht so oft abgerichtet werden, weil sie härter sind als Wassersteine und langsamer verschleißen. Der Kompromiss dabei besteht darin, dass sie Stahl langsamer schneiden. Siehe hierzu den Tipp von Larry Williams (Kapitel 3, S. 59) zur Instandhaltung von Ölsteinen.

Nass halten

Ölsteine brauchen Öl, um gut zu funktionieren, lassen sich aber auch mit leichter Seifenlauge verwenden. Um das Thema Schleiföl ranken sich zahlreiche Geschichten über kreative „Lösungen" – vom Diesel über Babyöl bis hin zu nichttrocknenden Pflanzenölen, Farbverdünner bzw. daraus hergestellten Mischungen. Ich verwende lichtes Hydrauliköl: es ist sauber, durchsichtig, geruchlos und ich habe es immer vorrätig. Markenschleiföle erweisen sich hier als sichere Lösung – sie sind problemlos erhältlich, sehr ergiebig und ersparen einem eine weitere Lernkurve. Außerdem hat man mit ihnen die Gewissheit, hier ein Öl verwenden zu können, das Ihren Steinen optimale Leistung entlockt. Dagegen ist nichts einzuwenden. Adam Cherubini, Fachmann für Antikmöbel, verwendet Seifenlauge statt Öl und empfiehlt sie als *wirksame* Tenside – selbst dann, wenn man seine Steine schon geölt hat. Tenside machen Wasser „nasser", indem sie die Oberflächenspannung herabsetzen und die nicht löslichen Partikel des Schleifstaubes entfernen. Cherubinis Tipp: Ölsteine gut reinigen (z. B. indem man sie in Abwesenheit der Gattin ein- oder zweimal in die Spülmaschine gibt) und dann in eigenem Ermessen eine schwache Lösung Ivory-Seife und Wasser beim Schleifen hinzufügen. Cherubini schwört auf diese Rezeptur, da sie, wie er findet, den zu schärfenden Bereich sauberer hält als bei Verwendung von Öl. Bei der Pflege Ihrer Wassersteine sollten Sie die Herstellerempfehlungen beachten. Manche Wassersteine müssen vor ihrer Verwendung erst reichlich Wasser aufnehmen. Gröbere Steine tun dies schneller (innerhalb weniger Minuten), doch feinere Körnungen können bis zu 15 oder 20 Minuten brauchen, um einsatzbereit zu sein. Gießen Sie regelmäßig Wasser auf die Oberfläche, da der Schlamm sonst trocknet und dick wird. Manche Steine

Nagura-Stein

Zum Zubehör für Wassersteine zählt der Nagurastein, ein harter, kreideartiger Stein, der mit den feinsten Poliersteinen eingesetzt wird, um einen schmierend wirkenden Schlamm auf der Oberfläche des Steins zu erzeugen. Man sagt, der Schlamm maximiert die Polierfähigkeit des Schleifmittels. Feine, natürliche Wassersteine sind deutlich härter als ihre industriell hergestellten Gegenstücke und benötigen diesen Schritt, damit etwas Schleifmittel aus dem Stein in die Oberflächenpaste, in der zahlreiche Schleifpartikel zu finden sind, abgegeben wird. Ich bin der Meinung, dass die von Nagurasteinen auf einem industriellen Wasserstein erzeugte Schlamm die Klingen vom Stein weghält, wodurch nur die höchsten Punkte des Steins in Berührung mit der Klinge kommen. Dies senkt die tatsächliche Körnung des Steins und schafft das gewünschte Hochglanzfinish. Harrelson Stanley von Japanesetools.com meint: *Nagura hat aus meiner Sicht keine nennenswerten Schleifeigenschaften. Für mich ist es eher ein Schmiermittel, das mich bei sehr harten Natursteinen unterstützt. Ich bin kein großer Freund von Schlamm auf Wassersteinen, weil dadurch etwas zwischen Werkzeug und Steinoberfläche kommt, das den direkten Kontakt verringert. Selbst wenn hier eine Schleifwirkung gegeben ist, ist diese nicht quantifizierbar – infolgedessen ist die Wirkung rein subjektiv. Mein oberstes Ziel beim Schärfen ist gleichmäßige Qualität. Ich bin kein Freund von Gleichungen mit mehreren Unbekannten. Deshalb halte ich vom Menschen hergestellte Steine für die beste Lösung für anspruchsvolle Schärfaufgaben. Sie sind der einzige Weg, die „Unbekannten" in der Gleichung zu lösen.*

Joel Moskowitz von Toolsforworkingwood.com fügt hinzu: *In seinem Klassiker Japanese Woodworking Tools sagt Toshio Odate: Wenn Ihr Werkzeug auf einem harten Polierstein eher abgleitet als den Stein abzutragen, sollte man mit ein wenig Schlamm bilden, der diesen unerwünschten Effekt unterbindet. Lässt man das Wasser auf dem Polierstein austrocknen, bricht das Schleifmittel im Schlamm aus und schafft eine letztlich feinere Schleifoberfläche. Hauptüberlegung hierbei: für schnelleres Abziehen eignet sich ein klares, scharfes Schleifmittel besser. Für abschließende Poliervorgänge hingegen ist Schlamm geeigneter. Wenn man vor dem Schärfen mit einer bestimmten Körnung mit Nagurastein also Schlamm hinzugibt, ist das meiner Meinung nach vor allem bei gröberen Körnungen wenig sinnvoll. Bei härteren, feineren Steinen macht es meiner Ansicht nach Sinn, mit einem sauberen Stein (ohne Schlamm) zu beginnen und im späteren Verlauf der Arbeit Nagura hinzuzufügen, um mehr Schlamm zu erzeugen, den man dann trocknen lässt. Andererseits könnte man sich auch fragen: wenn sich bei weicheren Steinen ohnehin Schlamm entwickelt, wozu dann noch ein Nagurastein?*

kann man auch in Wasser aufbewahren, um sie einsatzbereit zu halten. Wechseln Sie häufig das Wasser, damit das Ganze nicht bald aussieht wie ein Teich mit der dazugehörigen Fauna und Flora; wenn Sie in einer kalten Gegend wohnen, lassen Sie Ihren „Steinteich" nicht zufrieren, da es sonst sein kann, dass Sie ein paar Pfund teuren Kies auftauen müssen. Wassersteine aus Keramik, z. B. von Shapton oder Naniwa Superstones, sollten weder Wasser aufnehmen noch darin aufbewahrt werden. Vor und während des Gebrauchs einfach die Oberfläche gründlich anfeuchten, dann abspülen und trocknen lassen. Diamantplatten und harte Keramiksteine kann man auch trocken verwenden, doch mit etwas Wasser lässt sich zum einen der Schleifstaub entfernen und zum anderen eine Ansammlung von Metallpartikeln verhindern. Ein Schuss Wasser mit einem Tropfen Spülmittel kann hier nützliche Dienste tun.

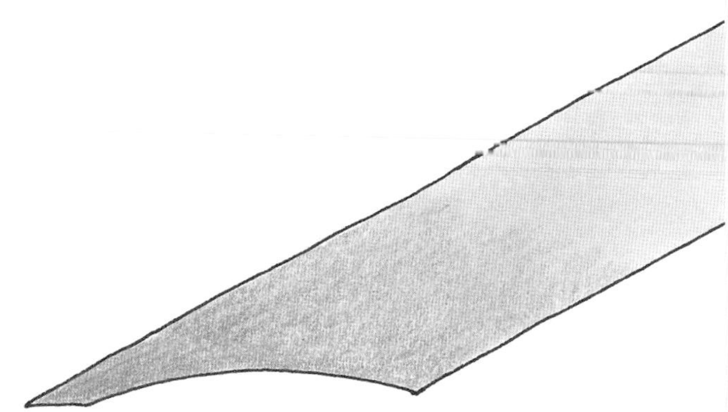

Bei nicht zu stumpfen Schneiden kann man manchmal Zeit sparen, indem man die Fase nur in Schneidennähe schleift. Es ist oft leichter, eine stumpfe Klinge nachzuschärfen als zu frisch geschliffene Schneide abzuziehen.

Sauber halten

Wenn Sie weiter schärfen und dabei immer feinere Körnungen einsetzen, vermeiden Sie es, Schleifkörner aus den vorherigen Arbeitsschritt im nächsten zu verwenden. Spülen, wischen, bürsten oder saugen Sie alle Überreste der vorherigen Körnung weg. Reinigen Sie den umliegenden Bereich nach Bedarf, und vergessen Sie auch Ihre Hände, Schürze und das Werkzeug selbst nicht. Schärfen ist für mich nur eine Arbeit mit „Fun-Faktor". Es macht mir nur Spaß, wenn es nach Plan läuft. Wenn etwas daneben geht, z. B. wenn ein Schleifmittel mit Körnung 220 tiefe Spuren in dem Spiegel mit Körnung 8000 hinterlässt, an dem ich gerade arbeite, macht das Ganze schlagartig deutlich weniger Spaß.

Kühl halten

Die Schneide nämlich. Wenn Sie die Fase mit einem Elektrogerät schleifen, sollten Sie darauf achten, dass sich der Stahl nicht überhitzt. „Zu heiß" kann je nach vom Hersteller vorgeschriebener Härte-Temperatur bereits 150° C sein, also eine Temperatur, bei der sich noch nicht einmal die Farben gebildet haben, die die Oberflächentemperatur anzeigen. Ich nenne dies die „Scheibenkleister!"-Farbe, da einem dieser Ausruf oft entfährt, wenn dieser hübsche Regenbogen beim Schleifen der wertvollen Schneide auftaucht. Diese Phasenumwandlung vollzieht sich sehr rasch und ist unumkehrbar. Der Teil der Klinge, welcher der Überhitzung ausgesetzt ist und sich dadurch verfärbt, wird weicher und ist nicht so lange schneidhaltig wie die übrige Klinge. Wenn dies passiert, kann man entweder die gesamte verfärbte Stelle abschleifen und die Kante nachschleifen oder die gesamte Klinge noch einmal neu härten. Leider ist auch hier so wie bei vielem in der Welt des Handwerkens: Je näher man dem Ziel ist, desto leichter ist es, alles zu verderben. Vielleicht können Sie eine verbrannte Schneide wieder reparieren, und Sie sollten dies auch tun: durch Nachschleifen jenseits der verbrannten Stellen und Neuschleifen der Kante. So lange dauert es nicht. Wenn das Werkzeug das Schleifen wert war, dürfte es auch den zur Korrektur von Fehlern nötigen Aufwand wert sein. Ich würde gerne etwas Anderes berichten, aber: dieser Fehler ist mir auch schon unterlaufen und ist jetzt Teil meiner Lernkurve. Lassen Sie die praktische Anwendung Teil des Lernprozesses werden. Lernen Sie dies gründlich und Sie werden dieses spezielle Werkzeug viel öfter verwenden, weil Sie beide an der Schleifmaschine eine Art „Bund" geschaffen haben. Die Lektion lautet hier: *langsam* schleifen, Stück für Stück. Tauchen Sie das Werkzeug oft in Wasser, und wenn die restlichen Tröpfchen in Schneidennähe zu kochen anfangen, tun Sie es erneut.* Machen Sie sozusagen ein Zen-Ritual daraus. Belohnt wird Ihre Geduld durch eine Schneide, die so hart ist, wie sie sein soll und die so lange scharf bleibt wie möglich. Noch ein erwähnenswerter Schleiftipp: wenn die Schneide gerade, unversehrt, frei von Ausbrüchen und rechtwinklig ist (also nur stumpf), sollten Sie nicht ganz bis zur Schneide durchschleifen. Lassen Sie unmittelbar hinter der Fase einen Streifen ungeschliffener

* *Bedenken, die Schneide des Werkzeugs könnte durch den Temperaturschock beim Eintauchen in Wasser brechen, sind unbegründet. Das Abkühlen von < 150° C auf Zimmertemperatur ist im Vergleich zum Abschrecken von Stahl beim Härten ein sehr geringer Temperaturunterschied. Seien Sie also unbesorgt: wenn der Stahl damals nicht brach, tut er es auch jetzt nicht.*

Fase. Es ist in der Regel weniger aufwändig, eine alte Schneide nachzuschärfen als alle rauen Kratzer von einer frisch geschliffenen Schneide zu entfernen. Wenn man nach dieser Vorgabe vorsichtig schleift, kann man die hohlgeschliffene Fase wiederherstellen, um die Schneide leichter von Hand feinzuschleifen.

Dranbleiben

Es ist immer am besten, eine Schneide nachzuschärfen, bevor sie es dringend benötigt. Gut, das ist unmöglich, aber Sie werden weniger Zeit mit Schärfen und mehr mit Holzwerken verbringen, wenn Sie beim ersten Anzeichen, dass Schärfen nötig ist, Ihre Arbeit unterbrechen und schärfen.

Immer weiter üben

Kein Mensch wurde mit all diesem Wissen geboren. Jeder Handwerker/jede Handwerkerin hat diese Fähigkeiten durch Übung erworben. Kevin Drake (Musiker, Holzwerker und Werkzeugmacher bei Glen-Drake Tools) hat mich daran erinnert, dass Musiker wesentlich mehr Zeit mit Üben als mit Auftritten verbringen. Schärfen ist eine Fähigkeit, die Sie erst erlernen müssen. Geben Sie sich selbst also genügend Zeit fürs Üben der Fähigkeiten, die aus Ihnen einen besseren Holzwerker machen – Schärfen gehört einfach dazu! Wenn Sie Ihre neue Lie-Nielsen-Klinge zum ersten Mal schärfen müssen, nehmen Sie eine alte Chrom-Vanadium-Klinge, die schon lange in der Werkstatt herumliegt und schärfen Sie zuerst die, um die nötigen Kenntnisse zu erwerben. Oder wissen Sie noch? Der neue Beitel, den Sie ruiniert haben und für den Sie mehr gezahlt hatten, als Sie Ihrer Ehefrau verraten haben? Mein Tipp: Üben Sie zuerst mit dem Beitel, den jemand zum Löwenzahn-Ausbuddeln zweckentfremdet hat. Wenn Sie etwas schärfen wollen, sehen Sie sich erst nach etwas anderem um, das ebenfalls geschärft werden könnte. Machen Sie das Schärfen zu einer Routineaufgabe und praktizieren Sie es so oft, dass es keinen großen Aufwand mehr macht. Eine eigene Schärfstation in der Werkstatt kann hier gute Dienste leisten – doch selbst wenn es nur ein eigener Ort auf einem Regal zur Aufbewahrung aller Schärfvorrichtungen ist: tun Sie, was Sie können, damit sich Schärfen ohne großartigen Aufwand durchführen lässt. Dadurch haben Sie scharfe Werkzeuge, wenn Sie sie brauchen. Wenn sich bei Ihnen stumpfe Klingen auftürmen und darauf warten, bis Sie mal etwas Zeit erübrigen können, entwickelt sich Schärfen zu einer Riesenarbeit anstelle der leichten Routineaufgabe, die es eigentlich sein sollte. Außerdem könnten Sie dadurch in Versuchung geraten, die Werkzeuge aus dem „stumpfen Haufen" zu verwenden, was einer guten Arbeit abträglich ist. Es ist wie mit allem: Üben Sie stattdessen lieber, und Sie werden besser. Ihre Werkzeuge werden schärfer und besser, weil Sie sie besser verstehen. Wenn Sie Ihre Techniken verbessern, wird auch Ihr Arsenal an Schärfwerkzeugen besser. Damit wird für Sie das Schärfen zur Routine. Die Redensart „den eigenen Fähigkeiten Schliff verleihen" kommt nicht von ungefähr!

Ich kenne Leute, die das Ergebnis häufiger Schärfeprüfungen als „Unterarm-Haarkahlschlag" bezeichnen.

Schärfeprüfung

Haptische Schärfeprüfung mit geringem Technologieaufwand

Ihre Klinge ist dann stumpf, wenn ein zu großer Aufwand nötig ist, um sie durch Material zu bewegen oder sie eine raue Oberfläche zurücklässt. Eine stumpfe Klinge bietet allerdings auch Lernmöglichkeiten, und wenn man ein wenig analysiert und vielleicht noch ein Vergrößerungsglas oder eine Lupe hinzuzieht, kann man viel über Schärfeprüfung lernen. Kennen Sie irgendwelche Leute mit kahlen Stellen am Unterarm, die sie sich selbst beigebracht haben? Ja? Alles Holzwerker, stimmt's? Dieses Phänomen hat direkt mit der beliebtesten Technik zur

Der Fingernageltest: Mit ganz leichtem Druckauf die obere Seite des Nagels findet eine scharfe Klinge Halt.

Auch hier wieder: ganz leichter Druck, während man die Klinge den Nagel entlanggleiten lässt, bringt jede Unvollkommenheit ans Tageslicht.

Der Papiertrick: Stumpf …

… und scharf.

Bestimmung von Schärfe zu tun: der Frage, ob sich mit einer Schneide Haare abrasieren lassen. Der Rasiertest bietet buchstäblich enthüllende Antworten auf die Frage, wie scharf eine Schneide ist, in dem er zeigt, wie sie Haare schneidet und sich auf der Haut anfühlt. Drückt die Schneide die Haare gegen die Haut, ohne sie im Geringsten abzuschneiden, und quetscht sie sie eher ein und kratzt dann an der Haut entlang, bis sie schließlich langsam in die Rasur einwilligen, ist die Klinge nicht sonderlich scharf. Wenn die Klinge Haare unter geringem oder keinem Druck abschneidet, ist sie scharf! Das Abrasieren von Haaren auf dem Unterarm verschafft uns eine relative, auf empirischen Erkenntnissen basierende Skala, die aus Sicht vieler heutiger (und gestriger) Holzwerker obendrein traditionell sehr anschaulich, praktisch und nützlich ist.

Ich finde, es geht leicht und schnell, wenn man die Klinge sanft auf den Fingernagel aufdrückt. Hierbei drücke ich so gut wie gar nicht, versuche nicht im Geringsten, in den Fingernagel zu schneiden. Findet die Klinge ohne Abgleiten Halt, ist sie scharf! Eine stumpfe Klinge gleitet den Nagel entlang und gibt einem nicht das Gefühl, „einzurasten". Zart besaitete Zeitgenossen könne anstatt des Fingernagels ein Kugelschreiber-Gehäuse verwenden. Außerdem können Sie die Schneide auf Gleichförmigkeit prüfen, indem Sie mit der Schneide der Klinge am Rande eines Fingernagels (bzw. Kugelschreiber-Gehäuses) entlangfahren, als würden Sie schneiden, doch auch hier gilt: nur ganz leicht aufdrücken.

Auch die kleinste Unvollkommenheit oder Unebenheit wird klar und fühlbar. Ohne Zweifel werden Sie dies wissen, wenn Sie noch mehr Arbeit mit dieser Klinge verrichten müssen. Ist die Klinge auf ganzer Breite scharf, gleitet sie sanft am Rand des Fingernagels entlang – keine spürbare Erschütterung deutet auf Scharten hin. Außerdem gibt es ja immer noch den Pa-

Eine stumpfe Schneide reflektiert Licht.

Eine scharfe Schneide reflektiert kein Licht.

perschneidetrick. Eine scharfe Klinge schneidet einen Papierbogen leicht und sauber, ohne sich zu verfangen, zu ziehen oder zu reißen.

Die vierte, praktische Schärfeprüfungsmethode mit geringem Technologieaufwand besteht einfach darin, sich die Klingen genau anzusehen und zu beurteilen, ob sie Licht reflektiert. Je näher eine Schneide am Nullradius ist, desto kleiner ist sie und desto weniger Licht reflektiert sie. Korrekt geschärfte Klingen reflektieren gar kein Licht. Freilich müssen Sie dafür sorgen, dass das Licht im richtigen Winkel einfällt – ein Vergrößerungsglas hilft hier –, doch das ist gar nicht schwer. Nach ein paar Versuchen sehen Sie rasch, dass eine stumpfe Klinge Licht reflektiert, eine scharfe hingegen nicht. Probieren Sie dies mit einer nicht gut schneidenden Klinge aus. Eine stumpfe Klinge eignet sich für alle diese einfachen Tests gut und auch dafür, ein Gefühl für sie zu bekommen. Wenn dann die Schneide geschärft ist, versuchen Sie es erneut und fühlen Sie den Unterschied. Ich führe meistens den Fingernageltest durch, weil er so leicht durchzuführen ist, habe aber auch an meinem Arm schon ein paar kahlrasierte Stellen. Bei den letztgenannten beiden Methoden brauchen Sie wenigstens kein langärmliges Hemd zu tragen.

Nützliche Geräte

Wie viele Wege führen nach Rom?

Die Notwendigkeit exakter Fasenwinkel einerseits und das Zittern von Schärf-Neulingen andererseits hat einen wahren Boom für Zubehör ausgelöst, die Holzwerker beim Schärfen unterstützen. Manchmal muss man in einem bestimmten Winkel oder für eine bestimmte Aufgabe schärfen. Und wie beim Fahrradfahren braucht man manchmal einfach ein paar „Stützräder“. Hier kann eine Abziehführung nützlich sein. Indcm man die Klinge im richtigen Winkel im Gerät arretiert, braucht man dann nur noch die Klingen-/Führungseinheit über das Schleifmittel laufen zu lassen und schon wird die Fase im eingestellten Winkel geschliffen. Im Folgenden stelle ich Ihnen eine sicher unvollständige Liste von Abziehführungen vor allem zum Schärfen von Beiteln und Hobeleisen von Hand auf Steinen oder Schleiffilm vor. Diese sind heutzutage leicht erhältlich und spiegeln auch die aktuellen Design-Trends wider. Freilich gibt es auch noch andere Führungen und Systeme – es kommt immer wieder etwas Neues auf den Markt. Wertvolle Informationen, Tipps und Ratschläge über Holzwerkzeuge und -techniken erhalten Sie aber auch bei Ihrem örtlichen Holzwerkerstammtisch oder im Fachhandel. Fragen Sie herum, um herauszufinden, wo sich die örtlichen Holzwerker treffen, um Erfahrungen auszutauschen oder Werkzeuge und Holzwerkerbedarf einzukaufen. Es kann auch sein, dass die örtliche Volkshochschule solche Kurse anbietet; die Dozenten und Studenten können eine reichhaltige Quelle von Wissen und Erfahrungen sein, von der auch Sie profitieren können. Und natürlich hält auch das Internet zahlreiche Informationen über alle möglichen (und unmöglichen) Themen bereit – und Holzwerken ist hier sehr gut aufgestellt: durch Online-Foren, Blogs, die Webseiten von Holzwerkzeitschriften usw. Wenn es Neues gibt, über das Sie etwas erfahren möchten, sollten Sie gelegentlich einen Blick in Ihr Lieblings-Online-Forum werfen. Wenn Sie im Internet nach einer Meinung fragen, garantiere ich Ihnen, dass Sie mindestens eine bekommen. Es gibt auch noch zahlreiches anderes Zubehör zum Schärfen anderer Werkzeuge, auf die in den Abschnitten zu den einzelnen Werkzeugen eingegangen wird. Allerdings scheint beim Holzwerken so viel Zeit auf das Schärfen von Beiteln und Hobeleisen verwendet zu werden, dass ich diesen Abschnitt den hierfür hergestellten Abziehführungen widmen möchte.

Meine über 20 Jahre alte Abziehführung von Eclipse.

Seitlich spannende Führungen

Die einfachste Abziehführung für Beitel und Hobeleisen ist eine von Eclipse gefertigte, seitlich spannende Führung. Die Marke gibt es heute nicht mehr, doch es wurden Kopien davon gefertigt, die heute noch immer erhältlich sind (versuchen Sie z. B. www.lie-nielsen.com). Diese Abziehführung galt jahrelang als Standard; sie ist preisgünstig, leicht in der Anwendung und funktioniert noch immer recht gut. Die Einstellung des Fasenwinkels erfolgt durch Einstellung der von der Führung herrausragenden Länge. Obwohl viele gängige Einstellungen für die Winkel bereits seitlich in die Halterung eingeprägt wurden, lässt sich eine einfache Vorrichtung zur Erweiterungseinstellung leicht herstellen. Sie sorgt immer wieder dafür, dass derselbe Winkel eingestellt werden kann. Abziehführungen mit seitlicher Einspannung sind mit einer kleinen Rolle in der Mitte versehen, die beim Schleifen der Klinge über die Schleiffläche rollt. Hobeleisen werden ganz oben eingespannt, Beitel hingegen in die zweitunterste Führungsbacke. Beitel weisen, auf ihre gesamte Breite betrachtet, nicht immer die gleiche Stärke auf. Wenn Sie die Oberseite als Referenz nehmen, dann ist die Schneide um den gleichen Winkel geneigt, den die Oberseite zur Spiegelseite hat. Um dies zu verhindern, müssen alle Abziehführungen für Beitel so eingestellt werden, dass die Spiegelseite des Beitels als Referenzoberfläche fungiert, die die Schneide parallel zur Rollenachse hält. Wenn Sie zum Schärfen von Beiteln eine Abziehführung mit seitlicher Einspannung verwenden, spannen Sie sie in die sekundären Führungsbacken, damit die Klinge im rechten Winkel bleibt. Eine Abwandlung des von Eclipse verwendeten Designs ist das zweirädrige Modell von Richard Kell (richardkell.co.uk). Abziehführungen von Kell sind leicht einzustellen, kinderleicht in der Anwendung und mit zwei reibungsarmen Ertalite TX-Außenrollen versehen. Drei „Schneidenführungen“ drücken die flache Seite als Spiegelseite des Werkzeugs gegen die Unterseite der Führungsbacken, die auch aus einer Messingplatte bestehen können. Kell bietet drei Führungen an, eine mit einer Kapazität von 0-1 Zoll, eine größere Version, in die Klingen mit einer Breite von 2 ⅝ Zoll passen; eine weitere Führung lässt sich so anpas-

In der unteren Führungsbacke wird die Rückseite des Beitels parallel zur Achse gespannt.

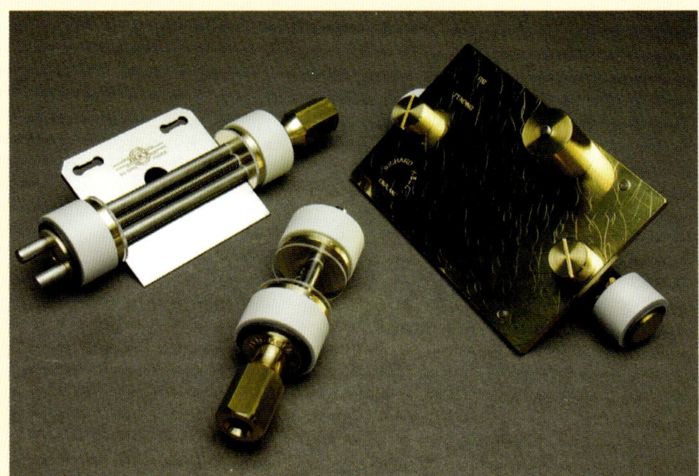

Abziehführungen von Kell sind ebenso schön wie präzise und machen dank ihrer reibungslosen Anwendung einfach Riesenspaß.

sen, dass sie Klingen mit abgeschrägter Ecke aufnehmen kann. Diese solide gefertigten Geräte können auch für sehr schmale Beitel oder Stichel verwendet werden, doch auch kurze Klingen wie die von Schabhobeln lassen sich hier abziehen. Aufgrund der Außenrollen kann es sein, dass eine Führung mit breiter Klinge zu breit für Ihre Schärfsteine ist. Lösen lässt sich dies mit „Auslegern“ aus Holz, die fast so dick sind wie Ihre Steine; hierauf lagern dann die Schleifscheiben.

VERITAS MK.II™

In ihrer Funktion ähnlich und dennoch ein Riesenschritt nach vorne ist die Veritas Mk. II-Abziehführung (www.leevalley.com). Die Veritas-Auflagerolle sorgt durch ihre größere Breite für mehr Stabilität als die von Eclipse; zudem verfügt sie über eine Exzenterachse mit Anpassungsvorrichtung zum Einstellen eingespannter Klingen in drei verschiedenen Abstufungen, wodurch Mikrofasen hinzugefügt werden können. Der obere Teil hält die Klinge von unten so, dass die Rückseite der Klinge stets als Bezugsoberfläche fungiert (was zwei Führungsbacken wie bei der Eclipse-Abziehführung überflüssig macht). Dieser obere Teil lässt sich mit Blick auf die Auflagerolle in drei Positionen einstellen, wodurch ein gutes Spektrum an Fasenwinkeln zwischen 15° und 54°sowie Gegenfasen zwischen 10° und 20° möglich macht. Der untere Bereich, an dem die Auflagerolle angebracht ist, lässt sich wahlweise auch durch eine Einheit mit tonnenförmigen Auflagerollen ersetzen, die ein Kippen ermöglicht, das manche Holzwerker nutzen, um die Klinge ihres Hobeleisens leicht ballig – also mit einem geringen Radius (siehe hier auch S. 111) – abzuziehen. Die Auflagerolle hat zwar Tonnenform, ist in der Mitte aber gerade und zylindrisch – man spürt also leicht, wenn die Klinge zentriert ist. Die Veritas Mk. II wird auch mit einer Schneiden-Erweiterungsvorrichtung zum Einstellen des Fasenwinkels ausgeliefert. Diese umfasst eine integrierte Anlagefläche, um die Klinge in der Vorrichtung im rechten Winkel zu halten, sowie voreingestellte Erweiterungen für eine Reihe von Fasenwinkeln an Klingen mit rechteckiger Schneide. Anstelle des genannten Führungsbolzens ist aber auch eine Vorrichtung für schräge Klingen verfügbar. Man verwendet sie zur Einstellung von schrägen Winkeln sowie das Einstellen des Fasenwinkels einer Klinge mit schräger Schneide.

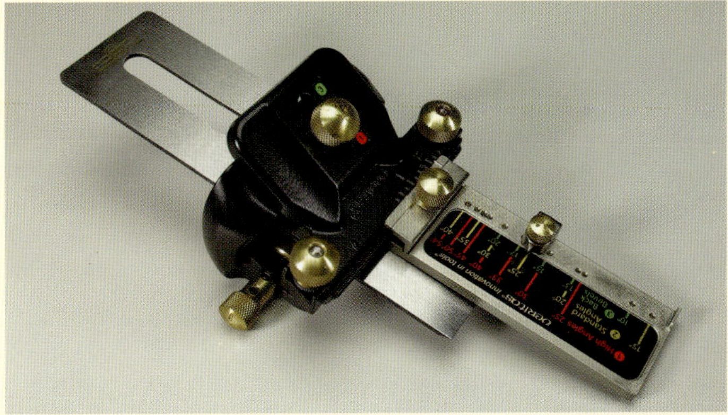

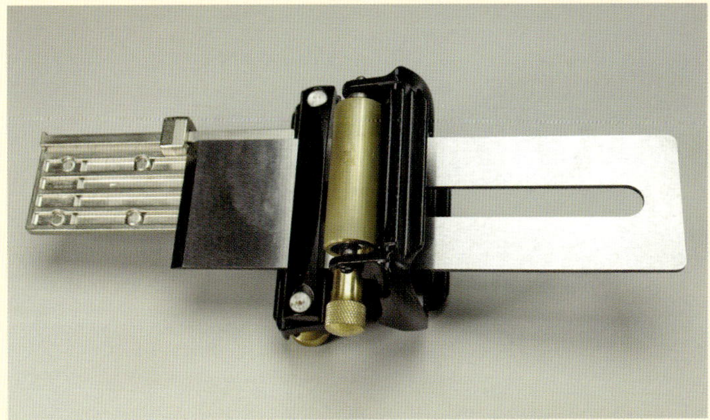

Zum Einstellen des Fasenwinkels empfiehlt sich die Verwendung der Fasenwinkellehre, die hier zusammen mit der Veritas Mk.II-Abziehführung (oben: Draufsicht; unten: Ansicht von unten) dargestellt ist.

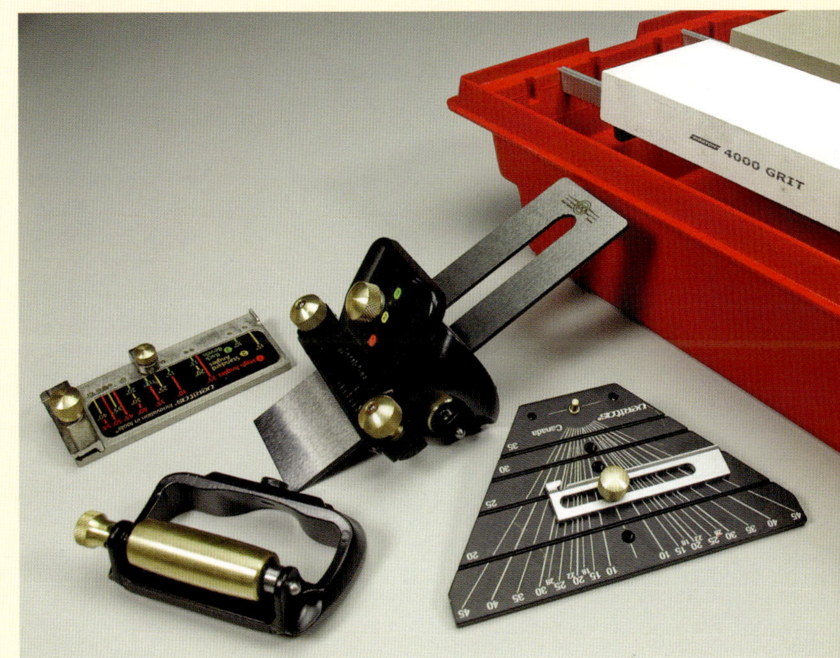

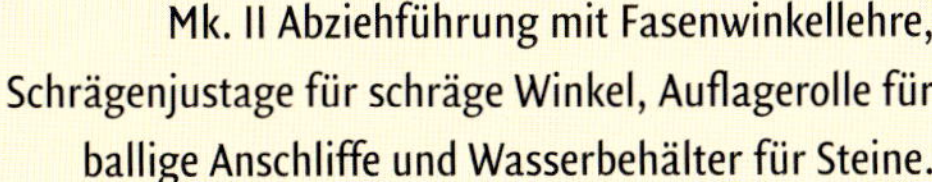
Mk. II Abziehführung mit Fasenwinkellehre, Schrägenjustage für schräge Winkel, Auflagerolle für ballige Anschliffe und Wasserbehälter für Steine.

Die Doppelfasen-Schärfvorrichtung von Burns

Der Gitarrenbauer und Werkzeug-Designer Brian Burns bietet ein Schärfsystem an, mit dem Fasenwinkel zwischen 0° und 90° möglich sind; dies geschieht unter Anwendung von Unterlegplatten zur Anpassung der Höhe der am Boden der Vorrichtung befestigten Auflagerollen. Das Hinzufügen oder Entfernen von Unterlegplatten ermöglicht eine sehr feine Einstellung des Fasenwinkels. Die Burns Stone Box (erhältlich unter lmii.com) beinhaltet sieben 3/4 Zoll und sieben 1/8 Zoll große Unterlegplatten, doch als Unterlegplatte lässt sich eigentlich alles verwenden – Pappe, Laminat oder sogar Papierbögen –, um den gewünschten Winkel (oder einen Teil davon) einzustellen. Die Steine werden oben in einer Box angeordnet, die Unterlegplatten davor an der Basis der Box aufgestapelt. Zum „Double Bevel Sharpening Kit" gehört außerdem eine magnetische Winkelanzeige, ein Stahlwinkel und eine Klingeneinspannung, dank derer Sie kraftvoll und sehr kontrolliert arbeiten und schnell viel Metall abtragen können. Entwickelt wurde dieses System zur Umsetzung des Verfahrens zur Anbringung einer spiegelseitigen Fasen, wie Burns es in seinem Buch Double Bevel Sharpening beschreibt. Dieses System ermöglicht es, Spiegelseiten unter Null Grad abzuschleifen. Das Balligschleifen von Klingen gelingt durch einfaches Auflegen einer Seite der Klinge und dann der anderen, um den Schliff im gewünschten Maß ballig zu gestalten.

Der Double Bevel Sharpening Kit von Burns ist in zwei Teilen erhältlich: Die Ganzmetall-Schleifvorrichtung (das „Honing Jig") ist mit einem magnetischen Winkelanzeiger versehen, und die separat erhältliche „Stone Box" mit sieben 3/4" Unterlegplatten und sieben 1/8" Unterlegplatten, die hochpräzise, reproduzierbare Winkeleinstellungen ermöglichen.

Die Pinnacle-Abziehführung mit Abziehplatte und Schleiffolienauflage

Pinnacle™

Die Abziehführung von Pinnacle besteht aus extrudierten Führungsschienen, die die Verbindung zum Stein herstellen, sowie einem Schlitten, der die Klinge hält. Diese wird in einem der sechs Primärfasenwinkel (von 15° bis 40°) eingespannt und kann auch leicht seitlich gekippt werden, um eine Mikrofase abzuziehen; dies geschieht, indem man den Winkel in eine der sechs sekundären +2°-Fasenpositionen bringt. Dann gleitet der Schlitten an den Schienen entlang, um die Klingen im vorgegebenen Winkel zu schärfen. Alle zuvor beschriebenen Abziehführungen bewegen sich über eine oder mehrere Rollen, während die Klinge in Berührung mit dem Stein ist und in einem Winkel von der Achse schwenkt, der durch das geometrische Verhältnis zur Achse und der Oberfläche des Steins bestimmt wird. Bei solchen Systemen ist es unmöglich, die Schneide über den gewünschten Winkel hinaus zu schleifen.

Bei der Pinnacle jedoch ist für die Klinge der gewünschte Winkel im Schlitten vorgegeben. Der Schlitten gleitet auf knapp 10 cm langen Schienen entlang, wodurch Wackeln vermieden und der Schleifvorgang einfach beendet wird, wenn die gewünschte Materialmenge von der Schneide abgeschliffen ist. Vorgehen: alle Voreinstellungen vornehmen, den Schlitten auf den Schienen vor- und zurückbewegen, bis der Stein nicht mehr schneidet, dann den nächsten Stein an den Schienen befestigen und weiterarbeiten. Das Pinnacle-System (www.woodcraft.com) ist mit einer Schleifplatte erhältlich, die zusammen mit 8 Zoll großen Schleiffilmstreifen mit einer Rückseite aus PSA (druckempfindliche Klebstoffzusammensetzung) eingesetzt wird. Optional erhältlich: Kit mit längeren Schienen und längerem 14-Zoll-Schleiffilm.

Lap-Sharp H-100™

Ein für das Lap-Sharp-System (siehe unten) erhältliches Zubehör ist die H-100-Schleifführung, die entweder auf einer der Führungsschienen der Lap-Sharp-Maschine oder eigenständig mit Banksteinen oder Schleifpapier verwendet werden kann (woodartistry.com). Der Spannmechanismus hält die Klinge so fest, dass die Spiegelseite parallel zur Achse verläuft. Das System ist in 5°-Grad-Stufen verstellbar 20° bis 47,5°. Ein abnehmbarer Einstellblock ist mit einem Falz versehen, der beim Umdrehen die Schneide an der anderen Oberfläche des Falzes für einen 2,5° höheren Halbschritt neu angelegt. Einmaliges Feature der H-100 (abgesehen von der Kompatibilität zur Lap-Sharp-Maschine) ist die breite Auflagerolle vor der Schneide. Wird diese Auflagerolle mit einem losen Bogen Schleiffilm verwendet, drückt sie den vor der Schneide liegenden Film nach unten und vermeidet so die „Papierwelle", die beim Vorschub der Schneide entstehen kann.

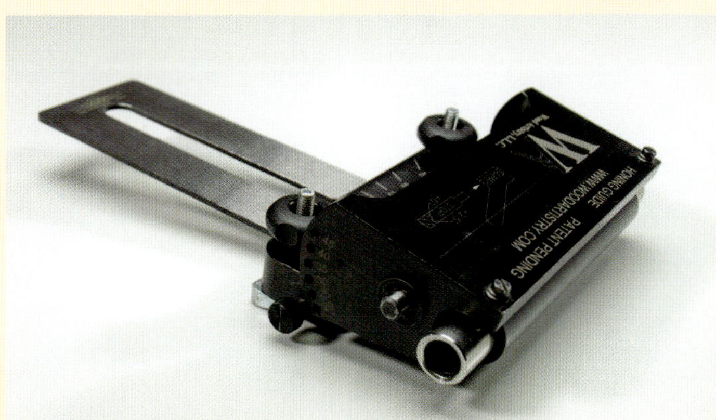

Die Lap-Sharp- H-100 Abziehführung verfügt über eine abnehmbare U-förmige Stange zum Einstellen des Hobeleisenüberstands.

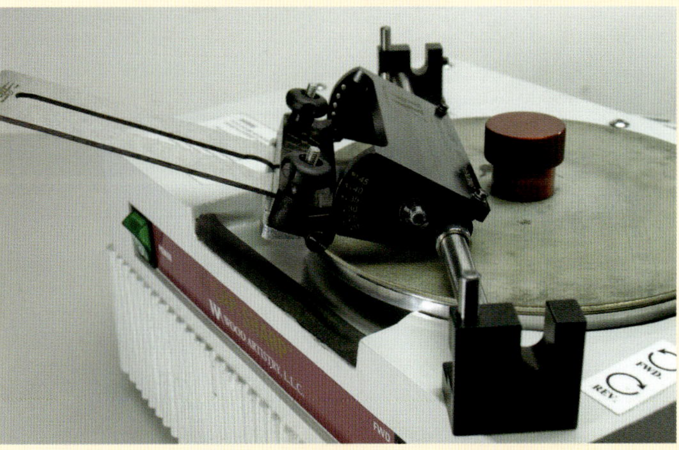

Die H-100 lässt sich auch als eigenständige Abziehführung einsetzen. Auch kann man sie mit einer zusätzlichen Querführungsstange auf der Lap Sharp einsetzen.

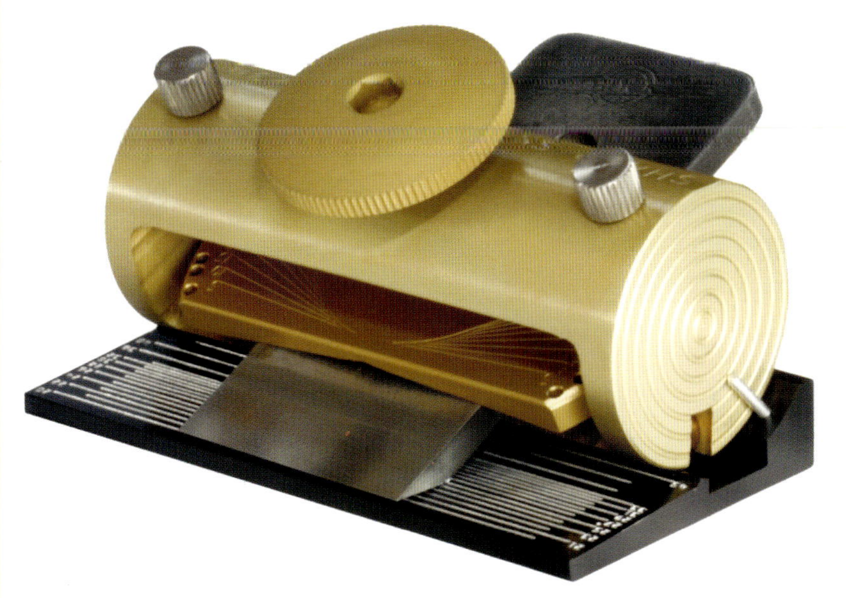

Zum Einstellen des Fasenwinkels messen Sie den Klingenüberstand vom SharpSkate oder verwenden Sie den optionalen Angle Dock zur Wahl des Winkels ab der hinteren Seite der Fase.

Foto mit freundlicher Genehmigung von Harrelson Stanley

SharpSkate™

Harrelson Stanley hat den SharpSkate (GetSharper.com) zum Einspannen von Beiteln und Hobeleisen entwickelt, die über ihre gesamte Breite geschärft werden sollen; er bezeichnet dies als „Seitenschärfen". Die meisten Abziehführungen gehen vor und zurück – die Rollen der SharpSkate hingegen bewegen die Vorrichtung hin und her, was nach Aussage des Designers eine robustere Schneide erzeugt als beim Schärfen in herkömmlicher Richtung. Bei normalen Fasenwinkeln nähern sich die neun Stahlrollen der SharpSkate stark an die Klinge an – weniger als die Hälfte der Breite eines Standard-Steins –, wodurch man beim Schärfen den gesamten Stein nutzen kann. Dies verringert Verschleiß in der Mitte des Steins und spart Zeit beim Abrichten. Darüber hinaus hält die SharpSkate auch sehr schmale Werkzeuge sicher fest, wodurch das Schleifen leichter wird als wenn man versucht, sie in der Hand zu halten. Der Adapter für den Klingenvorlauf wird zusammen mit dem optionalen Angle-Dock-Zubehör – einer kleinen Plattform mit feinen Riffelungen zum Halten der SharpSkate – verwendet. Diese Riffelungen machen es möglich, die Klingen im gewünschten Schleifwinkel einzustellen, indem die hintere Seite der Fase gegen die jeweilige Riffelung gehalten wird. Die Entwicklung des Angle Dock ist noch nicht abgeschlossen, doch Mr. Stanley hat uns vorab ein viel versprechendes Foto zugeschickt.

Die SharpSkate mit einem Hobeleisen. Man beachte, wie nahe die Klinge an den Rädern ist. Dies schafft ein hohes Maß an Kontrolle und erleichtert es, die Oberfläche des Steins besser auszunutzen; dadurch verschleißt die Mitte weniger.

Die SharpSkate-Führung macht Seitenschärfen leicht.

Aufnahmen Für Wassersteine

Sowohl Veritas (leevalley.com) als auch Shapton (shaptonstones.com) liefern eine Lösung für die Verunreinigungen, die die Arbeit mit Wassersteinen verursacht. Shapton beantwortet dies mit einem Hartgummibehälter, der eine Glasplatte einfasst. Das Glas bietet ein flache Arbeitsoberfläche, die Gummiumrandung speichert das überschüssige Wasser und liefert gleichzeitig einen rutschfesten Untergrund, der sicher auf der Werkbank aufliegt. Wenn man jetzt noch den „Shapton Sharpening Stone Holder“ (eine weitere, mit Gummi eingefasste Glaskonstruktion, die die Shapton-Steine sicher weg vom Tisch oder der Oberfläche der Aufnahme hält) hinzufügt, sind alle Vorbereitungen für sauberes, rutschfreies Schärfen abgeschlossen. Viele Holzwerker bewahren ihre Wassersteine in eigentlich für Lebensmittel gedachten Plastikbehältern auf – Veritas hat mit seiner Aufnahme für Wassersteine klar neue Maßstäbe gesetzt. Die Stein-Aufnahme von Veritas leistet mehr als einfach Steine unter Wasser aufzubewahren: der Behälter verfügt über Vertiefungen für Aluminiumstreben mit Schiebeklemmen, die die Steine beim Schärfen über der Aufnahme halten. Wenn Sie mit dem Schleifen fertig sind, tauchen die Steine wieder ins Wasser und werden von eingebauten Rippen über dem unten befindlichen Schlamm gehalten. Neben am Boden aufgeklebten, rutschfesten Gummistreifen besteht der Kit auch aus einem Plastikdeckel, der die Aufnahme sauber hält und verhindert, dass Wasser verdunstet. Inbegriffen ist auch eine rechteckige Hartglasscheibe, auf die ein Bogen mit PSA-Beschichtung aufgeklebt ist. Verwendet wird sie mit der mitgelieferten Siliziumkarbid-Schleifpaste als Läppplatte zum Abrichten von Wassersteinen. Das Glas sorgt für eine flache Oberfläche und die ersetzbare Kunststoffschicht bietet den Schleifkörnern eine Fläche, in die sie sich festsetzen können, wodurch sie unbeweglich werden und somit schneiden, anstatt sich auf dem Glas zu bewegen. Für Fans von Ölsteinen gibt es auch eine Reihe von Steinhalterungen, oft in dreieckiger Konfiguration, wodurch ein Stein oben flach aufliegt und verwendet werden kann, während die beiden anderen im Ölbad schweben.

Im Shapton Stone Pond lassen sich Schärfarbeiten mit Wassersteinen in einem flachen, rutschfesten, wasserdichten Behälter sauber durchführen.

Das Norton IM313 (nortonstones.com) ist ein System, das drei Ölsteine einsatzbereit hält. Die beiden, die gerade nicht in Benutzung sind, werden in den Ölbehälter geschwenkt.

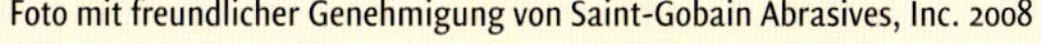
Foto mit freundlicher Genehmigung von Saint-Gobain Abrasives, Inc. 2008

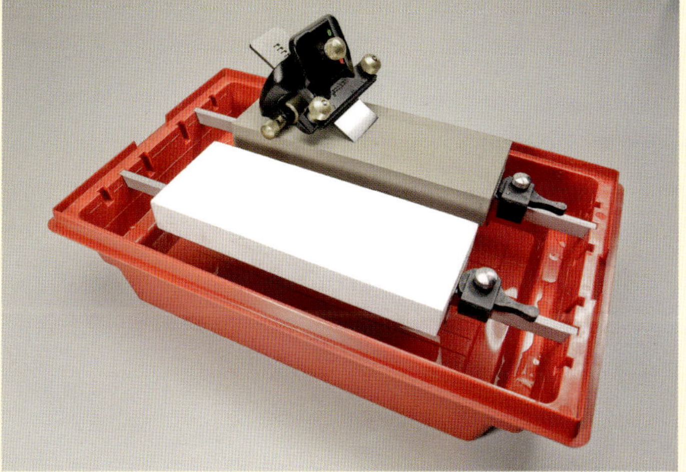

Der Veritas Stone Pond umgeht die ansonsten mit der Verwendung von Wassersteinen einhergehenden Verunreinigungen durch einen Behälter, in dem Wassersteine in Wasser getränkt und aufbewahrt werden.

Hände und Steine

Muss ich noch mehr sagen? Nein – ich erteile lieber Joel das Wort:

Die meisten Schärfkurse konzentrieren sich auf die Technologie und die Abfolge der Schritte beim Schärfen, verraten aber nichts über die Technik zum Halten und Bewegen eines Werkzeugs auf einem Stein. Ein kontinuierliches freihändiges Halten eines Werkzeugs ist jedoch der Schlüssel zum leichten, guten Schärfen. Und das ist gar nicht schwer. Der Markt ist voll von Produkten, die Klingen in einem gleichmäßigen Winkel an einen Schleifstein halten. Die meisten davon haben jedoch zwei wichtige Mängel: Mit diesen Vorrichtungen kann man eine Bewegung zwar wiederholen, doch immer nur an der gleichen Stelle des Steins. Für Wassersteine bedeutet dies, dass sich die Seiten an bestimmten Stellen schneller abnutzen und mehr wartungsintensiver sind. Das zweite Problem von Abziehführungen ist ein subtileres: Beim ersten Schärfen erzeugt man eine Art Fase. Wenn man zum zweiten Mal schärft, gilt es, eben diese Fase präzise aufrechtzuerhalten; die Betonung liegt hier auf „präzise". Gelingt dies nicht, besteht die Gefahr, mit jedem neuerlichen Schärfen eine Sekundär- und später eine Tertiärfase zu erzeugen. Und das bringt noch viel mehr Arbeit mit sich. Auch wenn es fast gelingen kann, dieselbe Fase zu erhalten, ist das Einstellen eines Werkzeugs in einer Vorrichtung eine mühselige Angelegenheit, die nur selten perfekt gelingt. Zudem ist es zeitaufwändig. Daher ist es großartig, wenn man einfach ein Werkzeug nehmen und es sofort an einen Stein ansetzen kann, ohne sich vorher Gedanken über das Einstellen der Vorrichtung machen zu müssen.

Dennoch haben solche Vorrichtungen und Abziehführungen durchaus ihre Berechtigung. Ich selbst verwende solche Vorrichtungen zum Halten von Werkzeugen, wenn wir sie abschleifen, v.a. zum groben Abziehen, wenn keine Schleifmaschine verfügbar ist und ich mit grobem Stein viel Metall abtragen muss. Ich möchte an dieser Stelle hervorheben, dass ich daraus keine „Glaubensfrage" machen, sondern lediglich zeigen möchte, wie sich das Abziehen einfacher gestalten lässt. Gegen Handwerkzeuge wird häufig argumentiert, sie seien aufwändig einzusetzen. Vor 100 und mehr Jahren jedoch setzte man sie ja auch ein. Die Menschen damals hatten keine andere Wahl, weil es keine Elektrogeräte gab. Holzwerker schafften es, produktiv zu sein, indem sie das richtige Werkzeug verwendeten und ihre Fähigkeiten so nutzten, dass sie es richtig warteten und einsetzten. Wenn Sie diese Fähigkeiten ebenfalls haben, können Sie genauso produktiv sein.

– Joel Moskowitz, „Tools for Working Wood"
(www.toolsforworkingwood.com)

Schärfmaschinen

Alle Schärfaufgaben lassen sich ebenso wie alles Holzwerken mit Handwerkzeugen und Muskelkraft bewältigen. Wie beim Holzwerken lassen sich diverse Schärfaufgaben mit Elektrogeräten aber auch einfacher durchführen. Eine für normales Holzwerken eingesetzte Klinge sollte eigentlich nur gelegentlich auf einer Fase mit anderem Winkel abgezogen werden müssen. Manchmal muss man Scharten entfernen und danach die Schneide entsprechend nachschleifen – oder aufgrund eines übersehenen Nagels oder einer Mischung aus Schwerkraft und Beton größere Schäden beheben. Die gelegentliche Notwendigkeit umfangreicheren Nachschleifens lässt sich von Hand und mit groben Körnungen abdecken, doch wenn man sinnvoll mit Elektrogeräten umgeht, kann man wertvolle Zeit sparen.

Ein einfacher Schleiftisch kann für viele Werkstattarbeiten dienen. Zur Entfernung von Rost und anderen unerwünschten Rückständen haben wir hier eine runde Drahtbürste montiert. Diese Maschine befindet sich auf einem Sperrholzsockel, wodurch man sie in der Werkstatt bewegen und an allen Bänken befestigen kann, an denen man sie braucht. An der Basis ffinden sich Bohrungen, die eine Veritas-Werkzeugauflage aufnehmen können, falls erforderlich. einer Veritas-Werkzeugauflage.

Scheibenkleister!

Neben einer Schiebevorrichtung für das Schleifen von Drechselwerkzeugen (oben) ist der Schleiftisch von Wolverine mit einer robusten, winkelverstellbaren Schleifvorrichtung mit einem 3 x 5 Zoll großen Arbeitsbereich ausgestattet.

Tischschleifmaschinen

Eine Tischschleifmaschine mit Grundausstattung ist eine nützliche Anschaffung für jede Werkstatt. Anscheinend gibt es ja immer einen Metallgegenstand, an dem etwas abgeschliffen werden muss, und eine Tischschleifmaschine (Schleifbock) ist hier oft genau das Richtige. Wenn es ums Schärfen geht, kann ein Schleiftisch Ihr bester Freund sein – und Ihr ärgster Feind. Ihr Freund, wenn die Maschine richtig eingestellt und ordnungsgemäß verwendet wird. Ihr Feind, wenn die Maschine in Eile und mit zu wenig Aufmerksamkeit verwendet wird – höchstwahrscheinlich dann, wenn Sie die Maschine für eine Aufgabe einsetzen, die besser durch andere Werkzeuge erledigt werden sollte. Oder, wenn Sie ganz einfach versuchen, zu schnell zu viel Material abzutragen. Die Ecken und die dünne Seite der Schneide erhitzen sich am schnellsten und oftmals verwandeln sich die Warnzeichen einer *kommenden* Überhitzung in Sekundenbruchteilen zu einer *tatsächlichen* Überhitzung. Nehmen Sie sich Zeit, haben Sie Geduld. Wie schon zuvor bemerkt: Je näher man vor dem Ende einer Arbeit steht, desto höher die Wahrscheinlichkeit, alles zu verderben. Schleifböcke in verschiedenen Qualitäten sind mit einem Scheibendurchmesser zwischen 150 mm und 200 mm eigentlich überall zu haben. Die kostspieligeren Marken-Schleiftische sind eine gute Investition, die ein Leben lang hält; die preiswerteren hingegen tun zwar ihre Arbeit, benötigen aber gewisse Anpassungen, vor allem bei der Werkzeugauflage. Spitzenmodelle verfügen über eine sehr solide, präzise Werkzeugauflage, der Rest oft nur über eine windige, angestanzte Werkzeugauflage, die den Anforderungen des Präzisionsschärfens nicht wirklich genügt. Natürlich kann man auch eine gebrauchte Werkzeugauflage kaufen oder sich aus Metall selbst besseren Ersatz herstellen. Oder man fertigt sie aus Holz und befestigt sie unter der Scheibe auf dem Tisch. Standardbestückung: sechs bis acht Zoll große Scheiben; Motordrehzahl: 3450 UpM. Es gibt aber auch langsamere, ebenfalls gut für Schleifarbeiten geeignete Schleifmaschinen mit einer Drehzahl von 1725 UpM (diese erzeugen weniger Hitze bzw. tun dies aufgrund niedrigerer Drehzahl langsamer). Wenn Sie über die Anschaffung eines Schleiftisches nachdenken, sollten Sie bedenken, dass das Werkzeug in Kontakt mit der Oberflächengeschwindigkeit der Schleifscheibe ist, und die hängt von Drehzahl und Scheibendurchmesser ab. Die Oberflächengeschwindigkeit einer sich bei 3450 UpM drehenden 6-Zoll-Scheibe liegt bei etwa 2,7 m pro Sekunde. Die Oberflächengeschwindigkeit einer 8-Zoll-Scheibe beträgt 3660 cm pro Sekunde. Bei einer Scheibendrehzahl von 1725 UpM halbiert sich die Oberflächengeschwindigkeit. Auch hier gilt: *Technik ist wichtiger als Werkzeuge* – man kann lernen, mit dem eigenen Schleiftisch und der Scheibe, mit der er ausgestattet ist, richtig umzugehen. Ein Schleiftisch mit 1724 UpM und kühler laufender Scheibe kann Ihnen zwar helfen, Ihre Technik zu entwickeln, doch nur in paar Übungssitzungen mit verfügbarem Material wirken ebenfalls Wunder.

Die Anpassungsfähigkeit der Werkzeugauflage von Veritas schafft Flexibilität bei der Positionierung des Tisches. Im Lieferumfang inbegriffen sind eine verschiebbare Klingenhalterung und eine Führung zur Winkeleinstellung. Die Öffnung im Tisch dient zur Unterbringung der Vorrichtung zum Schleifen schräger Winkel, die separat erhältlich ist.

Diese solide Werkzeugauflage aus Sperrholz lässt sich vor- und rückwärts bewegen und so kippen, dass beinah jeder Winkel geschliffen werden kann.

Werkzeugauflage und Fotos von Pat Rock

Bitte lesen und befolgen Sie alle Sicherheitsanweisungen in Zusammenhang mit Ihrer Schleifmaschine und deren Scheiben. Lesen Sie die Sicherheitstipps für Schleifscheiben in Kapitel 3 („Schleifmittel"). An Schleifmaschinen können sowohl Sie als auch Personen in Ihrer Umgebung sich schwer verletzten. *Seien Sie aufmerksam.* Bei Schleifscheiben kann man verschiedene grundlegende Entscheidungen treffen. Manche Scheibenhersteller versprechen, dass beim Schleifen weniger Hitze entsteht, anderem wiederum werben mit der Lebensdauer etc. Obwohl der folgende Satz an jeder beliebigen Stelle in diesem Buch stehen könnte, ist er doch für Schleiftische besonders zutreffend: nichts macht mangelnde handwerkliche Technik wett. Freilich besteht bei der teuersten Scheibe mit der geringsten Hitzeentwicklung eine höhere „Fehlertoleranz", aber dennoch kann auch sie die Schneide eines Werkzeugs im Handumdrehen überhitzen. Üben Sie das Schleifen an Stahlschrott und gehen Sie nach und nach zu Ihren Werkzeuge zweiter Wahl über, bevor Sie sich schließlich an Ihre wertvollsten Klingen heranwagen.

Abrichten und Abdrehen der Scheibe sind unabdingbare Routinevorgänge. Beim Abrichten wird die Scheibe nach ungleichmäßigem Verschleiß wieder rund gemacht. Beim Abdrehen wird die Oberfläche der Scheibe so geformt, dass sie von eingelagerten Metallteilchen befreit wird und neue, scharfe Schleifkörner freisetzt. Für beide Arbeiten dient ein- und dasselbe Werkzeug, das in drei verschiedenen Bauweisen erhältlich ist. Abdrehräder bestehen aus einer Metallhalterung mit einem sternförmigen Rad, das an die Sporen eines Cowboys erinnert. Diese Sporen werden an die laufende Schleifscheibe gepresst und nehmen dadurch deren Geschwindigkeit auf; dann drückt man fest genug, um die Oberfläche leicht einzudrücken. Dieses Eindrücken dreht die Oberfläche der Scheibe ab. Es gibt auch Diamantabrichter, die entweder als Einzeldiamant erhältlich sind, der ans Ende einer Stange montiert ist, oder als Diamantmatrix am T-förmigen Kopf eines Handwerkzeuges. Abrichtsteine werden aus besonders hartem Material wie Siliziumkarbid oder Boronnitrid in einem harten Verbund gefertigt. Manchmal bestehen sie auch aus mit einem Griff versehenem hartem Material. Der Diamant oder die harte Spitze des Abziehsteins wird gegen die laufende Scheibe gedrückt und dann so bewegt, bis diese die gewünschte Form erhält. Abdrehräder haben Zacken, die die Werkzeugauflage entlanggleiten und eine flache Oberfläche auf der Scheibe erzeugen können. Diamantabrichter und Abziehsteine lassen sich auch von Hand bewegen – oder in einer einfachen Haltevorrichtung, die an der Werkzeugauflage entlanggleitet. Manche Leute empfehlen, die Schleifscheibe zu Rillen (ähnlich wie die Rillen einer Aufzugskrone einer Uhr, weil diese angeblich das Problem verbrannter Schneiden in den Ecken verringert. Ich glaube jedoch, dass sich zur Vermeidung solcher Probleme eine gute Technik erlernen lässt und die Kronenstruktur in der Scheibe einfach die tatsächliche Breite der Scheibe verringert.

Ein Abdrehrad (oben) dient zum Abrichten und Abdrehen der Oberfläche von Schleifscheiben. Ein Diamantabrichter (Mitte) trägt hohe Stellen ab und erzielt dasselbe Ergebnis. Unten eine Nahaufnahme beider Abziehwerkzeuge. Tragen Sie einen Atemschutz – beides erzeugt reichlich Schleifstaub.

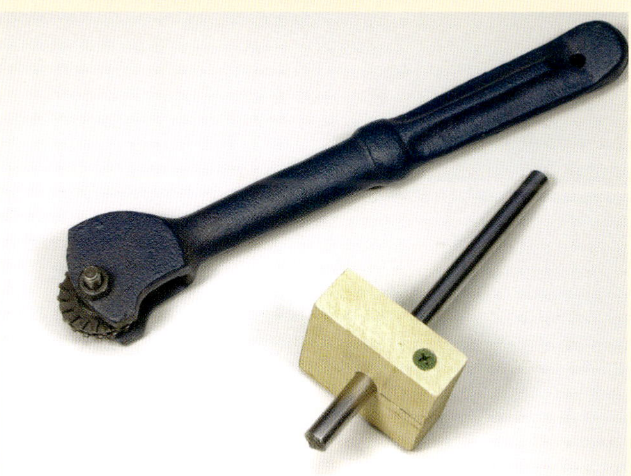

Ich war nie ein großer Freund von Tischschleifmaschinen. Als ich in den 1980ern begann, Messer herzustellen, hatte ich oft einen im Einsatz. Ich fand, dass er sehr zäh und uneben lief. Egal, wie viel Mühe ich auf das Abrichten verwendete, die Scheibe schien nie rund zu laufen. Dann stieg ich auf Bandschleifer um, die ich ausschließlich verwendete, bis ich vor kurzem entdeckte, dass das Problem des unrunden Laufens durch einfaches Ausbalancieren der Scheibe gelöst werden konnte. Oneway Manufacturing (www.oneway.ca), die Firma, die auch Drechselbänke und die Wolverine-Schleifvorrichtung für Drechselwerkzeuge herstellt, stellt auch das Wolverine-Präzisions-Ausgleichssystem her. Jetzt läuft mein Schleiftisch endlich schön rund. Das System ersetzt nun die Flansche, die die Scheibe an die Schleifvorrichtung drücken. Flansche von Oneway haben eine konzentrische Laufbahn, auf denen Sie die Gewichte verschieben können, wenn die Scheibe auf dem Lagerbock ist – das Ganze erinnert an das Auswuchten von Reifen. Man verschiebt die Gewichte in der Laufbahn so lange, bis die Scheibe in jeder Position anhält und ausbalanciert ist. Dazu muss man ein paar Minuten geduldig herumprobieren, doch es lohnt sich: das Schleifen verläuft reibungsloser, leiser und die Werkzeuge erhalten ein hochwertigeres Oberflächenfinish. Außerdem steigt die Lebensdauer der Scheibe, weil sie nicht so oft abgezogen werden muss. Meine Schleifmaschine erzeugt zwar noch reichlich Schleifstaub, aber jetzt läuft sie endlich rund und ich verwende sie viel lieber.

Dieses einfache System von Oneway Manufacturing verleiht Ihrer Schleifmaschine mehr Laufruhe.

Bandschleifer

Auf einem Tisch montierte Bandschleifer (auch „Bandschleifmaschinen“ genannt) können verschiedene Schärfaufgaben durchführen. Sie laufen unter geringerer Hitzeentwicklung als ihre Metall bearbeitenden „Kollegen“ (man muss aber immer noch vorsichtig zu Werke gehen), und man kann sekundenschnell zwischen verschiedenen Körnungen wechseln. Und weil man das Band erst austauschen muss, wenn es stumpf wird, kann man auf das für Schleiftische erforderliche Abrichten und Abdrehen verzichten – das Resultat: weniger Staub in der Werkstatt. Schleifbänder sind mit verschiedenen Schleifmitteln und Körnungen erhältlich. Wir setzen die auch zur Metallbearbeitung verwendeten Standardbänder mit Aluminiumoxid ein. Ich möchte Ihnen auch empfehlen, einmal neuere Bänder aus Aluminium-Zirkonoxid und die Trizac-Bänder von 3M auszuprobieren, die nicht nur schnell schneiden, sondern auch in sehr feinen Körnungen zum Feinpolieren erhältlich sind. Anscheinend kommen immer wieder neue, innovative Bänder auf den Markt – es lohnt sich daher, zu schauen, was erhältlich ist und die neuesten Angebote auszuprobieren. Die kleinen preiswerten 1 x 30 Zoll Bandschleifer sind sehr handlich und platzsparend. Der mitgelieferte Tisch ist vielleicht nicht anpassungsfähig genug, um die spitzen Winkel einzustellen, die wir so oft brauchen, doch wenn man sich einen Holzkeil zurechtschneidet, bekommt der Tisch am Band gleich einen effektiveren Winkel.

Für einen kleinen, preiswerten 1 x 30 Zoll Bandschleifer finden sich zahlreiche Aufgaben. Der auf einem Sperrholzsockel montierte Schleifer lässt sich mit einem Schraubstock leicht horizontal befestigen. Man kann ihn auch mit einer gebrauchten Werkzeugauflage, z. B. von Veritas (siehe Abbildung), nachrüsten.

Bei Verwendung des Tisches vom ursprünglichen Lieferumfang brauchte dieser Tischschleifer (Bandschleifer) eine gewisse Unterstützung, um den richtigen Winkel für das Hobeleisen einzustellen. Ein einfacher Holzkeil reichte aus.

Vertikalschleifmaschinen

Tormek

Tormek ist Nummer 1 bei einem Typ von Schleifmaschinen, die ich mit den Stichworten „vertikal, wassergekühlt, niedrige Drehzahl“ beschreiben möchte. Es sind zwar ähnliche Maschinen von Jet und anderen Anbietern erhältlich, doch den Standard, an dem sich andere messen lassen müssen, hat Tormek (www.tormek.com) entwickelt. Die Tormek ist eine gut konstruierte, solide gefertigte Maschine, die Benutzern ein hohes Maß an Kontrolle beim Schleifen und präzisen Wiederherstellen der Schneide so gut wie aller Werkzeuge bietet. Mehr als ein Dutzend Vorrichtungen stehen zur Verfügung, um alle Werkzeugtypen – vom Beitel über Scheren, Äxten bis hin zum Stecheisen – sicher und reproduzierbar zu befestigen. Die auf niedriger Drehzahl laufende, vertikal gelagerte Scheibe dreht sich in einem Wasserbad, das den Stein nass hält: kein Verbrennen, keine Funken- oder Staubbildung. „Abrichten“ lässt sich der Stein, indem man den mitgelieferten Abrichtstein bei sich drehender Scheibe kräftig andrückt. Das setzt frische Schleifkörner frei, die besonders gut schneiden. Die andere Seite des Abrichtsteins bewirkt das Gegenteil: sie verfeinert die Scheibe so, dass sie wie ein feinkörnigerer Stein arbeitet, der der Klinge eine Zwischenschneide verleiht. Am anderen Ende befindet sich eine Lederabziehscheibe, auf die zum Feinpolieren eine feine Schleifpaste aufgebracht wird. Ein weiteres Zubehörteil lässt sich an der Abziehseite der Welle befestigen: zwei speziell geformte Abziehvorrichtungen zum Abziehen der Innenseite von Hohlbeiteln und ähnlichen Werkzeugen. Diese Maschine beeindruckt mich ziemlich, doch eines fehlt: eine Vorrichtung zum Abschleifen der Spiegelseite von Beiteln und Hobeleisen, einer wichtigen Aufgabe beim Schärfen. Die offizielle Technik: Spiegelseite eines Eisens parallel zur Seite der Scheibe halten (anders als bei Hochgeschwindigkeits-Schleifmaschinen kann man bei der Tormek auch die Seite der Scheibe verwenden) und sich langsam an die rotierende Oberfläche annähern, bis Kontakt entsteht. Die Scheibe dreht sich zwar nur bei 95 UpM, doch wenn man schräg aufkommt, kann es sein, dass man eine Ecke der Schneide abschlägt und sich noch mehr Abrichtarbeit einhandelt. Ich hatte dem US-Vertreter von Tormek eine Lösung für dieses Problem vorgeschlagen – wenn Sie dies lesen, ist sie vielleicht schon verfügbar. Wassergekühlte Schleifmaschinen wie diese werden Sie sicher nur in Bereichen der Werkstatt einsetzen wollen, die im Notfall auch nass werden dürfen. Sie können nämlich auch Schmutz machen, und Ihr erst vor kurzem abgeschliffener Werkzeugtisch ist vielleicht nicht der beste Standort für eine solche Maschine. Ein Schleiftisch ist ein hochwirksames Werkzeug zum schnellen Materialabtrag (mit allen zuvor erwähnten Risiken) – Schleifmaschinen wie die Tormek hingegen tragen Metall deutlich langsamer und risikofreier ab. Sie scheinen ihre Arbeit ruhig und mit beinah chirurgischer Präzision zu verrichten.

Die Tormek-Schleifmaschine mit allen Ergänzungsvorrichtungen.

Schleifmaschinen von Work Sharp werden mit einer winkelverstellbaren Aufnahme geliefert, die die Fase an der Unterseite der Scheibe schleift.

Horizontalschleifmaschinen

Work Sharp

Es gibt derzeit mehrere, miteinander konkurrierende Marken für Maschinen mit horizontalen Schleifblattscheiben. Ihnen allen gemein ist der Vorteil, dass sie eine breite Auswahl an Körnungen bieten. Der Wechsel von einer Körnung zur nächsten ist so einfach wie früher das Auflegen einer Schallplatte (bzw. das Wechseln einer CD im DiscMan). Die drei Maschinen, die ich mir näher angesehen habe, haben jedenfalls zahlreiche grundlegende Dinge gemein; jede von ihnen hat aber auch wieder ganz spezielle Eigenschaften. Die Work Sharp WS3000 (www.drilldoctorstore.us) verwendet Glasscheiben mit einer Stärke von über 3⁄8" (10 mm), bei einem Durchmesser von 150 mm, als Basis für Schleifmittel mit PSA-Rückseite, welche auf beiden Seiten des Glases aufgebracht werden. An der oberen Seite befindet sich eine Werkzeugauflage als Hilfe zum Freihandschleifen von oben; es gibt aber auch einen verstellbaren „Schärf-Port" zum Schleifen von Fasen bis zu einer Breite von 2 Zoll von der Unterseite der Platte aus. Dieser Bereich ist verstellbar für Fasenwinkel von 20°, 25°, 30° und 35° und verfügt über eine Neigungsverstellung, um die Klinge im rechten Winkel zu halten. Der untere Bereich der Rampe des Schärfbereichs ist mit Kühlrippen ausgestattet, die vor Überhitzung schützen sollen. Laut Anweisung soll man dieser jedoch durch eine „Eintauch- und Zug"-Technik vorbeugen. Der 1⁄5-PS-Motor dreht den Teller bei 580 UpM. Eine optional erhältliche Halterung für Klingen in Überbreite ist für die Work Sharp ebenfalls erhältlich; sie ist am oberen Bereich der Maschine befestigt und besteht aus einem flachen Tisch, der an die Höhe des Tellers angepasst werden kann, um die Spiegelseite von Beiteln und Hobeleisen zu schleifen. In dieser Option inbegriffen: eine Fasen-Abziehführung auf der Oberfläche des Tellers, mit der auch Klingen geschliffen werden können, die zu breit für den Schärfbereich sind. Die Work Sharp ist eine kompakte, gut gefertigte, erschwingliche Maschine, die viele Arbeiten rund ums Schärfen schneller macht. Die Glasscheiben lassen sich auch durch eine Scheibe mit Langlöchern, das Edge-Vision Wheel, ersetzen. Verwendet man diese mit den entsprechenden, ebenfalls mit Langlöchern versehenen Schleifscheiben, kann man beim Schleifen durch die Scheibe hindurchsehen. Bei der Lochscheibe befindet sich das Schleifmittel an der Unterseite – nähert man sich also z. B. mit einem Hohlbeitel von unten, kann man von oben den Fortschritt des Schleifvorgangs verfolgen (hierzu benötigt man unbedingt gute Beleuchtung). Dieses Feature erleichtert diverse Aufgaben des Freihandschärfens.

Die mit Langlöchern versehene Scheibe der Work Sharp und entsprechendes Schleifpapier machen es möglich, während des Schleifens dem Fortschritt der Arbeit durch die Scheibe zuzusehen.

Das Lap-Sharp-System mit Fußschalter. Die Abziehführung ist separat erhältlich.

Lap-Sharp

Das Schärfsystem von Lap-Sharp (www.woodartistry.com) zeichnet sich nicht nur durch hohe Qualität aus, sondern auch durch zwei Features, die die Konkurrenz nicht zu bieten hat: Umkehrbarkeit und Bedienung per Fußschalter. Das Umdrehen des Tellers öffnet die Tür zum Schärfen diverser Klingenformen, die sich ansonsten nicht schärfen ließen. Der Schleiffilm ist hart im Nehmen, doch wenn Sie die Schneide gegen die Drehrichtung ausrichten, kann man hineinschneiden. Als besonders problematisch erweist sich dies beim Schärfen von Küchen- oder Taschenmessern. Durch die Wendbarkeit des Tellers kann man die Klingen weg vom Schleifmittel halten, wodurch das Risiko eines Schneidens ins Schleifmittel umgangen wird. Der Fußschalter der Lap-Sharp löst mühelos die Probleme, die andere Maschinen beim Schleifen von Spiegelseiten machen. Die Möglichkeit, Klingen einfach auf den Teller zu legen und sie dort festzuhalten, während man per Pedal das Startkommando gibt, ermöglicht das Schleifen der Spiegelseite von Beitels oder Hobeleisen ohne Risiko des Verrundens von Ecken, wenn man versucht, auf dem sich bewegenden Teller aufzukommen. Wood Artistry, die Herstellerfirma der Lap-Sharp, bietet eine ganze Reihe von Zubehör zum Befestigen und/oder Positionieren praktisch jedes Werkzeugs, das geschärft werden muss. Der Teller hat einen Durchmesser von 203 mm und lässt sich leicht austauschen; Schleifscheiben sind mit unterschiedlichen Zusammensetzungen und Körnungen von 60 bis 1 µm erhältlich. Die Abziehführung lässt sich im Handumdrehen auf eine Führungsstange an der Maschine aufsetzen oder auch ohne Führung mit Banksteinen oder Schleiffilm verwenden. Es gibt Vorrichtungen und Befestigungen für Hobelmesser und Abrichthobel, aber auch für Schnitz- und Drechselwerkzeuge. Das gegossene, pulverbeschichtete Aluminiumgehäuse der Lap-Sharp ist bei Bedarf mit einem integrierten Ablaufrohr ausgestattet, das für konstanten Wasserfluss sorgt. Seine Leistung erhält der 170-UpM-Teller von einem 1/15-PS-Direktantrieb, dessen Drehmoment mich beeindruckte. Ich konnte hohen Druck auf den Teller ausüben, ohne dass der Motor langsamer wurde. Eine gut durchdachte, solide verarbeitete Maschine, die auch bei häufiger Benutzung ein Leben lang halten dürfte.

Veritas

Man hat den Eindruck, dass die Techniker bei Veritas viel Zeit auf das Entwerfen hervorragender Schärfwerkzeuge, Systeme und Zubehör verwenden, die so ziemlich jedes Werkzeug in der Werkstatt schnell und leicht schärfen. Ihr erstes Produkt aus der Sparte Schärfmaschinen ist das „Veritas® Mk.II Power Sharpening System" (www.leevalley.com), in dessen Lieferumfang inbegriffen ist ein Werkzeughalter für Klingen bis zu up to 21/2" (63 mm), eine Fasenwinkellehre, eine Führungsstange für Werkzeuge sowie ein Startpaket mit verschiedenen Schleifmitteln – alles, was man braucht, um mit dem Schärfen zu beginnen. Die Führungsstange passt in eine Buchse an der Maschine, in der ein Kugelstößel sitzt, durch den die Vorrichtung in einer der sieben Stufen einrastet, die für den Fasenwinkel zur Verfügung stehen. Die Maschine wirkt dadurch wie eine elektrische Abziehführung. Die beim Veritas Mk.II mitgelieferte Winkellehre ist ein einfache extrudiertes Bauteil, das bei einer Verwendung mit dem Werkzeughalter den Klingenüberstand mit reproduzierbarer Präzision vorgibt. Sie können den Fasenwinkel variieren, indem Sie die Führungsstangeneinheit entweder über die voreingestellten Positionen oder zwischen diesen höher oder niedriger stellen. Zwei Teller mit 203 mm Durchmesser sind im Lieferumfang inbegriffen, der eine ist 3 mm, der andere 4 mm stark. Die Teller mit der groben Schleifkörnung – Körnung 80, 100 µm – werden auf dem 4-mm-Teller, die mit der feinen Körnung 40 µm und 9 µm – auf dem 3 mm-Teller befestigt. Dadurch erzeugt man beim Wechsel vom groben Teller zum dünneren mit der feineren Körnung automatisch eine 1°-Mikrofase. Sehr clever durchdacht. Angetrieben wird das Veritas® Mk.II Power Schärfsystem durch einen 1/4-PS-Motor mit einem kugelgelagerten 650-UpM-Teller mit Riemenantrieb.

Im Veritas-System inbegriffen ist eine Abziehführung, eine Erweiterungsführung und zwei Scheiben. Die dünnere Scheibe ist für die feineren Körnungen. Durch die Höhenveränderung entsteht automatisch eine (clever gemachte) Mikrofase.

Koch

Das Schärfsystem von Koch (www.woodcraft.com) unterscheidet sich von den anderen hier besprochenen, da es von einem Holzbildhauer zum schnellen und leichten Schärfen von Schnitzwerkzeugen entwickelt wurde. Natürlich kann es auch für andere Zwecke eingesetzt werden, doch Schnitzwerkzeuge schärft es besonders gut. Das System von Koch besteht aus vier Rollen auf einer langen Welle, die sich vom Bediener wegdreht, wodurch die auf einer soliden Auflage liegenden Werkzeuge auf der Oberseite des Rades geschliffen werden. Die Scheiben mit ihrem Durchmesser 100 mm sind aus einem speziellen Verbundstoff, der wie eine „Kreuzung“ aus Leder und Filz wirkt. Eine Scheibe auf jeder Seite (rot und gelb) besteht aus Beschichtungen, mit dem konvexe Formen von Schnitzbeiteln u.ä. gestaltet werden, wohingegen die anderen beiden Scheiben (blau und grün) Werkzeugen mit gerader Klinge vorbehalten sind. Koch liefert zwei Honpasten mit verschiedenen Körnungen mit: grün (zum Feinschleifen) und blau (zum feinen Abziehen). Und so funktioniert das System: Paste auf die richtige Scheibe auftragen (links grün, rechts blau) und dann das Werkzeug gegen die Scheibe pressen, bis eine dunkle Linie erscheint, die anzeigt, dass die Paste geschmolzen ist, was das Schleifmittel aktiviert. Laut Hersteller schärft die Verflüssigung des Schleifmittels ohne Überhitzung und Gratbildung an der gegenüberliegenden Fasenseite. Scheiben von Koch sind separat für jede Schleifmaschine mit 1/2-Zoll-Welle erhältlich; allerdings finden auf der Maschine von Koch mit ihren 1/4 PS und 1725 UpM und langer Doppelwelle alle vier Scheiben gleichzeitig Platz; außerdem ist sie schwer genug, um mit einer so langen Welle immer noch sanft und ruckfrei zu laufen. Laut Hersteller kann man dieses System für jede beliebige Klinge einsetzen – bei Scheiben mit aufgetragener Paste habe ich aber allgemein Vorbehalte beim Abschleifen von Klingen, bei denen Planheit besonders wichtig ist (z. B. bei gefasten Beiteln und Hobeleisen). Diese Maschine spart Schnitzern, die Wert auf scharfe Werkzeuge legen (und das tun eigentlich alle), wertvolle Zeit.

Dremel

Ich finde alle möglichen Anwendungen für Handschleifer wie den von Dremel, u. a. diverse Sonderaufgaben im Bereich Schärfen. Ihre kleinen Schleifwalzen, Schleifsteine, Diamantbohrer, Kettensägensteine etc. eignen sich geradezu perfekt für die Klinge von Wellenschliffmessern, Schnitzbeiteln, aber auch für konkave oder gebogene Klingen. Dieses Werkzeug ist ein echter „Tausendsassa“, den ich für verschiedenste Werkstattarbeiten immer bereit halte.

Standbohrmaschine

Ich würde davon abraten, sich nur zum Schärfen eine solche Maschine anzuschaffen – wenn Sie allerdings schon eine haben, können Sie sie auch für diverse Schärfaufgaben heranziehen. Man kann sie z. B. auch mit einer Schleifwalze zum Schleifen der Fase eines konkaven Schabhobels verwenden oder zum Abziehen eine Filz-, Papp- oder Lederabziehscheibe aufsetzen – lassen Sie Ihre Fantasie spielen.

Das Koch-Schärfsystem.

Dremel.

Grundausstattung

Um etwas zu schärfen, braucht man zumindest etwas, das Material vom zu schärfenden Werkzeug abträgt. Das mag zunächst einfach klingen – später kann es dann aber durchaus komplizierter werden. Für Beitel und Hobeleisen ist ein flaches Schleifmittel nötig: Außerdem braucht man mehr als eine Körnung (Schon komplizierter). Nachstehend ein paar Gedanken über die Grundausstattung für Schärfaufgaben. Zunächst einmal (und ich wiederhole mich): Technik ist wichtiger als Werkzeug. Wenn Sie verstehen, wie Schärfen abläuft, was man braucht, um eine perfekten Schneide zu erzeugen, können Sie beinah jedes Schärfsystem verwenden und vorzeigbare Ergebnisse erzielen. Das Folgende gilt vor allem für Beitel und Hobeleisen – die flache Klingen mit geraden Schneiden haben –, weil sie es sind, die in einer typischen Möbelwerkzeugwerkstatt die meiste Aufmerksamkeit brauchen. „Abgehobenere“ Werkzeuge brauchen Spezialgeräte, auf die in den einzelnen Kapiteln eingegangen wird. Um Ihre Schärfausrüstung zusammenzustellen, empfehle ich, zunächst eine geringe Investition zu tätigen und die Werkzeugsammlung nach und nach anwachsen zu lassen. Nicht dass ich Sie vom Geldausgeben abhalten will – was mir aber missfallen würde: wenn Sie unnötig Geld für Sachen ausgeben, die Sie hinterher nicht brauchen. Beim Schärfen ist es wie bei allen Dingen: es gibt viele Vorgehensweisen, und was für den einen prima funktioniert, kann den anderen inakzeptabel sein. Außerdem braucht man für verschiedene Werkzeugtypen verschiedene Schärfwerkzeuge. Wenn Sie beispielsweise keine Säge schärfen müssen, brauchen Sie wohl auch kein entsprechendes Werkzeug in Ihrer Werkstatt.

Oben: Grundausstattung von Scary Sharp.

Unten: Grundausstattung Scary Sharp mit Ergänzungszubehör.

Scary Sharp

Die einfachste Schärfausrüstung (in den USA oft als „Scary Sharp System“ bezeichnet) besteht aus einer 1/4" (6 mm) starken Glasplatte (oder einer vergleichbaren, flachen Fliese) und etwas Schleiffilm (Schleifpapier mit hoher Körnung). Ich habe Siliziumkarbid-Nass-Trocken-Schleifpapier aus dem Fachhandel verwendet und dabei gute Ergebnisse erzielt – es trägt allerdings sehr schnell ab. Die heute erhältlichen Schleiffilme sind hochwertige Schärfprodukte und in einem breiten Spektrum von Körnungen verfügbar. Bei mir sind die groben Körnungen immer als erste aufgebraucht, weshalb ich mir beim Nachkaufen davon immer einen besonders großen Vorrat zulege. Das Glas, das ich verwende, ist groß genug, um zwei Streifen Schleiffilm aufzunehmen: 80 µm, 15 µm, 5 µm und 1 µm – aber wenn Sie dies bevorzugen, können Sie auch zwei Glasscheiben mit Schleifmittelbeschichtung verwenden (Vorteil: bequemere Aufbewahrung). Die selbsthaftende Option mit PSA-Rückseite ist bequem, aber Sie können auch Sprühkleber (wie z. B. „Super 77“ von 3M) verwenden. Das ist eigentlich alles, was Sie zum freihändigen Abziehen von Beiteln, Hobeleisen etc. brauchen. Manches andere, was Sie schon in der Werkstatt haben (Winkelmaß, Filzstift, Anreißer), hilft Ihnen sicher auch. Wenn Sie sich Ihrer Technik unsicher sind, kann eine Abziehführung helfen. Abziehführungen sind oft nützlich und manchmal sogar nötig, um einen perfekten Schliff bei Werkzeugen zu erzielen, für die der richtige Winkel von hoher Bedeutung ist (z. B. bei Hobeleisen). Wenn Sie mehr Erfahrung haben, werden Sie feststellen, das Sie sich diverses Zubehör zulegen, dass Ihnen die Arbeit leichter und bequemer macht. Eine rutschfeste Matte, die die Glasplatte vom Wegrutschen abhält, gute Beleuchtung, ein Vergrößerungsglas (z. B. eine Schwenkarmlampe mit eingebauter Vergrößerungslinse) Beim Schärfen entsteht einiges an Schmutz – ich verwende daher Einweghandschuhe, um mir danach nicht mühsam die Finger reinigen zu müssen. Ein eigens für das Schärfen reservierter Bereich kann helfen, die übrige Werkstatt – und die Früchte Ihrer Arbeit – sauber zu halten. Außerdem macht dies das Schärfen zu einer einfachen Routinearbeit, die Ihnen immer leichter von der Hand geht. Ein sauberer und einsatzbereiter Schärfbereich motiviert Sie zudem, Zeit zu investieren, um beim Schärfen gut zu werden. Ein eigener Bereich kann so gestaltet werden, dass er genau den eigenen ergonomischen Anforderungen und Effizienzerwägungen entspricht (die Höhe liegt in der Regel unter der Werkbank) und bietet auch Stauraum für alle Geräte und Hilfsmittel, die man im Lauf der eigenen „Schärfer-Karriere“ ansammelt.

Schleifsteine

Viele Holzwerker verwenden Schleiffilm nur zum Schärfen. Sie schwören geradezu darauf, aber wenn Sie es Leid sind, immer wieder Schleiffilm anzuschaffen (dessen Nachteil übrigens darin besteht, durch Gebrauch abzustumpfen und deshalb ersetzt werden zu müssen), wollen Sie vielleicht in ein paar Steine investieren. Bei Schleifsteinen sorgt man durch Abrichten immer wieder für eine Auffrischung (statt für ein Ersetzen) der Schleiffläche. Ihre Erfahrung mit Schleiffilmen dürfte Ihnen eine Vorstellung davon vermitteln, welche Körnungen Sie bevorzugen. Auf dieses Wissen können Sie aufbauen, wenn

Grundausrüstung mit Schleifsteinen. Links eine Schleifmaschine als Zusatzgerät, rechts ein Bandschleifer.

Vielleicht nicht Teil der Grundausstattung, aber in jedem Fall sehr nützliche Optionen für das Schärfen von Hand. Tormek, Work Sharp und Veritas.

Sie Schleifsteine kaufen, die in etwa dieselben Körnungen haben. Schleifsteine fordern allerdings eine gewisse Sorgfalt bei der Aufbewahrung. Ein „in Vollzeit" in Wasser aufbewahrter Wasserstein braucht zumindest einen zur Aufbewahrung von Lebensmitteln verwendeten Behälter oder eine hübsche eigene Aufnahme, in der Ihr(e) Stein(e) griffbereit gelagert und Ihr Arbeitsbereich so sauber wie möglich gehalten wird. Eine Schürze und eine Rolle Küchentücher in greifbarer Nähe sind kein Luxus. Darauf aufbauend, wollen Sie das ganze vielleicht noch ein bisschen ergänzen, indem Sie einen Schleifbock oder eine der besprochenen eigens zum Schärfen verwendeten Maschinen bereitstellen. Für die meisten Nachschärfarbeiten sind keine Elektrogeräte erforderlich; für eine ganze Reihe von Arbeiten sind sie aber sehr nützlich, u.a. für das Nachschärfen beschädigter oder stumpf gewordener Schneiden. Wenn man sein Schärfarsenal um ein Elektrogerät erweitert, ist es immer gut, einen eigenen Bereich in der Werkstatt für Schärfaufgaben vorzusehen – wie zum Beispiel einen breiten Bereich unter einem Fenster oder eine eigens hierfür reservierte Bank. Hat die Schleifmaschine auf einer Bank oder Ablage ein dauerhaftes „Zuhause" gefunden, wäre eine darunter befindliche Schublade ein guter Platz zum Aufbewahren der übrigen Schärfwerkzeuge, die hier vor Verschmutzung geschützt werden und keinen Schaden anrichten können. Im Laufe der Zeit und in dem Maß, wie Ihr Engagement zunimmt, werden Sie feststellen, dass Sie noch verschiedenste Spezialgeräte für Werkzeuge anschaffen und anpassen, die Sie – und nur Sie – richtig schärfen können. Die Sammlung, die Sie aufbauen, wird ganz davon abhängen, welche Holzarbeiten Sie durchführen und welche Werkzeuge Sie hierfür einsetzen. Ein Holzbildhauer setzt andere Schärfvorrichtungen ein als ein Drechsler etc. Alle Möglichkeiten lassen Sie kreativ und offen für neue Ideen sein. Anscheinend bringt jede Holzwerkerzeitschrift im Abstand von wenigen Ausgaben Artikel über irgendeine Feinheit zum Thema Schärfen. Fragen Sie Freunde oder andere Holzwerker nach ihren Schärfvorrichtungen und setzen Sie alle verfügbaren Ressourcen ein, um mehr über Ihre eigenen Anforderungen ans Schärfen zu erfahren – Sie erhalten entsprechende Antworten. Wie schon einmal bemerkt: Fragen zu stellen ist eine tolle Methode, um andere Holzwerker kennenzulernen. Fragen Sie einfach: „Wie haben Sie das geschärft?" und Sie werden wahrscheinlich eine neue Freundschaft schließen.

6 Hobeleisen

Foto mit freundlicher Genehmigung von Sauer&Steiner.com

Beim Schärfen stellen die Eisen von Hobeln und Schabhobeln die gleichen Anforderungen. Von allen Werkzeugen in der Werkstatt sind sie die eigentlich am einfachsten zu schärfenden. Beide brauchen einfach nur eine abgerichtete Spiegelseite und eine im richtigen Winkel abgezogene Fase. Natürlich ist es nicht ganz so einfach, da es gilt, gerade, ballige und schräge Schneiden, spiegelseitige Fasen sowie Mikrofasen zu berücksichtigen und zudem die feinen Unterschiede zwischen unten bzw. oben liegender Fase.

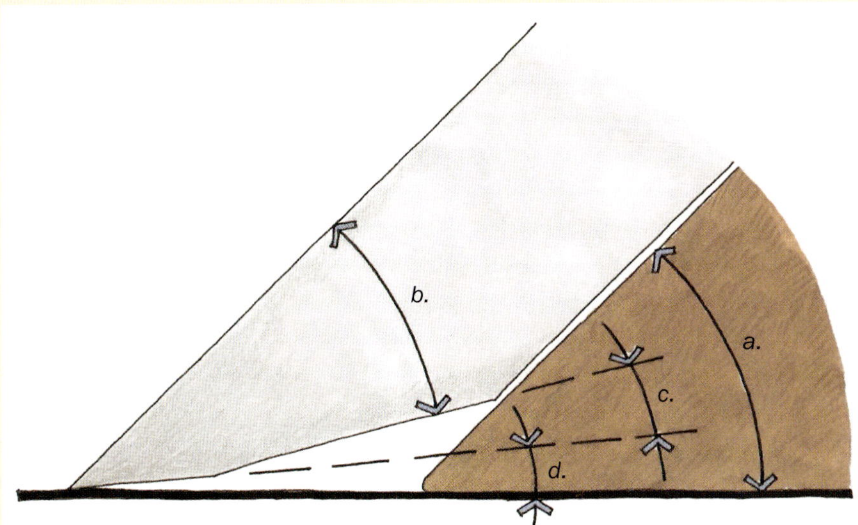

Die typische Geometrie eines Bankhobels:

a. Bettwinkel (Schnittwinkel) des Hobels im Verhältnis zur Hobelsohle, in der Regel 45°;
b. Primärfasenwinkel, 25°
c. Optionale Mikrofase, 5°
d. Freiwinkel 15° (mindestens 12°).

Querschnitt durch einen Bankhobel

Über das Schärfen von Hobeleisen wurde wahrscheinlich mehr geschrieben als über alle anderen Werkzeuge. (Ich habe es zwar nicht nachgeprüft, doch das gilt gewiss auch für dieses Buch.) Das kommt zum Teil davon, dass ich meinen Lebensunterhalt mit der Herstellung von Hobeleisen verdiene und sie es waren, die mir sozusagen das Tor zur Welt des Holzwerkens eröffneten. Daher haben sie einen speziellen Platz in meinem Herzen. Darüber hinaus denke ich seit 25 Jahren über die Funktionen von Hobeleisen nach und weiß mehr darüber als über jedes anderen Handwerkzeug. Wenn man mal darüber nachdenkt, zeigt sich, dass nur wenige andere Werkzeuge für so viele Einsatzzwecke verwendet werden: von der Grobdimensionierung über knifflige Montagearbeiten bis zum Oberflächenfinish. Hobeleisen sind hochgradig vielseitige Werkzeuge. Im Mittelpunkt steht das Verhältnis von Hobel und Eisen. Wenn Sie Erfahrung mit Handhobeln haben, wissen Sie sicher, was ich meine. Wenn nicht, holen Sie das bitte nach. Es lohnt sich: Hobel sind tolle Werkzeuge.

Hobeleisen

Ein Hobel ist letzten Endes nur die Halterung für eine Klinge, die man Hobeleisen nennt. Was ist ein Hobel ohne Eisen – nur ein Hammer? Ein Hobeleisen ohne Hobel jedoch kann noch immer viel Arbeit verrichten. Bei einem normalen Bankhobel zeigt die Fase nach unten, in der Regel mit einer *Hobelklappe*, die auch Spanbrecher (oder einfach Brecher genannt wird). Bei nicht vorhandener spiegelseitiger Fase (manchmal auch Hinterschliff genannt) ist der Bettwinkel (Schnittwinkel) der Angriffswinkel, in dem die Schneide ins Holz schneidet. Ein Freiwinkel von mindestens 12° ist ebenfalls erforderlich. Bei einem Bettwinkel von 45° (der früher als „Common Pitch" bezeichnet wurde) und einem Fasenwinkel von 25° beträgt der Freiwinkel 20° – die üblichen Winkelverhältnisse an einem Bankhobel. Es gibt noch einige andere Bettwinkel, die zum Hobeln schwierigerer Hölzer eingesetzt wurden: einen Bettwinkel von 50° kennt man als „York Pitch", 55° trägt die Bezeichnung „Middle Pitch" und 60° „Half Pitch". In der Regel wird das Eisen in einem Winkel von 25° geschliffen, was gut funktioniert. Ich würde jedoch zu einer Mikrofase von 5° bis 10° raten, die die Schneide solider macht und ihr eine längere Standzeit verleiht. Die Arbeit mit Mikrofasen beschleunigt auch das Schärfen, weil man dann nur noch an einem schmalen Streifen entlang der Schneide arbeiten muss. Im Laufe der Jahre haben mich viele Kunden angesprochen, weil sie stärkere Eisen am Hobel haben wollten und anscheinend davon ausgingen, dies sei irgendwie besser. Das mag stimmen, aber man sollte bedenken, dass der freistehende Teil eines Eisens, dessen Fase nach unten zeigt, bei dickeren Eisen gleich bleibt. Er steht auf einem breiteren, dickeren frei stehenden Teil einfach weiter weg vom Keil des Hobels.

Bei einem Eisen, dessen Fase nach unten zeigt, würde sich eine Erhöhung der Stärke auch auf deren frei stehenden Teil auswirken. Die obere Abbildung zeigt die Größenverhältnisse bei einer Klinge in Standardgröße. Unten dann eine stärkere Klinge mit proportional größerer Fase und freistehendem Teil. Die Klappe sorgt für zusätzliche Steifigkeit, indem sie die unverstärkte Schneide vorspannt.

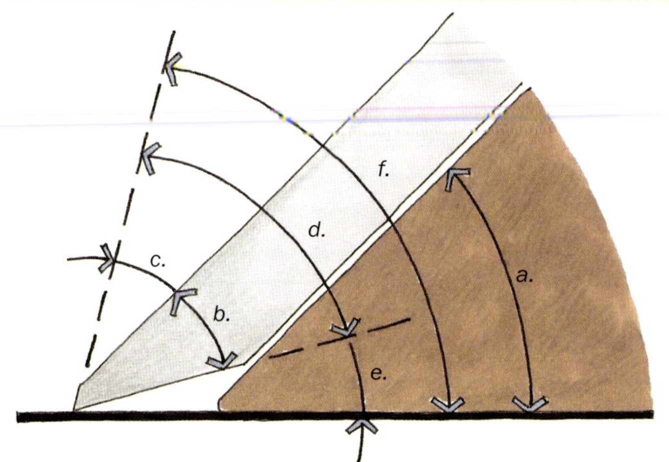

Geometrie eines Bankhobels mit spiegelseitiger Fase:
a. Bettwinkel des Hobels = 45° (Standard); b. Primärfase = 30° bis 33°; c. Spiegelseitige Fase = 5° bis 20° (oder höher); d. Gesamtschnittwinkel = 35° bis 50°; e. Freiwinkel = mindestens 12°; f. Angriffswinkel = e+b+c = 50° bis 65° (oder höher).

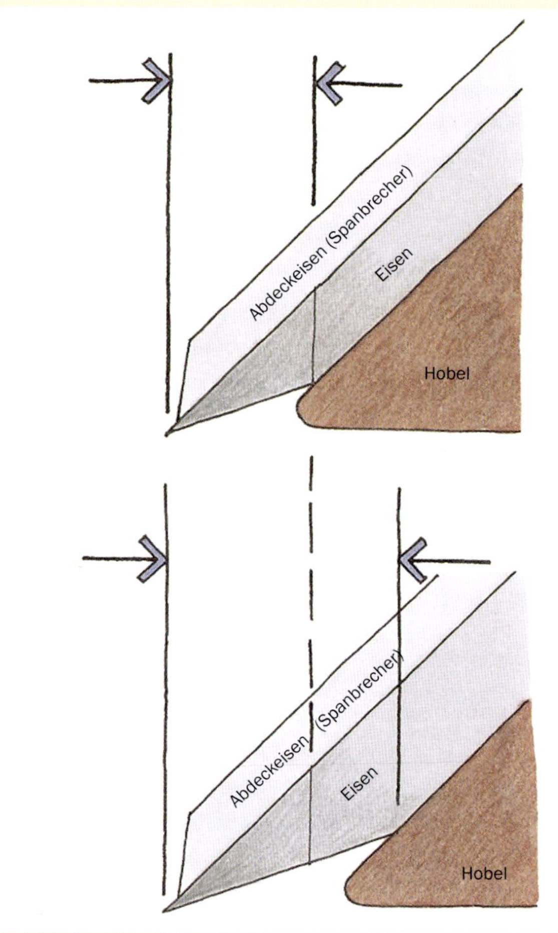

Bei einem Hobel, bei dem die Fase unten ist, wirkt sich eine Dickenerhöhung des Hobeleisens auch auf die freie Länge des Eisens aus. In der oberen Abbildung ist die standardmäßige freie Länge mit einer normalen Eisendicke zu sehen. Unten ist ein dickeres Eisen mit einer proportional größeren Fase und freier Länge dargestellt. Die Abdeckplatte sorgt für erhöhte Steifigkeit durch Vorspannung der freien Länge.

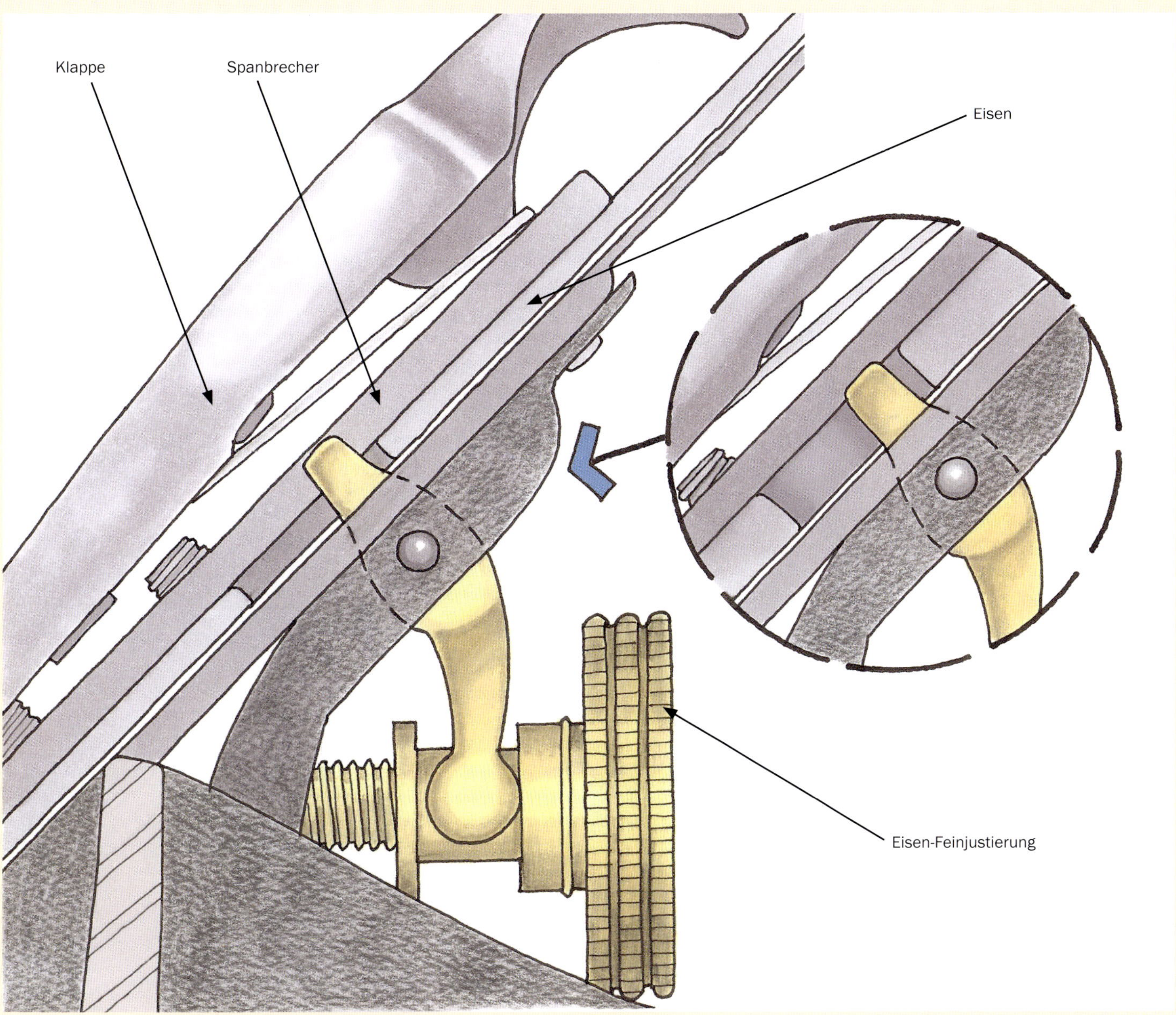

Da die Feinjustierung durch das Eisen hindurchgeht und bis zum Spanbrecher reicht, würde ein dickeres Eisen verhindern, dass der Brecher erreicht wird und dadurch die korrekte Funktion des Hobels beeinträchtigen oder ganz verhindern.

Würde man bei Bankhobeln dickere Eisen einsetzen, bestünde zudem ein echtes Risiko, dass der Justierhebel nicht lang genug ist, um zum Spanbrecher zu reichen oder zumindest nicht seine volle Bogenlinie ausnutzen kann. Keine der beiden Varianten funktioniert richtig oder überhaupt. Stärkere Eisen sind zwar leichter in der Handhabung – da ihre Fase aufgrund der größeren Fläche solider auf der Schleifscheibe aufsitzt – und kann dem Gesamtsystem eine größere Masse und Steifigkeit verleihen, doch nach meiner Erfahrung ist der weit verbreitete Bailey-Bankhobel (mit seinem recht feinen Eisen) so leistungsstark wie jedes andere Hobeleisen. Man muss nur die hier beschriebenen Vorbereitungsarbeiten durchführen und wenn Ihr Eisen danach nicht so einsatzfähig ist, wie Sie sich das wünschen, bedeutet das, dass noch gewisse Reinigungs-, Anpassungs,- An- oder Abzieh- bzw. Schärfarbeiten vorzunehmen sind. Außerdem sind dünne Eisen leichter zu schärfen, da dabei weniger Metall abgetragen werden muss.

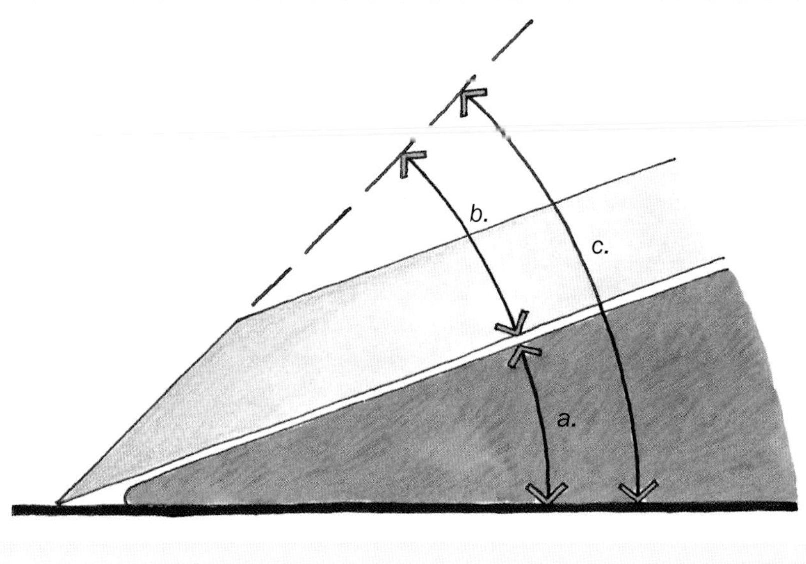

Typische Geometrie eines Hirnholzhobels:
a. Bettwinkel = 20°
b. Fasenwinkel = 25°
c. Angriffswinkel = 45°

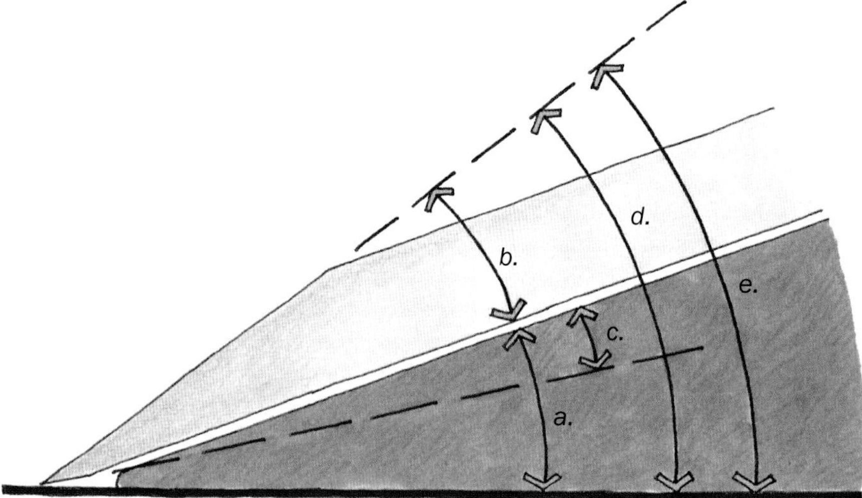

Geometrie eines Bankhobels mit spiegelseitiger Fase:
a. Bettwinkel = 20°
b. Primärfasenwinkel = 17°
c. Spiegelseitige Fase = 8°
d. Gesamtschnittwinkel = 25°
e. Angriffswinkel = 37°
f. Freiwinkel = 12°

Spiegelseitige Fasen dienen zum Erhöhen des Angriffswinkels und zur Senkung des Risikos von Faserausrissen bei schwierigem Holz. Wenn Sie den Angriffswinkel des Hobels durch Hinzufügen einer spiegelseitigen Fase erhöhen (10° erhöht den Standard-Angriffswinkel eines Hobels auf 55°, also auf „Half Pitch"), können Sie Holz, bei dem sich die Faserrichtung häufig umkehrt, leichter hobeln (z. B. stark gemasertes Ahornholz) und senken das ansonsten hohe Risiko von Faserausrissen. Wenn Sie sich dafür entscheiden, muss es kein großer Winkel sein – 1/64 Zoll (0,4 mm) reichen aus. Brian Burns hat im Selbstverlag das Buch *Double Bevel Sharpening*, das sich mit dem Thema spiegelseitige Fasen detailliert auseinandersetzt und Winkel für Bank- und Hirnholzhobel zur Bearbeitung verschiedener Hölzer vorschlägt. Spiegelseitige Fasen lösen das Problem von Faserausrissen, indem sie Hobeln fast unendlich flexibel verstellbare Angriffswinkel zur Verfügung stellen – und sich durch eine einfache Änderung der Fase an der Spiegelseite des Eisens an jedes Holz und alle Hobelaufgaben anpassen. Die einzigen Probleme beim Schleifen einer spiegelseitigen Fase: Sie erhöhen die zum Schärfen benötigte Zeit durch Hinzufügen einer weiteren Fase. Sollten Sie die spiegelseitige Fase verringern oder wegschleifen wollen, müssen Sie die Hauptfase so lange schleifen, bis die spiegelseitige Fase völlig verschwunden ist, was die Klinge um die Breite der spiegelseitigen Fase verkürzt. Sie können natürlich auch ein oder zwei Hobeleisen in Reserve haben (sage ich als Hersteller), die verschiedene spie-

Typische Geometrie eines Hirnholzhobels:
a. Bettwinkel = 20°;
b. Fasenwinkel = 25°;
c. Angriffswinkel = 45°.

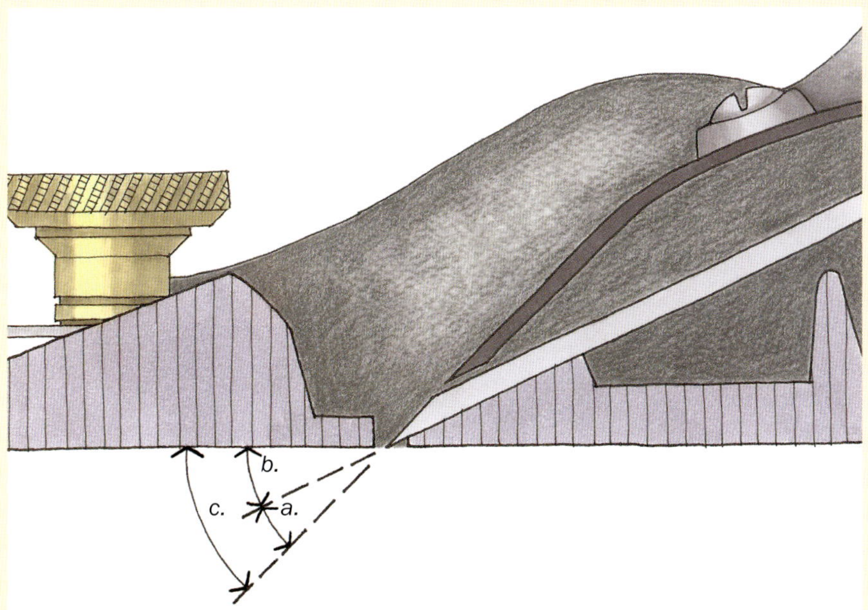

Winkel a. ist der Fasenwinkel des Eisens, Winkel b. dessen Bettwinkel = 20°, Winkel c. ist der Angriffswinkel, also die Summe aus a + b.

gelseitige Fasen aufweisen und in verschiedenen Hobelsituationen verwendet werden können. Notieren Sie sich diese mit den Angaben zu den Winkeln, um Verwechslungen zu vermeiden, wenn Sie sie einmal für die eine oder andere Aufgabe brauchen.

Hirnholzhobeleisen werden mit oben liegender Fase und ohne Spanbrecher verwendet. Bedenken Sie, dass der Angriffswinkel bei Hirnholzhobeln die Summe aus dem Bettwinkel plus dem Fasenwinkel ist. Ein normaler Hirnholzhobel hat einen Bettwinkel von 20°; wenn Sie das zu Ihrem Fasenwinkel von 25° hinzurechnen, hobeln Sie letzten Endes im selben Winkel, in dem auch ein Bankhobel arbeitet: 45°. Zur Verringerung des Angriffswinkels, z.B. zum Hirnholzhobeln, kann ein niedrigerer Fasenwinkel und somit auch ein niedrigerer Schnittwinkel wünschenswert sein. Eine spiegelseitige Fase kann der Schneide Festigkeit nehmen, indem er den Gesamt-Fasenwinkel erhöht. Achten Sie jedoch darauf, dass sie keine zu große spiegelseitige Fase abziehen, weil Sie sonst dem Freiwinkel des Eisens in die Quere kommen. Mit einem Fasenwinkel von 17° können Sie den Angriffswinkel auf 37° verringern. Und wenn Sie dann noch einen spiegelseitigen Fasenwinkel von 8° schleifen, bewahren Sie die Festigkeit eines integrierten Fasenwinkels von 25°. Niederwinklige Hirnholzhobel mit einem Bettwinkel von 12° sollten nicht noch mit einer spiegelseitigen Fase versehen werden. Ein Bettwinkel von 12° ist die Mindestanforderung für den Freiwinkel hinter der Schneide. Jede spiegelseitige Fase würde ihn noch weiter reduzieren und damit den nötigen Freiraum wegnehmen.

Arbeitsvorbereitung

Neue Hobeleisen erreichen uns in den verschiedensten Zuständen. Manche müssen zuerst an der Schleifmaschine bearbeitet werden, um überhaupt eine Fase herzustellen. Andere sind schon wesentlich näher an Schärfe und Brauchbarkeit und bedürfen nur noch eines abschließenden Abziehens, um Ihre Anforderungen zu erfüllen. Wenn Sie Glück haben, ist ein Eisen auch gleich einsetzbar. Stellen wir uns nun aber ein Eisen vor, das Sie werksseitig nur roh geschliffen erhalten oder das vom Flohmarkt kommt und in erbärmlichem Zustand ist.

Abrichten der Spiegelseite

Beginnen Sie mit den Werkzeugen, Systemen oder Maschinen Ihrer Wahl zunächst mit dem Abrichten der Spiegelseite (der hier rechts beschriebene „Lineal-Trick" liefert eine tolle, schnelle Methode dazu). Verwenden Sie dabei die feinste Schleifmittelkörnung, die diese Aufgabe effizient erledigt. Zögern Sie aber nicht, zu einer gröberen Körnung zu wechseln, wenn Sie zu langsam vorankommen. Setzt man ein zu grobes Schleifmittel ein, trägt man mehr Metall ab als nötig und macht den feineren Körnungen Mehrarbeit. Bei einem zu feinen Schleifmittel hingegen besteht das Risiko, dass man die erhabenen Stellen nur poliert anstatt sie abzuschleifen. Beginnen Sie mit einer mittleren Körnung, und wenn die das Metall nicht schnell genug abträgt, gehen Sie zu einer gröberen Körnung über. Manche ziehen es vor, die Spiegelseite erst auf Hochglanz abzurichten und erst dann die Fase abzuziehen (wobei sie dann wieder mit gröberen Körnungen beginnen). Andere wiederum tun beides, damit sie nicht auf die gröberen Körnungen „zurückgreifen" müssen. Die Entscheidung liegt bei Ihnen.

Dieses alte Eisen ist weder scharf noch im rechten Winkel. Die Schneide hat zu viele Scharten, und auf der Spiegelseite ist ein tiefer, unansehnlicher Rostfleck.

Wenn man mit einer zu feinen Körnung beginnt, poliert man die erhabenen Stellen nur, anstatt sie richtig zu entfernen.

Abrichten mit dem Lineal-Trick

Ich möchte betonen, wie wichtig es ist, auch die Spiegelseite (die Seite, die der Fase gegenüberliegt) abzurichten und zu polieren. Viele Anfänger machen sich inständig Sorgen um das Abziehen der Fase, schenken aber der Spiegelseite wenig Beachtung. Bedenken Sie dabei: die Spiegelseite ist die Schneide. Der Stahl, den Sie sehen, wenn Sie die Spiegelseite betrachten, besteht aus Molekülen, die die Schneide bilden, wenn die Fase abnutzt und abstumpft. Achten Sie also darauf, dass Sie auch der Spiegelseite Ihres Hobeleisens genügend Aufmerksamkeit widmen.

Wenn die Spiegelseite nicht plan ist, kann auch die Schneide nie gerade sein. Jede Krümmung oder Wellung, jeder Kratzer auf der Spiegelseite zeigt sich an der Schneide in Form von Unregelmäßigkeiten. Um eine Spiegelseite plan zu schleifen, benötigt man eine flache Schleiffläche. Wassersteine sind eher weich und tragen schnell ab (haben aber ein frisches, scharfes Schleifkorn – was ich gut finde). Sie müssen jedoch in regelmäßigen Abständen abgerichtet werden und neigen dazu, in der Mitte ausgehöhlt zu werden. Wenn man sie so verwendet, erhält das Eisen, das Sie nachschärfen, eine abgerundete Form. Natürliche Ölsteine, wie z. B. Arkansas-Schleifsteine, bleiben eher flach, doch auch sie brauchen gelegentlich Aufmerksamkeit. Wenn Sie Schleifpapier verwenden, sollten Sie es auf wirklich flachen Oberflächen – wie z. B. dickem Glas – verwenden.

Zur Beschleunigung des Abrichtens gibt es einen einfachen Trick. Der von David Charlesworth bekannt gemachte „Lineal-Trick" besteht ganz einfach darin, ein Lineal aus Edelstahl unter die Spiegelseite zu legen.

Dadurch wird das Eisen ein klein wenig angehoben, wodurch Sie nur den vordersten Bereich der Spiegelseite abrichten. Ihre Polierarbeit konzentriert sich auf einen schmalen Streifen entlang der Schneide – der vielleicht nur 3 mm breit ist - anstatt wie früher die gesamte Spiegelseite zu schleifen. Sie werden staunen, wie viel schneller das geht. „Aber", werden Sie sagen, „erzeugt man dadurch nicht eine spiegelseitige Fase am Eisen?" Das schon, aber der Winkel ist sehr klein (unter 1°) und beeinträchtigt die Leistung des Hobeleisens überhaupt nicht. Mit Beiteln sollten Sie allerdings nicht so vorgehen. Diese sollten bis zur Schneide wirklich völlig plan sein.

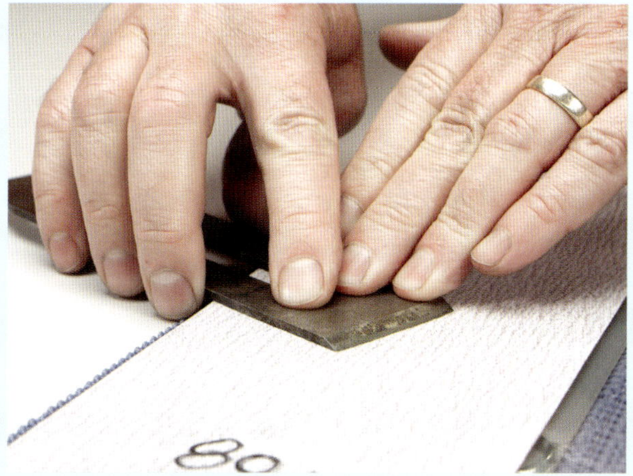

Früher richtete man die Spiegelseite ab, indem man sie flach auf einen Stein oder Schleiffolie legte.

Ein dünnes Metall-Lineal (ein Plastikstreifen oder eine andere Auflage) hebt das Ende des Eisens an und minimiert so den zum Nachschleifen erforderlichen Aufwand.

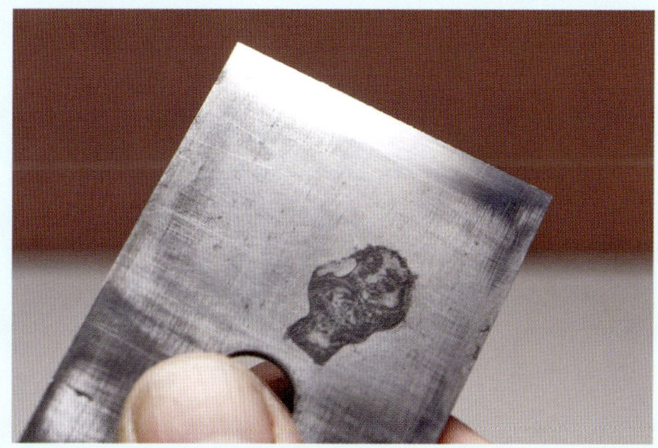

In nur wenigen Sekunden habe ich die Spiegelseite des Eisens so abgerichtet, dass ich wieder Dutzende von Hobelzügen durchführen kann. Und wenn ich vorsichtig bin, muss ich mich jahrelang nicht mit diesem unschönen Rostfleck auseinandersetzen.

Sie können den Vorstand der Schneide von der Abziehführung entweder jedes Mal messen oder sich eine einfache Holzvorrichtung mit vorgegebenen Anschlägen für verschiedene Schneiden an verschiedenen Winkeln bauen. Oder Sie bringen auf Ihrem Werkzeugtisch einfach Markierungen zur Ausrichtung der Schneide an. Ein verstellbares Winkelmaß geht natürlich auch.

Auf Glas aufgeklebten Schleiffilmstreifen mit 15 µm Schleiffilm. An der weiter entfernten Seite des Glases ein Bogen 80 µm-Film; Bögen mit 5 µm and 1 µm Stärke an den anderen Seiten. Die gesamte Glasplatte liegt auf einer rutschfesten Matte auf.

Die Spiegelseite können Sie durch Wenden der Schneide und der Abziehführung abrichten.

Schleifen einer Fase

Die Fasen von Hobeleisen aus zweiter Hand sind nur selten gerade und im rechten Winkel – und Abziehen von Hand ist schwierig. Hier empfiehlt sich eine Haltevorrichtung oder eine Abziehführung, mit der die Schneide an die Schleifmaschine oder die Schleiffläche gehalten wird. In Kapitel 7 („Beitel“) finden sich weiterführende Informationen über das Gerade- und Rechtwinklig-Schleifen von Schneiden und das Nachschleifen der Fase auf einem Schleiftisch. Um eine Schneide an Scheiben oder Schleiffilm nachzuschleifen, befestigen Sie die Schneide in der Schleifvorrichtung. Stellen Sie sicher, dass sie im rechten Winkel ist und so übersteht, dass der gewünschte Fasenwinkel entsteht. Damit dieser Vorgang reproduzierbar ist, bauen Sie sich eine einfache Vorrichtung mit Anschlägen, die für die jeweilige Fase den Überstand von Ihrer Vorrichtung anzeigt, in Abhängigkeit von dem Winkel, den Sie schleifen wollen. Oder Sie müssen sich den Überstand notieren und ihn jedes Mal rneut messen. Vertikal- und Horizontal-Schleifmaschinen mit niedriger Drehzahl verfügen über Führungen, Halterungen oder Vorrichtungen, die dafür sorgen, dass die Schneide beim Nachschleifen an das Schleifmittel gedrückt wird. Schleifen Sie die Fase im gewünschten Winkel, indem Sie sie gerade und rechtwinklig halten. Wenn Sie dann die feinste Körnung einsetzen, ist die Arbeit in ein bis zwei Minuten erledigt. Dauert es länger, ist dies ein Zeichen, dass Sie eine gröbere Körnung verwenden müssen. Verwenden Sie eine Abziehführung, drehen Sie sie und die Schneide einfach um, um im weiteren Verlauf der Arbeit die Spiegelseite mit immer feineren Körnungen zu schleifen (es sei denn, Sie haben die Spiegelseite schon zu Beginn bearbeitet).

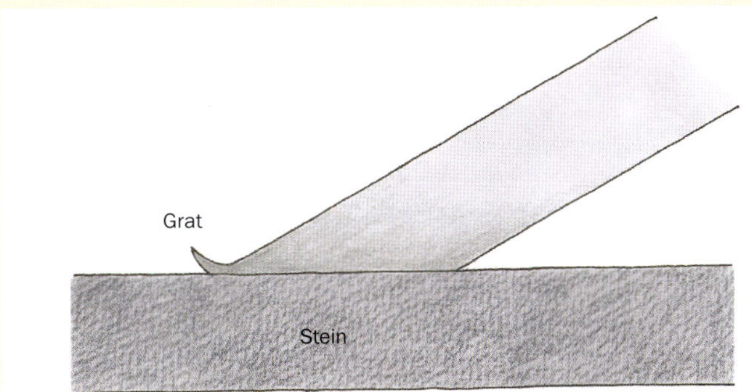

Ein Grat bildet sich, wenn zwei Flächen, die abgezogen werden, einander schneiden. Gratbildung ist ein Zeichen, auf die nächst feinere Körnung überzugehen.

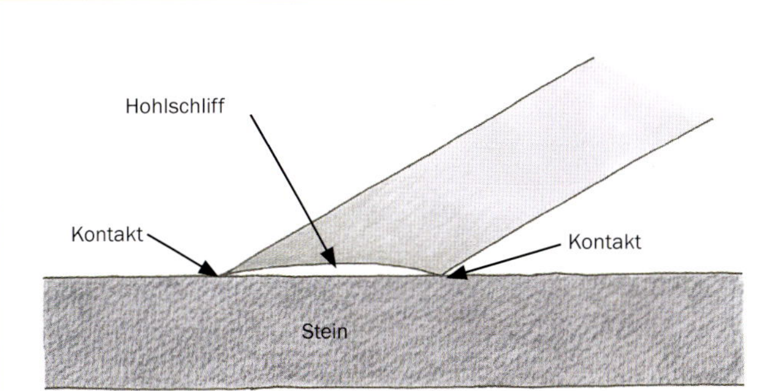

Bei einem Hohlschliff muss nicht nur weniger Metall abgetragen werden – er fungiert auch als Abziehführung und bleibt sicher und im richtigen Winkel auf der Scheibe.

Gratbildung

Wenn Sie einen Grat erzeugt haben, ist es Zeit, auf eine feinere Körnung umzusteigen. Ein Grat ist ein zerklüfteter, unebener Rand aus kleinen Stahlteilchen, die an der Schneide haften bleiben, anstatt von den Schleifkörnern abgeschliffen zu werden. Denken Sie daran: ein Grat bildet sich nur, wenn die Fläche, auf der Sie gerade arbeiten, die Schnittfläche im Nullradius schneidet. Entsteht ein Grat, haben Sie also das gerade eingesetzte Schleifmittel sozusagen „ausgereizt". Entfernen Sie einen Grat niemals durch Hin- und Herbiegen, sondern schleifen Sie ihn einfach mit der nächsten Körnung ab. Je feiner die Körnung, desto kleiner der Grat. Beim Einsatz von Schleifsteinen kann es sogar sein, dass der Grat mit dem bloßen Auge kaum erkennbar ist. Bedienen Sie sich zum Erkennen des Grates einer Vergrößerungsvorrichtung. In der Regel spürt man einen Grat auch mit dem Fingernagel. Verfeinern und polieren Sie die Fase mit feineren Körnungen ab. Stellen Sie sicher, dass sämtliche Körnungsreste von der Schneide, Ihren Händen und der Rolle Ihrer Abziehführung entfernt sind, bevor Sie zu einer feineren Körnung übergehen. Sie wollen ja vermeiden, dass umherliegende Körner einer zuvor verwendeten, gröberen Körnung Ihre feinere Oberfläche verkratzen oder Sie dazu zwingen, wieder zur gröberen Körnung zu wechseln und die Arbeit neu zu machen.

Hohlschliff

Ist die Fase hohlgeschliffen, können Sie die Abziehführung möglicherweise bei einigen dickeren Eisen außen vor lassen. Schneide und hintere Seite der Fase berühren den Stein und reduzieren den abzuschleifenden Bereich auf ein Minimum. Man fühlt es, wenn Schneide und hintere Seite den Stein berühren – es ist wie eine taktile Abziehführung. (S. „Freihandschleifen" auf S. 110)

Freihandschleifen ist mit hohlgeschliffener Fase einfacher. Legen Sie einfach die Schneide und die hintere Seite der Fase an die Scheibe an und schleifen Sie zwei dünne Streifen.

Freihandschleifen

Viele Schleifaufgaben lassen sich ganz freihändig ausführen und ich empfehle Ihnen, diese Fähigkeit zu entwickeln. Bedienen Sie sich der Hilfsvorrichtungen und Führungen, um sich selbst die Grundlagen beizubringen – probieren Sie also bestimmte Griffe und Haltungen mit diesen „Stützrädern" aus, bis Sie anfangen, sie zu verinnerlichen. Dieselben Griffe und Haltungen werden Sie dann auch anwenden, wenn Sie zum Freihandschleifen übergehen. Die einzige Schwierigkeit beim Freihandschleifen: den Fasenwinkel an dem Stein zu halten. Wenn man wackelt und hin- und hergleitet, schleift man eine runde, konvexe Fase. Vielleicht ist eine solche Fase sogar beabsichtigt – falls nicht, sollte das nicht passieren. Ich finde es einfacher, die Fase schräg bezüglich der Längsachse des Steins so zu drehen, dass fast seitwärts geschliffen wird (obwohl ich sie dabei auch hin- und herbewege). Auch beim Freihandschleifen finde ich eine hohlgeschliffene Fase sehr praktisch. Wenn Schneide und hintere Seite der Fase als Bezugslinien fungieren, rastet die Fase beinah von selbst in die richtige Position ein und tut dies auf geradezu fühlbare Weise.

Dies erleichtert es, den Winkel aufrechtzuerhalten. Wenn ich die Schneide gerade nach vorne schiebe und sie halte wie eine Abziehführung, kann sie auf der Fase leicht nach oben und unten wandern, wodurch der Winkel immer wieder leicht verändert und die Fase verrundet wird. Schräges Ansetzen der Schneide funktioniert besser für mich. Ein Vorteil beim Freihandschleifen: wenn man die Körnung wechselt, kann man auch den Winkel der Schneide an dem Stein wechseln. Dadurch werden alle Kratzer der vorherigen Körnung durch die der jetzigen ersetzt.

Außerdem geht Freihandschleifen schneller: man braucht nicht erst die Führung zu suchen, zu befestigen etc. Für Schneiden, die einen ganz bestimmten Winkel brauchen, sollten Sie aber auf jeden Fall eine Führung verwenden: Zum ersten Schärfen der Schneide und andere grobe Arbeiten können Elektroschleifer und Abziehführungen viel Zeit ersparen. Die meisten Routine-Schärfaufgaben jedoch sollte man durch Freihandschleifen erledigen. Sie werden sehen: Je mehr Selbstvertrauen Sie gewinnen, desto öfter schärfen Sie. Sie warten auch nicht mehr so lange und riskieren, Ihre Arbeit mit einem stumpfen Eisen zu beschädigen, wenn Sie die Gewissheit haben, dass sie Ihr Eisen ganz einfach wieder auf Vordermann bringen können, indem Sie es aus dem Hobel nehmen, es ein paar Mal an einem feinen Stein schärfen und dann wieder an die Arbeit gehen. Versuchen Sie es. Es lohnt sich, diese Fertigkeit zu beherrschen.

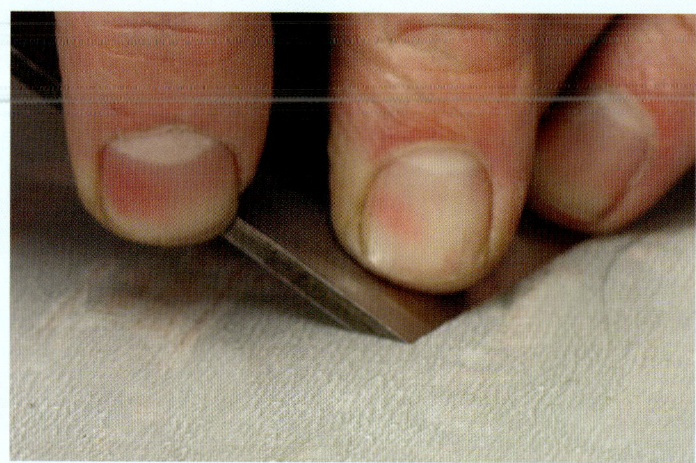

Freihandschleifen kann leicht und schnell gehen.

Wenn Sie den Winkel während des Schleifens leicht verändern, erkennen Sie schnell, wenn eine Art von Kratzern von der nächsten überdeckt wird – das bedeutet: Zeit für die nächste Körnung.

Balliges Abziehen von Hobeleisen

Viele Holzwerker setzen ballig abgezogene (also mit leicht bogenförmigen Schneidkanten versehene) Hobeleisen für verschiedenste Hobelaufgaben ein – von der Grobdimensionierung bis zum Präzisionsverfugen von Kanten. Die Gründe und Zwecke hierfür gehen über den Rahmen dieses Buches hinaus, und es gibt zahlreiche Befürworter und Gegner. Nachstehend beschreibe ich, wie man ballig abzieht.

Eine einfache Methode besteht darin, eine Abziehführung zu nehmen und unter Nutzung des Spiels zwischen Scheibe und Achse während des Zuges auf dem Stein einfach auf eine Ecke zu drücken. Wenn Sie keine große Wölbung anstreben, genügt es, die beiden Ecken beim normalen Schleifen in geringem Maß zu be- und entlasten. Toshio Odate hat eine Diamantschleifplatte entwickelt, in deren Inneren sich eine 0,06 mm dünne Scheibe befindet. Man verwendet einfach die Tellerscheibe beim Schleifen der ersten Fase und erhält dadurch automatisch einen balligen Schliff. Alternativ können Sie auch die konvexe Abrichtplatte von Odate verwenden, um Ihren Wassersteinen eine Vertiefung zu verleihen.

Manche Holzwerker verwenden sage und schreibe eine Sägezahnung von 1,5 mm auf einer Schneide, die zum Abschleifen eines rauen Brettes dient. Für die Erzeugung solcher Rundungen stellt Veritas eine Vorrichtung für das Abziehen balliger Schneiden für ihre Abziehführung zur Verfügung. Hier wird die zylinderförmige Rolle durch eine leicht tonnenförmige ersetzt, damit beim Hin- und Herbewegen des Eisens leichte seitliche Kippbewegungen möglich sind. Und Jet hat für seinen Niedergeschwindigkeits-Schärfer eine Vorrichtung für gewölbte Schneiden entwickelt, die auch zur Tormek passt.

Balliges Abziehen eines Hobeleisens durch einseitiges Belasten der Schneide beim Schleifen. Ich verwende die Abziehführung von Veritas mit der Vorrichtung für balliges Abziehen, aber um ein Eisen ballig abzuziehen, kann man ebenso die meisten Abziehführungen belasten.

Verschiedene Eisen benötigen eine verschieden große Wölbung. Ich verwende gewölbte Eisen zum Grobdimensionieren und Dimensionieren so viel wie 1,5 mm, aber weniger zum Glätten und Finish (0,005", also 0,12 mm).

Um die Schneide nicht zu verrunden, sollte das Abziehen unter leichtem Druck erfolgen.

Polieren und Abziehen

Für die meisten vorbereitenden, Material abtragenden Holzarbeiten ist Körnung 2000 bzw. 4000 mehr als ausreichend. Für Oberflächenfinish und die Gestaltung tadelloser Flächen mit perfektem Schliff sollten Sie die feinsten Körnungen nehmen, die Sie bekommen können. Es gibt Wassersteine mit Körnung 6000 und 8000, und Shapton bietet Steine mit besonders feinen Körnungen von 15000 bis 30000 an. Außerdem gibt es noch beschichtete Schleifmittel: Bögen aus Mylar mit superfeinen Körnungen (0,3 µm) und Chromoxidpulver mit 0,5 µm Korngröße, das ebenfalls mit Abziehvorrichtungen verwendet werden kann. Ich schleife Hobeleisen in der Regel mit einer Körnung von bis zu 8000 und ziehe auch gerne Klingen ab (was aber nicht jedermanns Sache ist). Wenn Sie mit einem sehr feinen Schleifmittel polieren (z. B. einem Stein mit Körnung 8000), erhalten Sie eine Schneide, wie sie besser kaum sein kann. Wenn ich die letzten Züge auf einer grünen, mit Chromoxid beschichteten Lederabziehvorrichtung mache, habe ich das Gefühl, alles Nötige erledigt zu haben. Bei Abziehvorrichtungen aus Leder ist jedoch Vorsicht geboten. Sie geben an der Oberfläche leicht nach und wenn man zu stark aufdrückt, verrundet man die Schneide. Natürlich können Sie auch Pappe, eine Hartfaserplatte oder ein Stück fein gemasertes Holz als Abziehvorrichtung verwenden, um das Nachgeben des Leders und das Risiko eines Verrundens der Klinge zu vermeiden. Jetzt sollte Ihre Klinge imstande sein, mühelos Haare von Ihrem Unterarm

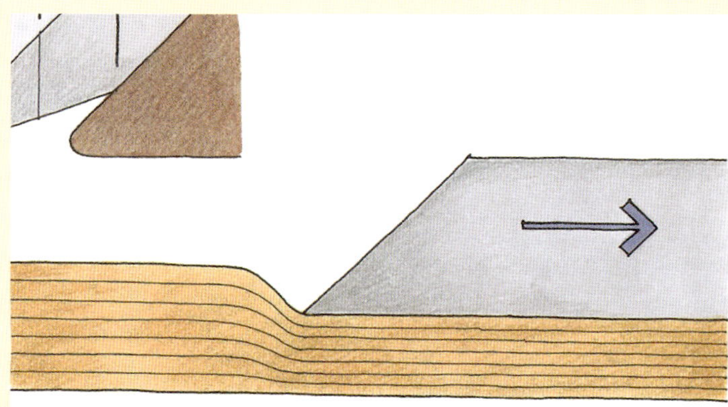

Bei Verwendung einer Abziehvorrichtung sollten Sie darauf achten, dass die natürliche Zusammendrückbarkeit des Leders die Schneide nicht verrundet.

abzuschneiden. Tut sie das nicht oder besteht sie die in Kapitel 5 genannten Schärfeprüfungen nicht, müssen Sie Ihr Vorgehen noch einmal überdenken. Wahrscheinlich haben Sie irgendwann keinen Grat entstehen lassen oder einen anderen wichtigen Meilenstein nicht beachtet. Untersuchen Sie die Schneiden unter dem Vergrößerungsglas – dies dürfte den Fehler ans Licht bringen. Wenn die Schärfeprüfungen bestanden werden, können Sie beginnen. Eine Öl- oder Wachsschicht schützt vor Rost. Ist die Schneide für Ihren Hirnholzhobel gedacht, werfen Sie einen Blick ins Hobelinnere und stellen Sie sicher, dass alle Stellen, mit denen das Eisen in Berührung kommt, sauber und rostfrei sind. Schleifen Sie die Hobelsohle bei Bedarf ab (siehe hierzu S. 114), fertig! Schärfen Sie oft nach, weil die Schneide leicht stumpf wird. Wenn Sie das Eisen zu stumpf werden lassen, dauert das Nachschärfen deutlich länger. Dann müssen Sie die Fase nachschleifen und bis zum Erreichen eines Nullradius wieder von der gröberen bis zur nächstfeineren Körnung wechseln. Beim Nachschleifen einer stumpfen, aber noch immer rechtwinkligen und unbeschädigten Schneide sollten Sie versuchen, nicht bis zur Schneide durchzuschleifen. Wenn Sie einen dünnen Streifen an der stumpfen Schneide vor dem neuen Hohlschliff freilassen, haben Sie weniger Schleifarbeit am Stein. Stumpfe Schneiden erfordern in der Regel weniger Arbeit als frisch geschliffene. Stoppen Sie also rechtzeitig und sparen Sie so Zeit.

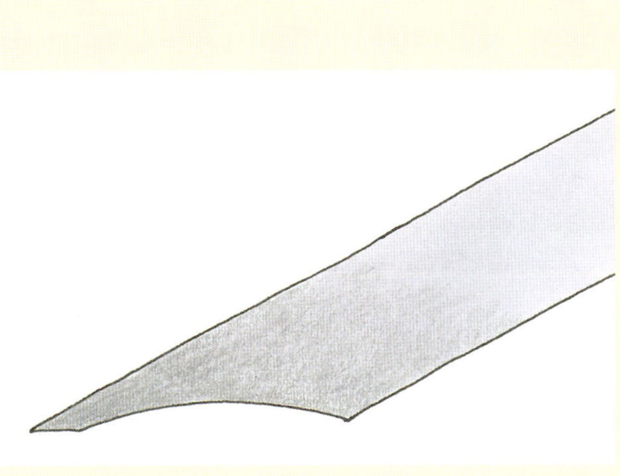

Wenn die Schneide einfach stumpf ist, aber die Fase einen neuen Hohlschliff benötigt, stoppen Sie beim Schleifen kurz vor der Schneide. Die stumpfe Schneide braucht vielleicht weniger Schliff als eine frische.

Einsatzfertiges Hobeleisen in Vorder- und Rückansicht.

Abrichten Japanischer Hobeleisen

Hier wird eine flache Oberfläche entlang der Spiegelseite eines japanischen Hobeleisens oder eines breiteren (über 22 mm) Beitels „herausgetrieben“. Die Spiegelseite japanischer Beitel und Hobeleisen ist mit einem Hohlschliff versehen. Dies soll das Abziehen erleichtern. Der Umfang des Hohlraums wird zur Rückseite des Werkzeugs und der ausgehöhlte Bereich braucht beim Abziehen nicht mehr entfernt zu werden. Im Allgemeinen eine tolle Idee, die das Schleifen und Abziehen der Spiegelseite dieser Werkzeuge sehr schnell und effizient macht. Es sind allerdings einige Ausnahmen und Besonderheiten zu beachten.

Zunächst: das Eisen. Ein japanisches Hobeleisen hat ein keilförmiges Profil. Und geht in Form zweier keilförmiger Führungen in den Holzkörper über. Weil diese Eisen in der Regel Einzelanfertigungen sind und keines genau ist wie das andere, werden Holzkörper (DAI) und Eisen von einem Schmied und einem Handwerker individuell gestaltet. Das bedeutet: die Abmessungen der Keilform der Klinge an den Seiten sind besonders wichtig. Wird die Klinge an den Seiten dünner, fällt sie durch den Holzkörper hindurch. Und das Abrichten der Rückseite eines Eisens auf einem Stein macht eine Klinge dünner. Um diesem Effekt entgegenzuwirken, wird die Schneide, wie man sagt, „herausgetrieben“. Da japanische Hobeleisen nicht in einen Hobelkörper eingepasst werden müssen, stellt eine Änderung ihrer Abmessungen kein gravierendes Problem dar. Der für japanische Klingen verwendete Werkzeugstahl ist allerdings sehr hart (um die 64 HRC). Nach dem Aushöhlen der Rückseite kann das Abrichten auf einem Stein noch immer viel Zeit in Anspruch nehmen. Dies gilt besonders für die Klingen großer, breiter Beitel. Das Heraustreiben soll die Arbeit beschleunigen. Wenn man die Rückseite eines Eisens nur auf einem Stein abrichtet, kann es sein, dass das

Hier ist das Eisen, das herausgetrieben werden soll. Die Auflagefläche+++ ist sehr schmal geworden. Dieses Eisen wurde schon sehr oft herausgetrieben und neu geschärft. Deshalb ist es jetzt mehr als 25 mm kürzer als zu Anfang. Der geschliffene Streifen hinter der Schneide ist die Auflagefläche, die an ihrer schmalsten Stelle nur noch 1 mm breit ist. Bevor sie völlig verschwindet, muss ich mich ans Heraustreiben machen.

Ich verwende hierzu einen umgestalteten Sägezahnhammer. Die Zähne des Hammers wurden abgefeilt und seine Enden gehärtet. Dennoch hat jahrelange Verwendung die ehemals scharfe Ecke verrundet.

Muster der Höhlung leidet. Heraustreiben kann dem entgegenwirken.

Dazu arbeite ich auf einem kleinen Amboss (siehe Bild rechts). Zuerst lege ich ein Stück Schornstein-Abdeckblech auf den Amboss. (Ein sehr nützlicher Trick, den man sich merken sollte. Er stützt das Eisen besser, weil sich seine untere Seite an die darunter liegende Hohlform „anschmiegt".) Das ist der zentrale Punkt beim Heraustreiben. Liegt das Eisen nicht dicht auf dem Amboss auf, kann es durch das Heraustreiben zerbrechen – eine häufige Sorge bei diesem Arbeitsgang. Wenn Sie Ihren Ellbogen nah am Körper halten und viele kleine Hammerschläge durchführen, wird das Ergebnis hochwertiger. Die Idee dabei: durch das Eisen hindurch auf den Amboss zu hämmern.

– Harrelson Stanely, (GetSharper.com)

Ich lege das Eisen auf einem Amboss auf. In diesem Fall verwende ich einen kleineren Amboss, den ich auf den großen aufgelegt habe.

Der schmalste Bereich der Auflagefläche ist auf diesem Eisen nicht ganz mittig, wodurch sich meine Arbeit leicht von der Mitte verschiebt. Machen Sie sich keine Gedanken wegen der hier im Eisen sichtbaren Riefen – diese verschwinden nach wiederholtem Schärfen. Hämmern Sie weit oben auf der Fase. Schlagen Sie niemals an der Schneide des gehärteten Stahls auf.

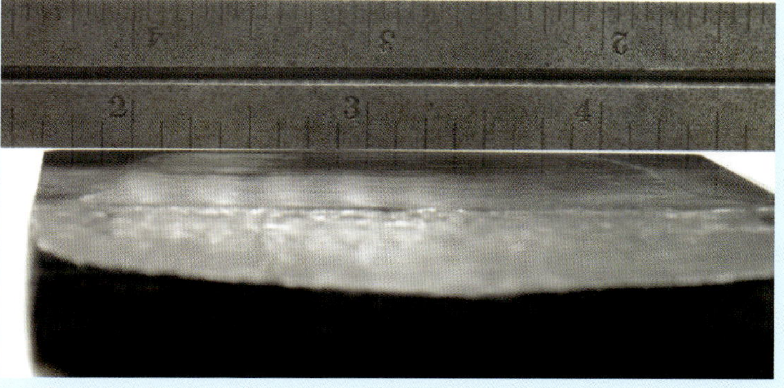

Dieses Bild zeigt die neu herausgetriebene Auflagefläche. Das Abschleifen des oberen Teils dieser Wölbung erweitert die Auflagefläche des Hobels, ohne die Dicke des Eisens an den Rändern zu verändern.

Fotos: Bruce Fenton und Harrelson Stanley

Spanbrecher

Soll die Klinge in Ihrem Bankhobel eingesetzt werden, nehmen Sie sich auch die Zeit, um auch den Spanbrecher (oder Klemmeisen) des Hobels zu bearbeiten. Es macht nichts, wenn er Verschmutzungen oder Rost aufweist, solange er mit der Rückseite des Eisens absolut bündigen Kontakt hat und die Ablauffläche (oder Rampe), an dem die Späne hoch und aus dem Hobel herauskommen, sauber und glatt ist. Für den Spanbrecher können Sie beliebige Schärftechniken anwenden; er lässt sich ähnlich schleifen wie das Eisen selbst. Beginnen Sie damit, die Rampe von der Schneide des Spanbrechers zur Oberseite der Rampe zu schleifen. Ist sie rund, müssen Sie bei der Arbeit am Stein möglicherweise eine Hin- und Herbewegung durchführen. Legen Sie nun den Spanbrecher so weg vom Stein (oder das von Ihnen verwendete Schleifmedium), dass Sie die Unterseite der Schneide abrichten und schleifen können. Stellen Sie sicher, dass der werksseitig vorgegebene Winkel der unteren Fläche des Spanbrechers passt. Verändern Sie ihn nicht, sonst entsteht beim Befestigen des Spanbrechers am Hobeleisen eine Lücke.

Nahaufnahme eines Spanbrechers mit Hobeleisen – in dieser Anordnung sind beide in den Hobelkörper montiert.

Dieser Spanbrecher ist korrodiert und rau und könnte eine Verjüngungskur gebrauchen.

Spanbrecher kann man in der Regel frei Hand schleifen, doch wenn sie wieder gerade oder rechtwinklig gemacht werden sollen, kann man auch eine Abziehführung verwenden.

Manchmal muss die Unterseite der Schneide eines Spanbrechers etwas begradigt werden. Halten Sie ihn vom Rand des Schleifmittels weg und schleifen Sie ihn im erforderlichen Winkel.

Ein Zwischenraum wie dieser zwischen Eisen und Spanbrecher (links) schließt sich in der Regel beim Anziehen der Feinjustierschraube (rechts). Falls nicht, müssen Sie nacharbeiten und -schleifen, bis ein bündiger Kontakt entsteht.

Schleifen Sie eine glatte Rampe über die dann die Späne gleiten können.

Wenn das Eisen dann aus dem Hobel genommen ist, entfernen Sie den Frosch und reinigen Sie die Bereiche, an denen Frosch und Hobeleisen sich berühren. Auf Rost oder Verunreinigungen zwischen den beiden können Sie verzichten; die Metallflächen sollen einfach gut aufeinanderliegen. Richten Sie die ineinander greifenden Teile des Frosches auf einem Stein oder Papier mit grober Körnung ab. Feilen Sie die oberen flachen Bereiche im Hobelkörper sauber und glatt. Die flachen Bereiche weiter unten sind schwer zugänglich, weshalb ich dort befindliche Verunreinigungen nach Kräften mit einem Schraubendreher beseitige. Hier kann der Dremel mit seiner kleinen Rundbürste aus Draht ebenso gute Dienste leisten wie für alle Arten von Unebenheiten an Hobeln. Entfernen Sie auch die Feststellschraube des Frosches und polieren Sie dessen Stirnseite, damit das Hobeleisen flach und sicher aufliegt.

Demontieren Sie den Hobel nach Bedarf.

Nahaufnahme des Inneren eines Hobelkörpers.

Feilen der abgeflachten Innenbereiche des Hobelkörpers.

Die flachen Stellen, auf denen der Frosch aufliegt, müssen gereinigt werden (wie man sieht, sogar dringend). Schaben oder feilen Sie nach Bedarf, damit die Metallflächen von Frosch und Hobeleisen dicht aneinander liegen.

Nahaufnahme der Unterseite eines Frosches.

Schleifen der glatten Flächen eines Frosches.

Frosch nach getaner Schleifarbeit.

Arbeiten Sie sich um den zentralen Einstellhebel herum (was viel einfacher ist, als ihn zu entfernen), um die Stirnseite des Frosches zu glätten.

Die flachen Stellen des Frosches, die auf denen des Hobelkörpers aufliegen, müssen ebenso sauber sein. Ziehen Sie sie zusammen mit der Stirnseite des Frosches – der Rampe, auf der das Eisen aufliegt – nach Bedarf ab, um sicherzustellen, dass der Hobel solide mit dem Eisen verbunden ist.

Prüfen Sie das Hobelmaul. Um die Späne schön nach unten zu halten, wenn diese vom Eisen abgetragen werden, sollte die Vorderseite des Mauls durchgehend, im rechten Winkel und scharf sein. Diese Schneide verschleißt im Laufe des Gebrauchs und durch den Kontakt mit den Spänen. Sie wird sozusagen abgeschliffen wie die Stufen einer antiken Treppe. Der Verschleiß konzentriert sich in der Regel auf die Mitte (wie bei Treppen auch) und ist bei älteren Hobeln meist offenkundiger und problematischer. Bei offenkundigem Verschleiß reißen Sie eine Gerade an und feilen Sie die Schneide, um sie abzurichten. Setzen Sie den Frosch wieder auf und ziehen Sie die Schrauben provisorisch an. Montieren Sie Eisen und Spanbrecher nun so, dass letzterer zirka 1 mm hinter der Schneide liegt. Setzen Sie die Einheit mit dem Eisen in den Hobel ein und befestigen Sie sie mit der Hebelabdeckung am Frosch. Stellen Sie das Eisen auf Feinschliff ein – gerade so viel, es aus der Hobelsohle herausragt. Stellen Sie das Hobelmaul mit der Verstellschraube am Frosch ein. Es muss nicht viel breiter sein als die Späne, die Sie abtragen wollen, aber eine Öffnung von 2 mm o.ä. ist für den Augenblick ausreichend. Entfernen Sie Eisen und Spanbrecher, um die Schrauben des Frosches fest anzuziehen. Eine Hobelsohle muss ziemlich flach sein, um gute Arbeit zu leisten. Was ist „ziemlich flach"? Hierzu habe ich keine genauen Vorgaben*, aber man bekommt eine Vorstellung, wenn man einen Bogen Schleifpapier mit Körnung 220 auf eine flache Oberfläche klebt und dann daran reibt. Ziehen Sie das Eisen so zurück, dass es keinen Schaden verursacht, lassen Sie es aber befestigt, falls es unter Druck Verformungen in der Sohle erzeugen sollte. Die „erhabenen Stellen" sind diejenigen, wo die Sohle in Berührung mit dem Papier war. Wenn die neuen glänzenden Stellen wie zufällig verteilt sind, läppen Sie die Hobelsohle weiter, bis sie größtenteils glänzt.

Wie flach ist „ausreichend flach"? Gegenfrage: Wie viel Zeit haben Sie? Es dauert wesentlich länger, die Kerben in der Sohle dieses vernachlässigten Hobeleisens durch Läppen zu entfernen – dies hat aber keine nennenswerte bis gar keine Wirkung auf die Leistung des Eisens. Mein Tipp: Versuchen Sie, sich anzunähern und probieren Sie es einfach.

** Auf der Website von Lie-Nielsen steht, die Sohlen ihrer Bronze-Eisen seien auf eine Toleranz von 0,04 mm geläppt.*

Absolut plan (was immer dies auch bedeutet) muss es nicht werden. Es reicht aus, wenn an allen vier Ecken und vor dem Hobelmaul großflächiger Kontakt vorhanden ist. Eine Unebenheit hinter dem Hobelmaul werden Sie sicher vermeiden wollen. Wenn es hier Erhebungen gibt, funktioniert das Hobeleisen niemals richtig. Läppen Sie also mit Schleifpapier weiter, bis Sie sicher sind, dass die Erhebung verschwunden ist. Pingelige Zeitgenossen lassen den Hobel so lange über das Papier gleiten, bis die gesamte Hobelsohle gleichförmig poliert ist. Körnung 220 ist völlig ausreichend, aber wenn Sie noch ein bisschen weiterpolieren wollen, nur zu. Entfernen Sie sämtlichen Schleifstaub (Mischung aus Schleifmittel und abgetragenem Metall) und tragen Sie eine Schicht aus Öl oder Wachs auf, damit das frisch bearbeitete Eisen nicht gleich wieder rostet. Jetzt ist es Zeit für einen Test. Nehmen Sie ein im Schraubstock oder an der Werkbank befestigtes Stück Holz, um den Hobel zu testen. Drehen Sie das Eisen dabei jeweils nur um einige Grad nach unten, während Sie Hobelzüge auf dem Holz machen, bis das Eisen anfängt zu schneiden. Neigen Sie das Eisen mit dem seitlichen Verstellhebel an die eine oder anderer Seite, bis ein gleichförmiger Schnitt entsteht, der von einer Seite zur anderen reicht.

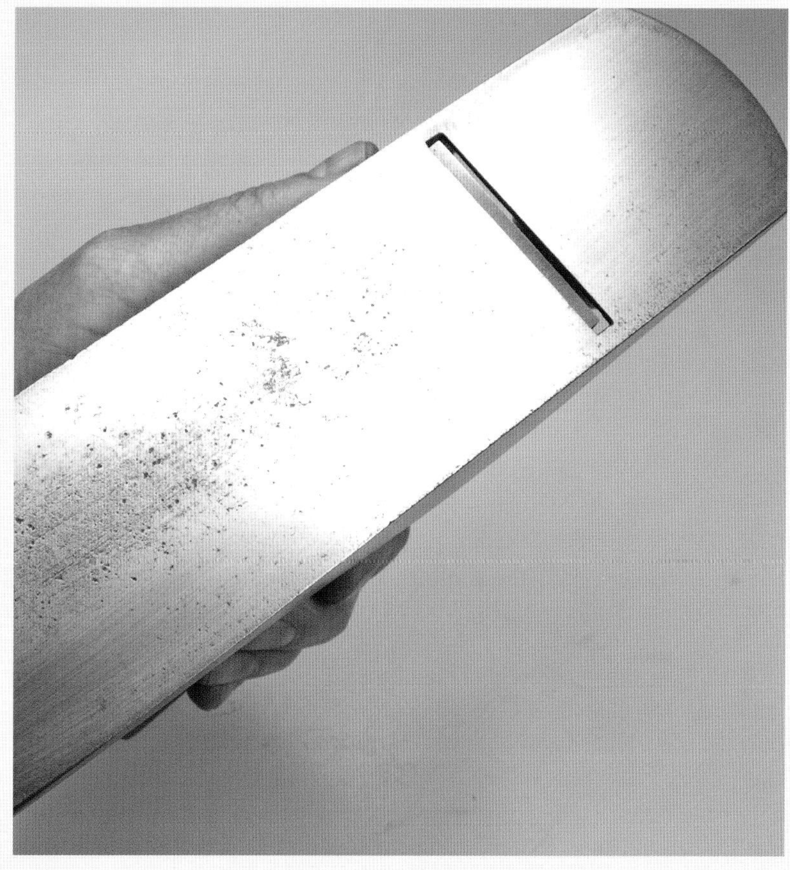

Fertig!

Schräge und T-förmige Klingen

Schräge Klingen lassen sich in einem bestimmten Winkel in einer verfügbaren Abziehführung einsetzen. Die Einstellhilfe für schräge Winkel von Veritas (siehe Foto in Kapitel 7: Beitel) setzt Abziehführungen zum Einstellen von Schräg- und Fasenwinkeln ein. Die T-förmigen Eisen von Simshobeln können schwer zu halten sein, sind ansonsten aber genau so zu schärfen wie jedes andere Hobeleisen. Es kann jedoch sein, dass man eine gewisse Kreativität an den Tag legen muss, um das Eisen im rechten Winkel in die Abziehführung zu bekommen.

Ein Stanley #151-Furnierschabhobel. Ihm wurde viel zu lange zu wenig Aufmerksamkeit gewidmet.

Schabhobel

Furnierschabhobel

Furnierschabhobel sind ganz einfach kurzsohlige Hobeleisen ohne Spanbrecher und mit nach unten zeigender Fase. Und was bedeutet das? Damit ein Furnierschabhobel feine Späne abträgt und glatte Oberflächen schafft, gelten die meisten der vorher für Hobeleisen erwähnten Arbeitsanweisungen auch für den Furnierschabhobel. Montieren Sie ihn auseinander und reinigen Sie ihn nach Bedarf. Schärfen Sie die Klinge genau wie ein Hobeleisen – vor dem Wiedereinsetzen der Klingen in den Schabhobel sollten Sie aber einen Blick auf die Rampe werfen. Der durchschnittliche, vom Werk kommende Furnierschabhobel ist eine ziemlich grobe Angelegenheit. Ist die Rampe durch Unebenheiten vom Guss rau und mit einer dicken Farbschicht überdeckt (was beides in der Regel der Fall ist), entfernen Sie die Schraube und feilen Sie die Rampe halbwegs plan und glatt. Sie möchten, dass die Klinge gleichförmig in Richtung Rampe verläuft. Doch übertreiben Sie es nicht: ein einigermaßen guter Kontakt entlang der Maulöffnung sowie ein paar weitere, gleichförmig um den Rest der Rampe verteilte Berührungspunkte dürften ausreichen. Ziehen Sie die Hebelabdeckung ein wenig ab, da sie sehr nah am Spanableiter des Furnierschabhobels ist (Spanbrecher gibt es hier keinen) und wenn Sie ein wenig acht geben, verstopfen frei werdende Späne auch nicht die zu steile Führungsschneide der Rampe. Auch die Sohle sollten Sie abrichten und polieren.

Diese Klinge erwies sich als gerade noch gut genug (diese Klingen sind übrigens ohnehin nicht sonderlich gut). Am Gebrauchtmarkt sind (räusper!) hochwertigere Klingen erhältlich; manche davon sind ein wenig dicker und schließen das weite Maul, das man im Werk für gut genug hielt.

Feilen Sie die Rampe sauber. Nah ist nah genug.

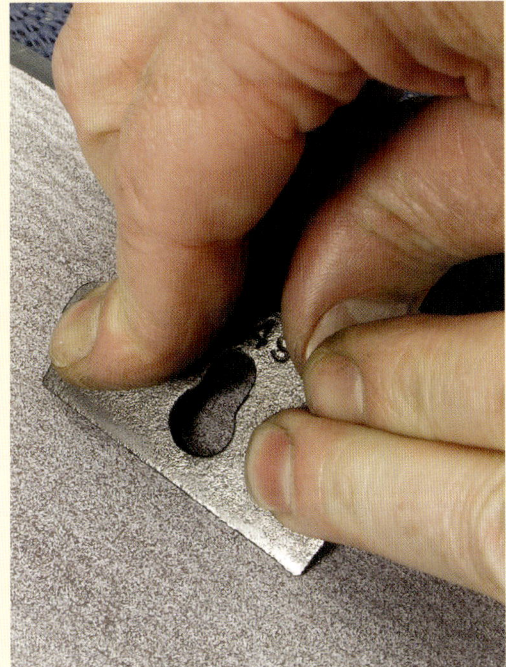

Die Unterseite der Hebelabdeckung muss auch ein wenig geglättet werden, um guten Kontakt mit der Klinge herzustellen. Außerdem muss auch die Rampenfase oben zu einer Schneide geschliffen werden, damit die abgehobelten Späne nach oben hin weggehen – anstatt sich darunter zu sammeln.

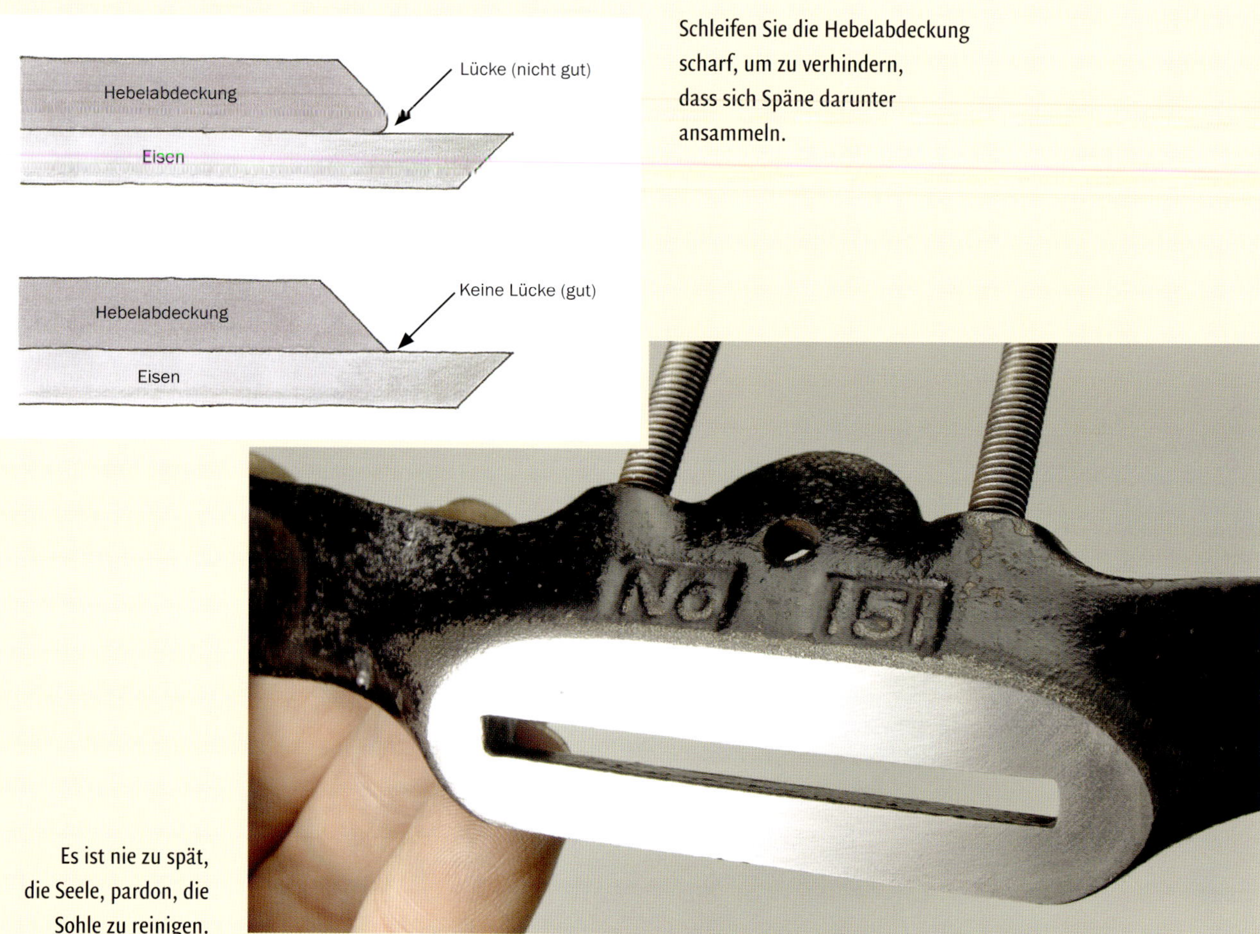

Schleifen Sie die Hebelabdeckung scharf, um zu verhindern, dass sich Späne darunter ansammeln.

Es ist nie zu spät, die Seele, pardon, die Sohle zu reinigen.

Ein im letzten Augenblick dem Ausschusshaufen entrissenes, nützliches Werkzeug.

Furnierschabhobel aus Holz sind sehr nützlich für Schneideaufgaben, für die man eine kurze Sohle und ein niederwinkliges Schneidwerkzeug braucht. Sie geben auch ein prima Do-It-Yourself-Bastelprojekt ab. Die Gewindestäbe können das Schärfen jedoch schwer machen. Ein schmaler Stein oder ein eigens für diesen Zweck eingesetztes Stück MDF mit Schleifpapier kann das Abziehen erleichtern. Alternativ kann man auch die Gewindestangen seitlich am Stein entlang führen und seitwärts abziehen und von einer Seite zur anderen schärfen. Nicht vergessen: auch die Rückseite abrichten und polieren.

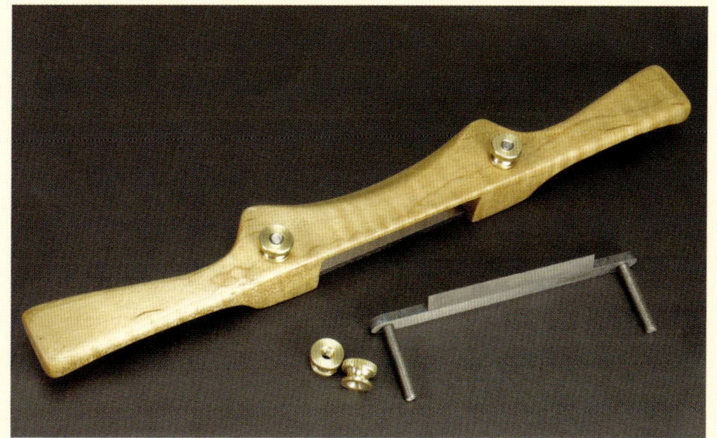

7 Beitel

Ein Satz Stechbeitel mit bis zur Speigelseite heruntergeschliffenen Fasen von Blue Spruce Toolworks (www.bluesprucetoolworks.com).

Beitel machen einen grossen und wichtigen Anteil am Werkzeug eines Holzwerkers aus. Der offenkundig einfache Aufbau dieses Werkzeugs – eine Schneide mit Griff – täuscht über die zahlreichen Variationen von Beiteln hinweg. Ein gut geschliffener Beitel wird Ihnen zumindest helfen, anstehende Arbeiten mit minimalem Aufwand zu verrichten. Ein ordentlich geschliffener Beitel, der die Arbeit ausführt, für die er gemacht wurde, ist eine sehr angenehme Erfahrung, die das Selbstvertrauen steigert.

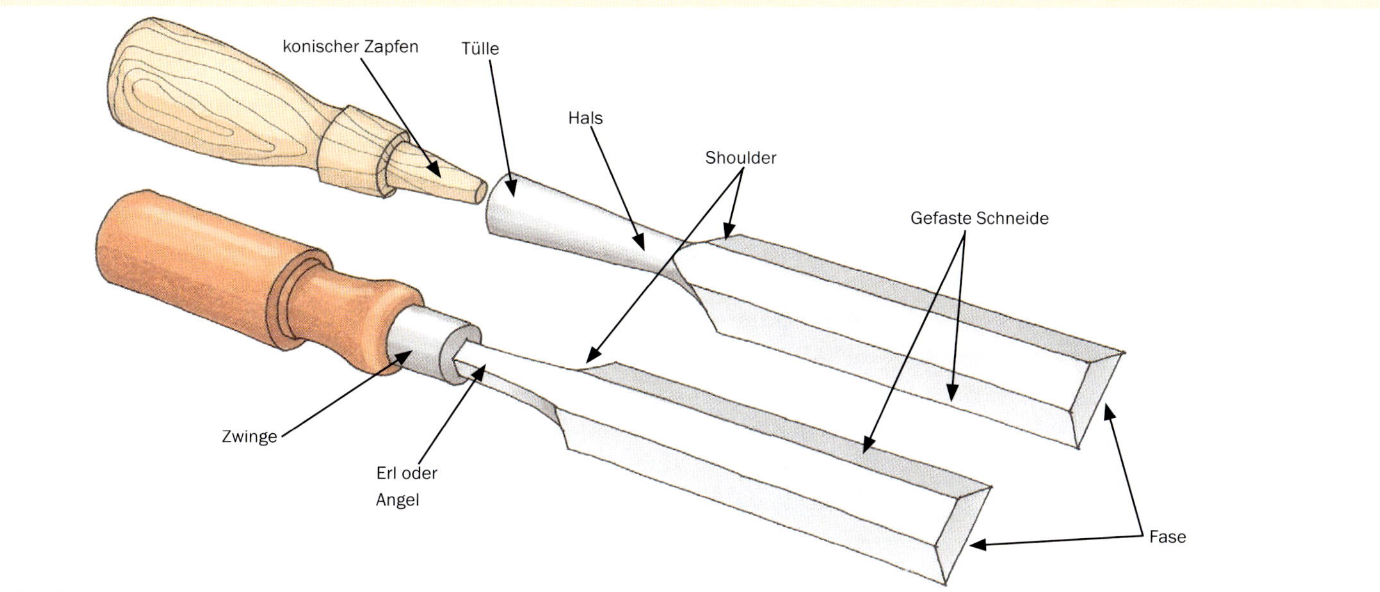

Richtig abgezogen ist ein Beitel nur, wenn die Spiegelseite korrekt abgerichtet ist. Wie bei Hobeleisen ist auch hier eine polierte Spiegelseite Voraussetzung für eine scharfe Schneide. Beitel werden oft entlang ihrer Rückseite gestoßen, damit die Schneide Späne aus Ecken oder Oberflächen glätten kann. Wenn die Spiegelseite des Beitels nicht glatt ist, biegt sich die Schneide nach oben von der Oberfläche weg. Um an das letzte Stück Span zu gelangen und es abzutragen, müssten Sie also den Griff anheben; ansonsten fährt der Beitel einfach über die unebenen Stellen hinweg, die Sie abtragen wollen. Eine konkave Wölbung der Spiegelseite ist kein so gravierendes Problem wie eine konvexe. Japanische Beitelhersteller schleifen sogar eine Vertiefung in die Spiegelseite ihrer Beitel, um das Nachschleifen leichter zu machen. Wenn sich japanische Beitelhersteller schon solche Mühe geben, sollten wir unsere japanischen Beitel ausschließlich von Hand abziehen. Schleifmaschinen – insbesondere in der Hochgeschwindigkeitsvariante – sind zu grob für Stahl, der oft sehr hart und spröde ist.

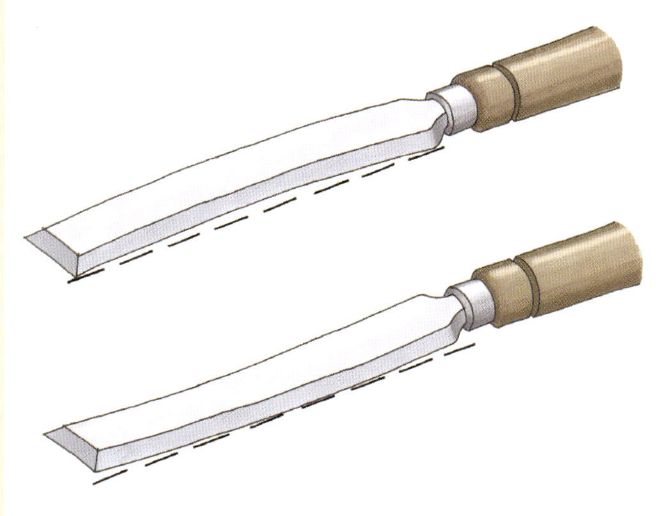

Wenn eine Beitelklinge konkav oder konvex ist, kann sie nicht richtig arbeiten – hier besteht Nacharbeitungsbedarf.

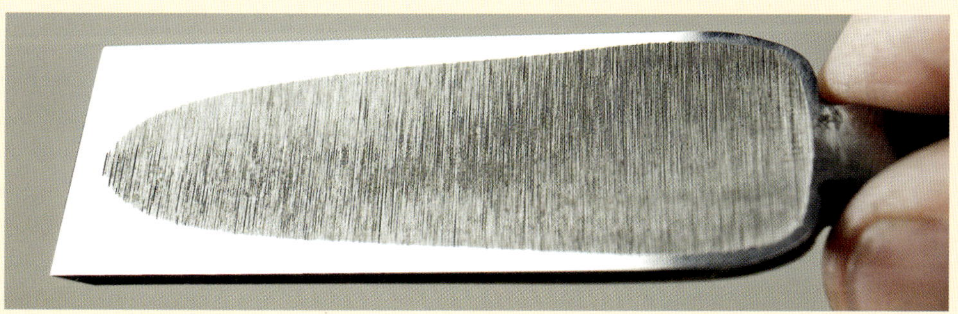

Japanische Beitel sind auf der Spiegelseite mit einem Hohlschliff versehen, damit beim Schärfen weniger Stahl abgetragen werden muss.

Konvexe Rückseiten sind wesentlich schwerer zu beseitigen als konkave. Man neigt leicht dazu, die konvexe Seite hin- und herzubewegen, wenn man den Stein entlanggleitet, was bedeutet, dass man sie entweder so abrichtet wie sie ist oder die Konvexität noch verstärkt. Man muss den Beitel gerade halten, damit das Schleifmittel gleichmäßig wirken kann – ohne Wackeln parallel zum Stein und ohne Hin und Her beim Vor- und Zurückbewegen der Klinge. Diese Arbeit verrichten Elektrogeräte gut. Eine langsame Scheibenschleifmaschine wie die Lap-Sharp, Veritas oder die Seite der Scheibe einer langsam laufenden Maschine wie der Tormek kann Sie unterstützen, indem sie Ihnen hilft, sich auf die erhabene Stelle zu konzentrieren, die Sie versuchen abzuschleifen. Ein Handschleifer vom Typ Dremel lässt sich hierzu ebenfalls einsetzen. Mit ihm können Sie die konvexe Stelle abschleifen oder sogar eine konkave Wölbung wie an der Rückseite eines japanischen Beitels schaffen. Markieren Sie die gesamte Rückseite farbig; so erkennen Sie gleich, wie viel abgeschliffen wurde. Halten Sie die Erhebung an das Schleifmittel, schleifen Sie jeweils nur ein wenig ab und überprüfen Sie das Resultat oft mit einem Lineal oder durch Reiben der Beitelschneide an einem flachen Stein. Die Abdrücke des Steins zeigen Ihnen deutlich den Fortschritt an. Manche neue Klingen werden mit Schutzbeschichtung ausgeliefert, die Sie zunächst mit Aceton oder Lackverdünner entfernen müssen. Danach müssen bei einem neuen Beitel zunächst die in der Fabrik auf der Rückseite hinterlassenen Schleifspuren entfernt werden. Ob Sie hier die erste, gröbste Körnung wählen, sollte abgewogen werden, da manche werksseitige Schleifspuren tiefer sind als andere und daher eine aggressivere Behandlung verlangen. Um ein Gefühl für die richtige Entscheidung zu bekommen, sollten Sie mit Körnung 800 oder 1000 beginnen und dann sehen, wie Sie vorankommen. Wenn Sie einfach nur die Oberseite von beim Schleifen entstandenen Rillen abziehen, müssen Sie vielleicht eine gröbere Körnung wählen, um die Arbeit in einem zumutbaren Zeitraum zu erledigen. Das Entfernen von beim Abziehen entstandenen Kratzern geht in der Regel schneller, wenn man immer feinere Körnungen verwendet. Die Schneide eines neuen Beitels dürfte in der Regel ausreichend im rechten Winkel sein. Prüfen Sie sie aber dennoch und korrigieren Sie evtl. nicht rechtwinklige Schneiden während des Schärfens der Fase nach. Die „Rettung“ zweckentfremdeter Beitel erfordert ein ähnliches Vorgehen. Die Spiegelseite vieler Beitel aus zweiter Hand wurde noch nie abgerichtet. Um zu sehen, wie viel Aufwand hier nötig ist, führen Sie einfach einen Test mit Körnung 800 durch. Auf Grundlage der hierbei erzielten Ergebnisse können Sie dann die Rückseite bearbeiten. Die Fase des alten Beitels ist vom Öffnen vieler Farbdosen (oder vom Kaugummi-Entfernen vom Gehweg?) buchstäblich angeschlagen. Ein ordentlicher Schliff dürfte ihr gut tun.

Vorher: Restaurierungsbedürftiger Beitel.

Nachher: nach kurzer Bearbeitung an der Schleifmaschine.

Drücken Sie die Beitelschneide flach auf den Stein und lassen Sie die Spiegelseite von Schneide und Griff über den Rand des Steins hinausragen.

Abrichten der Spiegelseite

Beginnen Sie mit der feinsten Körnung, die die Arbeit in annehmbarer Zeit erledigt. Achten Sie sorgfältig darauf, dass die Schneide jederzeit flach auf dem Schleifmittel aufliegt. Vermeiden Sie Wackeln, da es Schneiden oder Ecken verrunden könnte. Wenn der Beitel durchgehend flach ist, können Sie sich der Schneide auf der Spiegelseite zuwenden. Da bei Beiteln auch eine kleine spiegelseitige Fase nicht erwünscht ist, sollten Sie keinesfalls den zum Zeitsparen für Hobeleisen bekannten Linealtrick anwenden. Lassen Sie die Rückseite des Beitels an der Seite des Steins überstehen, während Sie ihn schleifen. So erhalten Sie vorne eine scharf geschliffene Fläche, ohne die ganze Spiegelseite nacharbeiten zu müssen. Reinigen Sie die Schneide und Ihre Hände und legen Sie das Werkzeug beim Wechseln der Körnung in einem anderen Winkel an den Stein an (siehe Seite 70). Wenn alle Kratzer der alten Körnung durch Kratzer der neuen ersetzt sind, ist es Zeit für die nächste, feinere Körnung. Wechseln Sie so lange zu feineren Körnungen, bis die Spiegelseite so poliert ist, dass Sie zufrieden sind. Die Vorbereitung der Spiegelseite muss man meist nur einmal durchführen. Je nachdem, wie viel von der Spiegelseite Sie abrichten, müssen Sie sich lange Zeit nicht erneut darum kümmern. Um ein spiegelglattes Oberflächenfinish zu erhalten, verwenden Sie immer feinere Körnungen bis zu Ihrem feinsten Stein. Von Abziehvorrichtungen für die Spiegelseite von Beiteln würde ich abraten, da sie die Schneide oft verrunden.

Diese geschliffene und polierte Spiegelseite dürfte vorerst keinen Schliff mehr brauchen – Ausnahmen: Beschädigungen oder Rost.

Zeichnen Sie die Schneide zum Anreißen mit Filzstift an.

Reißen Sie eine Leitlinie entlang der gesamten Schneide an.

Schleifen Sie bis auf diese Linie, um Scharten aus der Schneide zu entfernen.

Die Schneide wird auf ihrer gesamten Breite geschliffen und ist dann bereit zum Schleifen der Fase.

Abziehen der Fase

Nun ist es Zeit, den Fasenwinkel zu bestimmen. Für ein Stecheisen reicht eine Fase von nur 20° aus (manche Holzwerker bevorzugen einen sogar noch niedrigeren Winkel wie z. B. 15°; allerdings büßt man durch einen so niedrigen Winkel auch Festigkeit ein). Stemmeisen und Eckenausstechbeitel werden ab Werk standardmäßig in einem Fasenwinkel von 25° ausgeliefert, was für die meisten Arbeiten in Ordnung ist. Die Standzeit der Schneide erhöht sich aber, wenn man eine Mikrofase von 5° hinzufügt, die einen Schnittwinkel von 30° erzeugt. Manche Beitel, z. B. Lochbeitel (auf die an späterer Stelle genauer eingegangen wird), leisten in Kombinationen aus Hohlfase und Mikrofase bessere Arbeit, doch oft werden Mikrofasen hinzugefügt, um Zeit zu sparen. Bei den meisten maschinenbetriebenen Schärfsystemen jedoch kann eine Mikrofase die Arbeit letzten Endes verlängern. Wenn Sie also eine Maschine zum Schärfen einsetzen, sollten Sie am besten auf eine Mikrofase verzichten – es sei denn, Sie sind davon überzeugt, dass das Werkzeug damit wirklich die beste Leistung bringt. Wenn die Schneide geradezu nach Pflege schreit, weil sie schartig, rostig und nicht im rechten Winkel ist, sollte man einfach quer über den beschädigten Bereich eine Linie ziehen, dann die Schneide grob auf diese Linie zurückschleifen und die Fase im gewählten Winkel sorgfältig abziehen.

Der Abstand von der Führung bestimmt den Winkel der Schneide. Hier eine Eclipse-artige Abziehführung mit seitlicher Einspannung.

Die Festlegung des Fasenwinkels an einer Schleifmaschine erfordert eine Kombination aus Überstand und der Einjustierung zweier Gelenke auf diesem Schleiftisch von Veritas.

Beim Schleifen darf die Fase nicht überhitzt werden.

Ihre fertige Fase sollte über die gesamte Breite der Schneide gleichmäßig und gerade sein.

Legen Sie den Fasenwinkel fest, indem Sie den Überstand des Beitels aus der Abziehführung bestimmen und die Werkzeugauflage im richtigen Abstand von der Schleifscheibe einstellen. Oder indem Sie den Tisch auf den Bandschleifer einstellen.

Niedergeschwindigkeits-Schleifmaschinen von Tormek, Veritas, Work Sharp und Lap-Sharp sind mit speziellen Werkzeughaltern und Winkellehren ausgestattet, die beim Einstellen des Fasenwinkels helfen. Loch- und Stechbeitel müssen beim Hacken und Brechen einiges an Schlagwirkung „wegstecken" – daher haben ihre Schneiden mit höherem Fasenwinkel auch eine längere Standzeit. Um die Festigkeit zu erhöhen, sollten Sie die Primärfase auf 25° schleifen und 10° Mikrofase hinzufügen. Zeigt die Schneide eine gute Schnitthaltigkeit, können Sie vielleicht die Mikrofase reduzieren und die Schneidwirkung verbessern. Ist die Schneide wenig schnitthaltig, dürfte eine größere Fase Abhilfe schaffen. Beim Stoßen eines Beitels sollten Sie bedenken, dass schmalere Beitel keine so starken Schläge brauchen wie breitere. Beitel sind geradezu ein Paradebeispiel für die in Kapitel 1 erwähnte Kraftkonzentration. Die auf einen Zwei-Zoll-Beitel ausgeübte Stoßkraft wirkt auf einem Viertel-Zoll-Beitel achtmal stärker. Dosieren Sie Ihre Hammerschläge also präzise – Ihre Beitel werden es Ihnen danken.

Oben: Die Schneide des rechten Beitels ist nur halb so breit wie die des linken. Um mit dem rechten Beitel einen Schnitt durchzuführen, ist nur ein halb so großer Kraftaufwand nötig.

Links: Drücken Sie beim Abrichten mit einer Abziehführung die Schneide fest und sicher gegen den Stein.

Das Schleifen der Fase geht mit einem Elektrogerät am leichtesten, doch auch mit einer einfachen Abziehführung können Sie schnell den gewünschten Winkel schleifen. Sie werden gewiss sichergehen wollen, dass die Schneide an beiden Seiten rechtwinklig ist (Ausnahme: Schrägbeitel). Bei der Verwendung von Beiteln ist ein mangelnder rechter Winkel zwar leicht zu kompensieren, doch die meisten Holzwerker ziehen rechte Winkel vor. Ein Schrägbeitel hat seinen Winkel aus gutem Grund – dieser Schneidenwinkel sollte erhalten bleiben. Eine korrekt eingestellte Abziehführung kann in beiden Fällen von Nutzen sein.

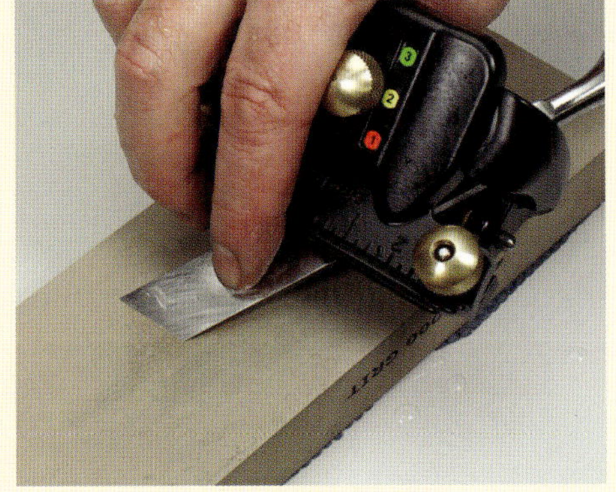

Mit der zur Veritas-Abziehführung gehörenden Einstellhilfe für schräge Winkel können Sie schräge Winkel und Fasenwinkel präzise und reproduzierbar einstellen.

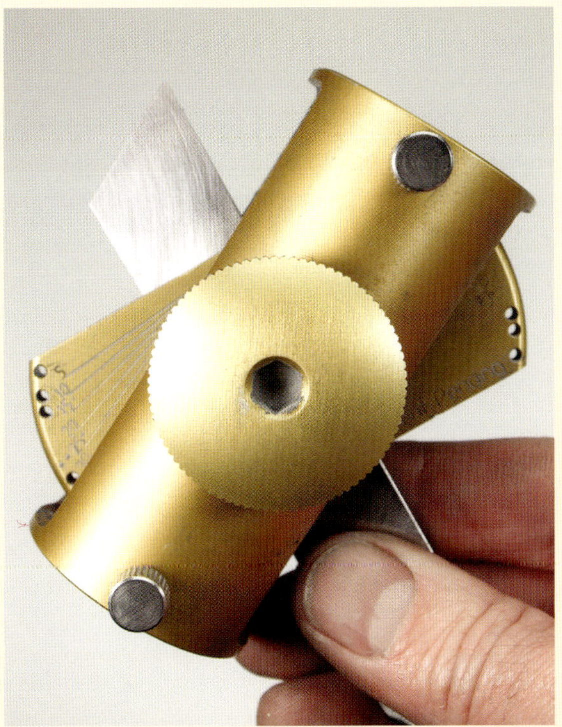

Die mit einem gezahnten Drehrad ausgestattete Halterung Sharp Skate ist für diverse Winkel zum Schärfen schräger Klingen einstellbar.

Legen Sie die Primärfase grob fest, fügen Sie dann den Winkel der Mikrofase hinzu und gehen Sie dann durch die verschiedenen Körnungen, um die Schneide ebenso glänzend zu schleifen wie die Spiegelseite, auf die Sie soviel Mühe verwendet haben.

Ich habe diesen Prozess in zwei Arbeitsschritte aufgeteilt (Abrichten und Abziehen), als würden diese getrennt und hintereinander durchgeführt werden, weil das bei Verwendung einer Abziehführung so geschieht. Beginnen Sie mit dem Abrichten und Abziehen der Spiegelseite, stellen Sie dann den Schneidenwinkel an der Abziehführung ein und durchlaufen Sie zur Vorbereitung der Fase alle Körnungen erneut. Entfernen Sie den Grat auf der Rückseite nur mit feinstem Schleifmittel. Schärfen Sie von Hand, ist es effizienter (und schützt besser vor Kontaminationen durch grobe Körnungen) Fase und Spiegelseite zu bearbeiten, bevor man die Körnung wechselt.

Schärfen Sie nach Bedarf nach und beginnen Sie mit der feinsten Körnung, die die Fase wiederherstellt. Eine Schneide, die nur „aufgefrischt" werden muss, braucht nicht mit einem grobkörnigen Stein bearbeitet zu werden. Eine abgerichtete Spiegelseite sollte nur mit dem feinsten Schleifmittel nachpoliert werden, um den beim Nachschärfen der Fase entstandenen Grat zu entfernen. Ein gröberes Vorgehen verlangt die Spiegelseite nur beim Entfernen von Korrosion oder Schäden, oder wenn man die Fase über die polierte Spiegelseite hinaus nachgeschärft hat. Vergessen Sie nicht, Rostschutzmaßnahmen zu ergreifen, sobald Sie fertig sind.

Der mit Körnung 8000 geschliffene, einsatzfertige Beitel.

8 Ziehklingen

In der englischen Sprache (aus der dieses Buch übersetzt ist) ist das Wort für Ziehklinge gleich dem für „Schaber" (scraper). Doch die Ziehklinge unterscheidet sich vom Schaber durch einen feinen Grat, der ihr eine schneidende Wirkung verleiht. Mit ihm arbeitet die Ziehklinge wie ein Mikrohobel, der beim Schneiden Material abschert. Der restliche „Schaber" übernimmt dann die Rolle eines kraftvollen Spanbrechers. Deshalb erhalten Sie bei der Verwendung dieser so genannten Schaber auch so weiche, dünne Späne. Die Späne sind so fein, weil die Klinge so kurz ist und sie sofort gegen die nach vorne geneigte „Wand" stoßen, die die Fasern in formlose Stücke reißt.

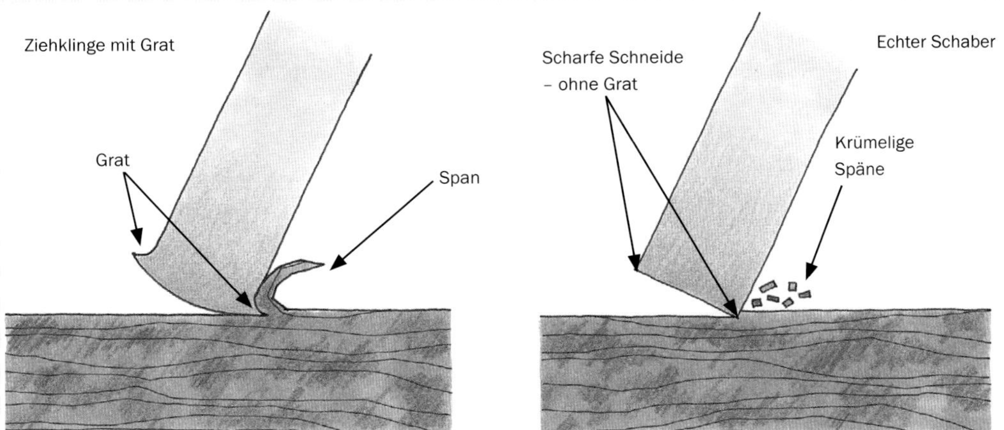

Eine Ziehklinge mit Grat (links) trägt dünne, flaumartige Späne ab. Ein echter Schaber (rechts) hat keinen Grat und trägt feine, krümelige Späne ab, die an Sägemehl erinnern.

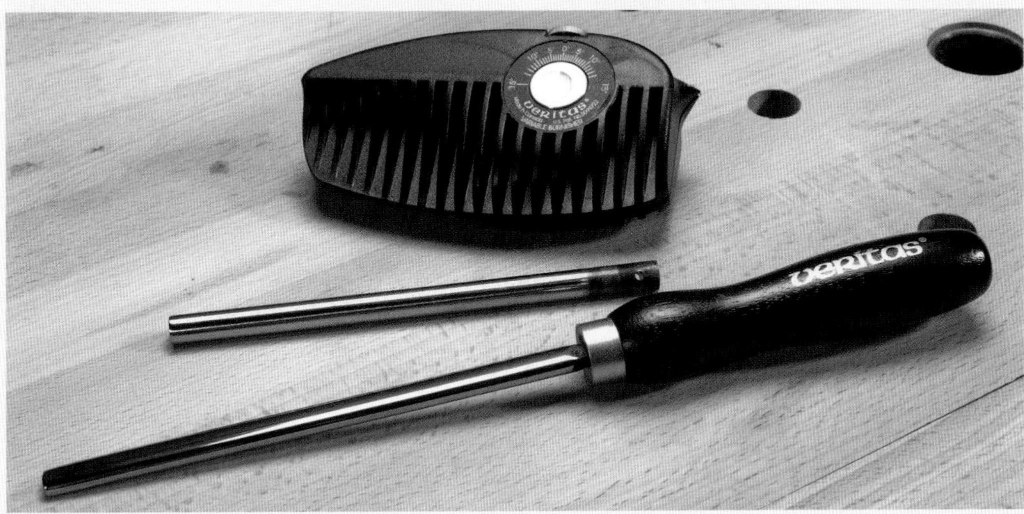

Abziehwerkzeuge: Veritas™ Variable Burnisher, (Ziehklingen-Schärfgerät) (oben), Hock-Abziehstahl (Mitte) und Veritas™ Tri-Burnisher (unten).

Ein echter Schaber hat einen negativen Spanwinkel, drückt die Holzfasern zusammen und schabt sie von der Holzoberfläche ab (siehe hierzu auch Kapitel 4). Aufgrund des Rückpralls, der nach Zusammendrücken der Späne entsteht, hinterlassen echte Schaber oft eine stumpfe, matte Oberfläche und – anstelle der seidenglatten Flächen und papierartigen Späne, die man mit einem hobelartigen Werkzeug erhält – eine formlose Masse aus weichen, unregelmäßigen Spänen. Allerdings kann man mit einem echten Schaber fast jede Oberfläche abrichten und glätten – gleichgültig, wie schwierig oder unregelmäßig die Maserung verläuft. Da die Faserrichtung nicht wichtig ist, werden echte Schaber auch zum Abrichten der eingelegten Muster von Intarsien verwendet. Schaber mit aufgeworfenem Grat lassen sich aufgrund der dünnen Oberflächen, die sie abtragen, des hohen Angriffswinkels und der stark spanbrechenden Wirkung, die sie konstruktionsbedingt haben, auch für schwierige Maserungen einsetzen. Bei manchen Hölzern kann aber selbst dieser kleine Grat zu aggressiv sein und Fasern ausreißen. Für die meisten Arbeiten lässt sich ein Schaber standardmäßig so vorbereiten: die Seite, an der die Schneiden (Grate) liegen, muss – im rechten Winkel gefeilt oder an der Scheibe abgerichtet – sein. Die glatten Flächen an beiden Seiten der Schneide sollten ebenfalls abgerichtet werden. Dann wirft man mit einem Abziehstahl – einer Stange aus gehärtetem Stahl, in der Regel mit kreisförmigem Querschnitt (früher gab es auch ovale, dreieckige oder tränenförmige Abziehstähle) – einen Grat auf. Heutzutage sind runde Abziehstähle am häufigsten. Freilich können Sie auch verschiedene Ersatzgeräte einsetzen wie z. B. Ventilschäfte, Kolbenbolzen, Bohrerrohlinge oder sogar Schraubendreherschäfte. Stellen Sie aber sicher, dass das eingesetzte Werkzeug glatt, poliert und härter ist als der Schaber. Sonst greift der Schaber den Stahl an und beschädigt beide Oberflächen. Hinterlässt Ihre Ziehklinge Spuren auf Ihrem Abziehstahl, brauchen Sie einen härteren Abziehstahl.

Halten Sie die Feile im rechten Winkel an den Rand des Schabers. Dies geht entweder von Hand, mit einem genuteten Holzblock oder einer Haltevorrichtung wie dem „Veritas™ Jointer/Edger“.

Um eine Ziehklinge mit Ihrer vorhandenen Schärfausrüstung vorzubereiten, beginnen Sie mit einer feinen Schlichtfeile das Abrichten der Schneide. Der Schaber ist dabei in einem Schraubstock befestigt. Ziel ist eine glatte, abgezogene Schneide im rechten Winkel. Die Gestaltung der Schneide vollzieht sich von der Ecke aus, die Sie formen. Daher ist die Qualität dieser Kante wichtig. Für die Grobgestaltung von Oberflächen oder das Entfernen von Farbe reicht die gefeilte Schneide aus – mit oder ohne Grat. Für die feinere Oberflächengestaltung erzielen Sie durch intensiveres Schleifen eine schärfere Schneide mit höherer Standzeit. Eine rechteckige Ziehklinge kann man umdrehen, um auch die gegenüberliegende Schneide vorzubereiten, wodurch man insgesamt vier (2 und 2) Schneiden erhält. Das Schleifen der rechteckigen Schneiden erfolgt einfach durch Befestigen eines Steins mit Körnung 1000 auf der Werkbank. Ein dünnes Holzstück schafft einen gewissen Abstand zur Bankoberfläche. Dann wird der Schaber horizontal an der Seite des Steins entlanggeführt. Bei Diamant- oder Glassteinen mit nicht schleifenden Seitenflächen verwenden Sie einen Block auf der Oberseite des Steins, der als Anlagefläche fun-

Verwenden Sie einen harten Stein wie z. B. einen Öl- oder Keramikstein oder eine Diamantplatte (wie hier gezeigt) mit einer rechteckigen Anlagefläche, um die Schaberschneide zu polieren. Verwenden Sie einen weichen Wasserstein, sollten Sie an dessen Seite arbeiten, um unerwünschte Riefenbildung am Schneidenrand zu verhindern.

giert und schleifen Sie die Ziehklinge vertikal an dieser Fläche entlang. Die Endbearbeitung der Schneide erfolgt mit Körnung 2000 oder 4000. Schneidequalität und Standzeit hängen zum Großteil von der in dieser Phase durchgeführten Schleif- und Polierarbeit ab. Auch hier gilt: für grobe Arbeiten dürfte kein zusätzliches Polieren erforderlich sein. Das Hochglanzpolieren jedoch profitiert von der zusätzlichen Arbeit, die Sie dem Schärfen Ihrer Ziehklinge widmen. Bearbeiten Sie die glatten Flächen an jeder Seite der Schneide, die Sie soeben mit Ihrem Stein mit Körnung 1000 oder 1200 bearbeitet haben, um evtl. Gratbildungen abzutragen und um sie abzurichten und zu reinigen (siehe hierzu auch den Linealtrick in Kapitel 6, „Hobeleisen", um diesen Arbeitsschritt zu beschleunigen). Ihr Schaber verfügt nun über eine scharfe, geschliffene, rechtwinklige Schneide. Zur Endbearbeitung von Intarsien kann dies z. B. völlig ausreichend sein. Für aggressiveres Oberflächenfinishing benötigen Sie jedoch einen mit einem Abziehstahl aufgeworfenen Grat. Die Schneidkraft der einzelnen Seiten des Schabers lässt sich durch Größe und Winkel des Grates beeinflussen. Spannen Sie die Klinge in einen Schraubstock ein, und verformen Sie dann einen dünnen Metallstreifen, den Grat, von der Schneide. Dies wird als *Aufwerfen* bezeichnet. (Man sagt normalerweise, ein „Grat" wird „aufgeworfen", obwohl dabei gar kein Werfen stattfindet.)

Das Glätten der flachen Bereiche auf beiden Seiten der Schneide entfernt alle Gratreste und sichert eine rechtwinklige Schneide, die bereit zum Grataufwerfen ist.

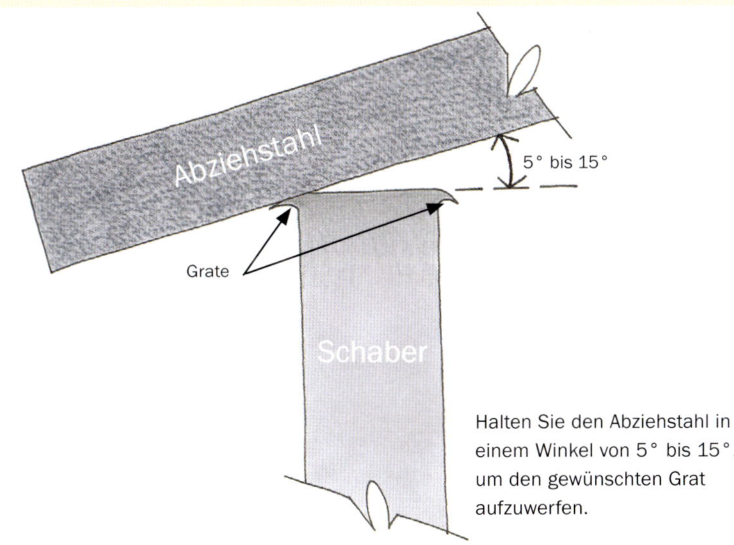

Halten Sie den Abziehstahl in einem Winkel von 5° bis 15°, um den gewünschten Grat aufzuwerfen.

Geben Sie sparsam etwas Öl auf den Abziehstahl, halten Sie ihn in einem Winkel von 90°, neigen Sie ihn ein wenig (ca. 5°) und drücken Sie ihn so nieder, als wollten Sie Späne mit einem Furnierschabhobel abtragen – ohne allzu fest, aber sehr wohl spürbar aufzudrücken – und lassen Sie den Abziehstahl in einem gleichförmigen Zug die gesamte Schneide entlanggleiten. Neigen Sie ihn nun noch ein wenig mehr – anfangs genügen 10° – und machen Sie noch einen bis drei weitere Züge. Sie brauchen nicht fest aufzudrücken. Beginnen Sie eher zurückhaltend, denn es ist leichter, zwei oder drei Züge durchzuführen als einen zu groß geratenen Grat zu entfernen. Doch leider geschieht gerade dies allzu leicht. Prüfen Sie, ob ein Grat vorhanden ist. Vielleicht sollten Sie auch noch einen Test mit Hartholz durchführen, um zu sehen, ob Späne abgetragen werden. Der Winkel des Grates ist eine Frage des Geschmacks. Werte zwischen 5° und 15° sollten funktionieren. Ein größerer Winkel schneidet etwas aggressiver und Sie müssen die Neigung ein wenig stärker nach vorne verlagern, um mit dem Schneiden zu beginnen. Wenn Sie dabei einen Grat aufwerfen, der ein wenig zu groß geraten ist, um zu funktionieren, können Sie evtl. noch nachkorrigieren. Manche besonders hochwertigen Abziehstähle laufen spitz zu. Schieben Sie die scharfe Kante sanft unter den Grat und fahren Sie damit die gesamte Länge der Ziehklinge/des Schabers entlang. Das biegt den Grat nach oben – was in der Regel ausreicht, um ihn einsatzfähig zu machen. Bedenken Sie, dass Sie in diesem Arbeitsgang eine scharfe Schneide an einem aus einem Schraubstock ragenden Stück Stahl herstellen. Das ist zwar nicht das Gefährlichste, was man in einer Werkstatt anstellen kann, doch wenn man beim Abziehen ausrutscht oder eine unachtsame Bewegung mit dem Arm macht, kann es zum Kontakt mit der scharfen Schneide kommen. Passen Sie daher gut auf. Und verlassen Sie den Arbeitsplatz nicht, solange die offene Schneide in dem Schraubstock geklemmt ist und die Gefahr besteht, dass jemand anders sich daran verletzt.

Aufwerfen eines Grats mit einfachem Abziehstahl.

Geschützte Schneiden bleiben länger scharf und beugen Unfällen vor.

Werfen Sie nach demselben Muster noch einen anderen Grat auf der anderen Seite auf – dadurch haben Sie bei Bedarf zwei zur Hand. Drehen Sie die Klinge um und werfen noch einen oder zwei weitere Grate auf – Sie erhalten so vier scharfe, einsatzfähige Schneiden. Setzen Sie sie aber vorsichtig ein, da sie wirklich scharf sind. Auch wenn sie nicht sehr tief schneiden, können diese zusätzlichen Schneiden durchaus Verletzungen an den Fingern verursachen. Ein bisschen Klebeband schafft hier Abhilfe – entweder an den Schneiden oder Ihren Daumen. Veritas und Woodcraft bieten aber auch „offizielle“ Haltevorrichtungen für Ziehklingen an. Führen Sie die üblichen Rostschutzmaßnahmen durch, wenn Sie fertig sind und schützen Sie die Schneiden vor den Strapazen, denen sie in Werkzeugkästen und Schubladen ausgesetzt sind. Im Schreibwarenladen bekommt man Klemmschienen zum Zusammenhalten der losen Blätter, aus denen die Hausarbeiten für Schule oder Hochschule bestehen. Diese eignen sich auch hervorragend zum Schutz von Schneiden.

Schärfsysteme für Schaber

Immer, wenn ein Bedarf erkannt wird, ersinnt ein findiger Unternehmer eine Arbeitshilfe.

Woodsmith Cabinet Scraper System
Das Schaber-Schärfsystem von Woodsmith dreht sich um eine Vorrichtung aus extrudiertem Aluminium. Sie verfügt über zwei Nuten zum Halten einer Feile in zwei Winkeln – 90° für Ziehklingen und 45° für Schabhobelklingen – sowie eine Bohrung zur Aufnahme eines Abziehstahls. Für jede Feilenposition und den Stahl verfügt die Vorrichtung über seitliche Auflagen, über die die Ziehklinge im richtigen Winkel auf Feile oder Abziehstahl gelangt.
Die Vorrichtung von Woodsmith kann man entweder über die extrudierte Befestigungsleiste auf der Arbeitsfläche befestigen oder sie auf einen 5 x 10-er Balken aufschrauben und dann in einen Schraubstock spannen.

Der „Tri-Burnisher", „Variable Burnisher (Mk. II)" und „Jointer/Edger" von Veritas™
Auch Veritas bietet Hilfsmittel zur Vorbereitung von Schabern. Der Tri-Abziehstahl mit seinem eiförmigen Querschnitt ersetzt runde, ovale und Dreikant-Abziehstähle. Er eignet sich besonders zum Abziehen des Innenradius gerundeter Ziehklingen. Für gerade Ziehklingen bietet Veritas ein Abrichtgerät an aus extrudiertem Aluminium mit Feilenaufnahme und zwei Anlageflächen: 90° für Ziehklingen (sowie Sägezähne und Skikanten) und 45° für die Fasenwinkel von Schabhobeleisen.
Der Veritas Variable Burnisher besteht aus einem Griff mit einer Längsöffnung für einen im Winkel verstellbaren Abrichtstab aus Karbid. Den gewünschten Gratwinkel stellt man mit einem Einstellrad an der Seite des Geräts ein und führt dann die Ziehklinge durch die Längsöffnung, um den Grat in diesem Grad aufzuwerfen. Das Abziehen von Hand ist zwar leicht zu erlernen, doch mit dieser verstellbaren Abziehvorrichtung kann man immer den gleichen Grat erzeugen. Praktisch und daher sehr beliebt.

Gerundete Ziehklingen werden genauso vorbereitet wie rechteckige. Dies ist aber etwas schwieriger, weil es gilt, runde Formen zu gestalten. Beim Feilen und Abrichten der konkaven Schneiden ist Kreativität gefragt. Verwenden Sie Holzschnitzer-Abziehsteine, Schleifpapier auf Dübeln, die Dremel usw.. Achten Sie aber darauf, dass die Schneide im rechten Winkel und gut poliert ist und der Abziehstahl im gewünschten Winkel angesetzt wird. Sie schaffen das.

Vielleicht können Sie die durch Stumpfwerden bedrohte Schneide einer Ziehklinge wieder einsatzfähig machen, indem Sie einfach den Grat neu aufwerfen und dadurch die Schneide verlängern. Wenn die Schneide nicht zu stumpf war, können Sie ein völliges Nachformen ein- oder zweimal verhindern. Schließlich werden Sie dann erneut beginnen müssen: mit Feile oder Steinen zur Gratentfernung, Rechtwinkligmachen von Schneiden und Aufwerfen neuer, scharfer Grate.

Schabhobel

Schabhobeleisen sind Eisenhalter wie alle anderen Hobel auch. Und wie alle Hobeleisen gestatten sie der Schneide eine relativ unabhängige Bewegung entlang der Konturen des Brettes. Es kann wünschenswert sein, dass eine Ziehklinge den Oberflächenkonturen folgt. Wenn Sie jedoch vorhaben, diese Konturen abzurichten, wird ein in einen Hobelkörper eingesetzter Schabhobel nur die erhabenen Stellen abtragen, um das Brett abzurichten. Schabhobelklingen werden im Prinzip genauso vorbereitet wie Ziehklingen, allerdings beträgt ihr Fasenwinkel in der Regel 45°. Wir haben es hier also nur mit einer Schneide pro Klinge zu tun. Natürlich könnten Sie auch die andere Seite der Schneide schärfen, doch dann würde eine scharfe Schneide oben aus Ihrem Schabhobeleisen ragen, was ohne Vorsichtsmaßnahmen ein Sicherheitsrisiko darstellt. Bereiten Sie die Schneide mit einem 45°-Fasenwinkel genauso vor, wie Sie dies mit einem Hobeleisen tun würden. Richten Sie die Spiegelseite ab, polieren Sie sie und schleifen Sie die Fase scharf. Spannen Sie die Klinge in einen Schraubstock ein und ziehen Sie die Schneide im Winkel von 15° ab, um den Grat aufzuwerfen.

Schabhobelklingen haben in der Regel einen Fasenwinkel von 45° und einen Grat von ca. 15°.

9 Handsägen

Mit freundlicher Genehmigung von: www.toolsforworkingwood.com / gramercy tools.

Eine Säge ist eine lange Reihe kleiner Beitel – zumindest könnte man das so sehen. Wenn ich eine Säge schärfe, hilft mir dieser Gedanke. Das Bild von der Säge als Reihe von Beiteln ist nicht ganz vollständig; man sollte sie sich auch als *Satz* Zähne vorstellen. Wenn diese Beitelreihe durch das Holz schneidet, folgt der Rest der Säge, das Blatt, in dem die Zähne sitzen, nach. Der Weg, den sich die Zähne einer Säge durchs Holz bahnen, wird als Schnittfuge bezeichnet, und wenn sie so breit ist wie das Sägeblatt, reibt, zieht und hängt die Säge beim Schneiden, was die Arbeit erschwert. Deshalb werden die Zähne der Säge leicht nach außen gebogen (geschränkt): ein Zahn in eine Richtung, der andere in Gegenrichtung und so weiter über das gesamte Blatt der Säge. Dadurch entsteht eine breitere *Schnittfuge* und das restliche Sägeblatt kann sich ungehindert seinen Weg bahnen. Das Schränken der Zähne ist möglich, weil Sägen in der Regel auf mittlere Härte gehärtet sind – hart genug, um ein scharfes Blatt zum Sägen zu bieten – aber noch weich genug, um mit einer Feile geschlichtet und geschärft zu werden.

Leider berücksichtigt mein Bild von der „Beitelreihe" nicht die Tatsache, dass die meisten Sägezähne in negativem Spanwinkel geschärft sind und dadurch eher wie Schaber schneiden. Hier kommt meine Vorstellungskraft an ihr Ende. Der einzige Zweck eines Sägezahns besteht im Entfernen von Holz. Ein Beitel oder Hobeleisen kann diese Aufgabe ebenfalls erfüllen, doch oft stellen wir den Anspruch, dass gleichzeitig eine glatte Oberfläche entsteht. Um ansprechende Oberflächen zu gewährleisten, richten und ziehen wir die Schneiden von Hobeleisen, Beiteln, Schnitzwerkzeugen ab – unser Ziel: glatte Oberflächen zu erzeugen. Obwohl auch für sie die Geometrie aller Holzschneidewerkzeuge gilt, werden Sägezähne zu einem anderen, einfachen Zweck geschärft: der effizienten Entfernung von Material. Eine glatte, geschliffene, fein polierte Schneide benötigen wir hier nicht. Deshalb schärft man Sägen mit einer Feile – einem effizienten Werkzeug, das für effizient schneidende Zähne sorgt. Manche der heutigen Sägen haben induktionsgehärtete Zähne, die weder geschärft noch neu ausgerichtet werden können. Sie sind zu hart zum Feilen oder Biegen. Induktionsgehärtete Sägezähne erkennt man an der regenbogenfarbigen Verfärbung an der Zahnlinie. Diese Sägen haben oft eine lange Standzeit – wenn sie dann aber stumpf sind, muss man sie ersetzen. Wer eine Säge in Eigenarbeit schlichten möchte, muss sie nicht nur scharf halten, sondern auch die Form der Zähne an verschiedene Schneideanforderungen anpassen. Die Zahngeometrie einer Säge lässt sich im Gegensatz zu trockenen Harthölzern eher bei grünen Weichhölzern für eine optimale Leistung anpassen, da Weichhölzer eine stärkere Schränkung verlangen. Beim Sägen gibt es zwei grundlegende Aufgaben: *Längsschnittsägen* und *Querschnittsägen*. Beim Längsschnittsägen wird mehr oder weniger in dieselbe Richtung geschnitten, in dem die Maserung durch das Holz verläuft (in Faserrichtung), während beim Querschnittsägen, wie der Name schon sagt, quer zur Faser geschnitten wird (siehe hierzu auch Kapitel 4: „Holz schneiden"). Längsschnittsägen werden in der Regel eingesetzt, um Bretter schmaler zu schneiden, wohingegen Querschnittsägen dazu dienen, Bretter zu kürzen. Jeder Schneidevorgang verlangt eine andere Schneidengeometrie. Querschnittsägen werden für beinah jeden Winkel eingesetzt, Längsschnittsägen hingegen in der Regel parallel oder nahezu parallel zur Faserrichtung. Das Längsschnittsägen erfolgt mit Zähnen, die an rechtwinklige, in beinah vertikalem Stoßwinkel gehaltene Beitel erinnern. Jeder Sägezahn trägt einen kleinen, gekräuselten Span ab, der stark an eine Miniaturversion der beim Hobeln in Faserrichtung entstehenden Späne erinnert. Zähne von Längsschnittsägen werden in der Regel mit einem Spanwinkel zwischen kraftvoll zupackenden 0° und „entspannteren" 15° gefeilt. Ein größerer Spanwinkel erleichtert das Ansägen; je vertikaler die Zähne, desto schneller der Schnitt.

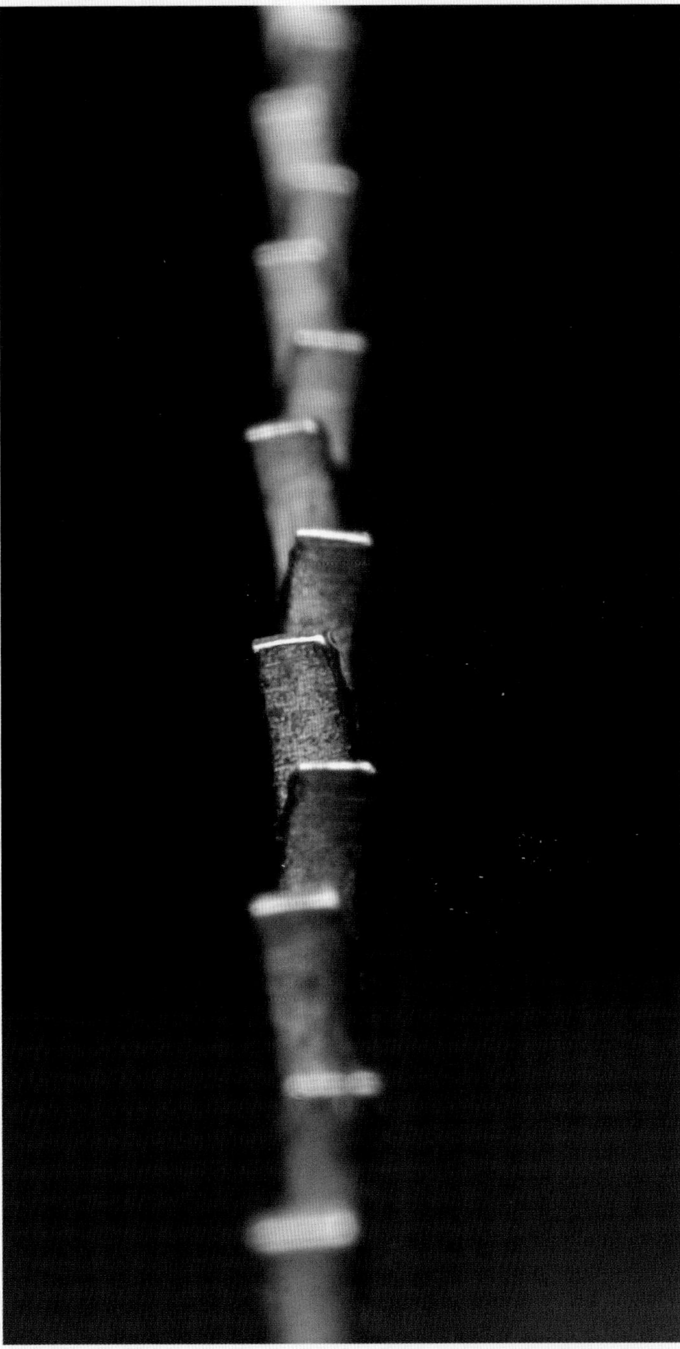

Pete Taran (www.vintagesaws.com) schlägt einen Spanwinkel von 4° als gute Kompromisslösung für Längsschnittsägen vor. Zum Querschnittsägen von Holzfasern sind spezielle Schnitteigenschaften erforderlich. Die Hirnholzfasern an der Schnittfuge müssen abgetrennt, nach oben gerollt und dann aus dem Weg des Sägeblattes geräumt werden. Um das Querschnittsägen leichter zu machen, fügen wir dem Sägezahn noch einen Winkel hinzu, damit er das Ziel des Abtrennens der Faser erreicht, wodurch ein sauberer Schnitt entsteht, der an beiden Seiten der Schnittfuge eine relativ glatte Oberfläche entstehen lässt. Dieser an Querschnittsägen vorhandene Winkel wird als Schrägung bezeichnet (der englische Begriff hierfür, „fleam“, bedeutet auch „Lanzette“, ein früher zum Aderlass gebrauchtes, chirurgisches Instrument). Die Schrägung befindet sich an der Vorderseite des Zahns (allgemein aber auch an der Rückseite) und erinnert stark an einen Schrägbeitel; ebenso könnte man sagen, dass der Zahn einer Längssäge einem rechtwinkligen Beitel ähnelt. Die scharfe Stelle der Schräge schneidet tiefer als der Rest des Zahns, um die Holzfasern entlang der Seiten des Schnittes abzutrennen, während der Rest des Zahns die Schnittfuge räumt. Zähne von Längsschnittsägen werden gerade gefeilt, die Feile in 90°-Winkel zum Sägeblatt gehalten. Die Zähne von Querschnittsägen feilt man in einem Winkel zwischen 10° und 45°, wobei 15° bei

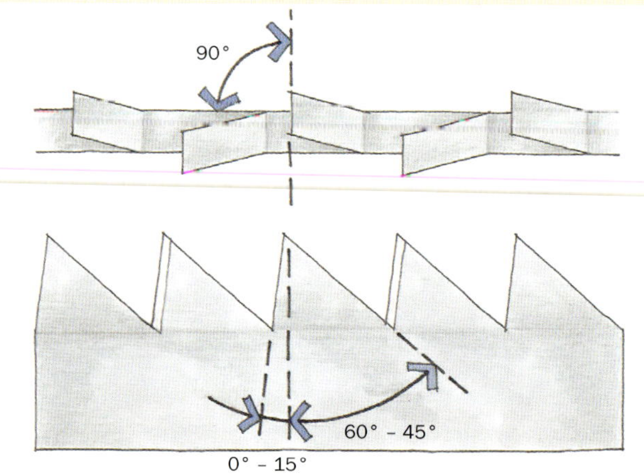

Zahngeometrie einer typischen Längsschnittsäge.

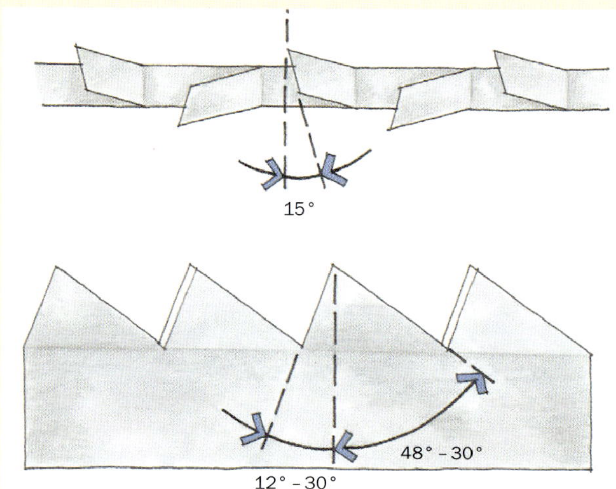

Zahngeometrie einer typischen Querschnittsäge.

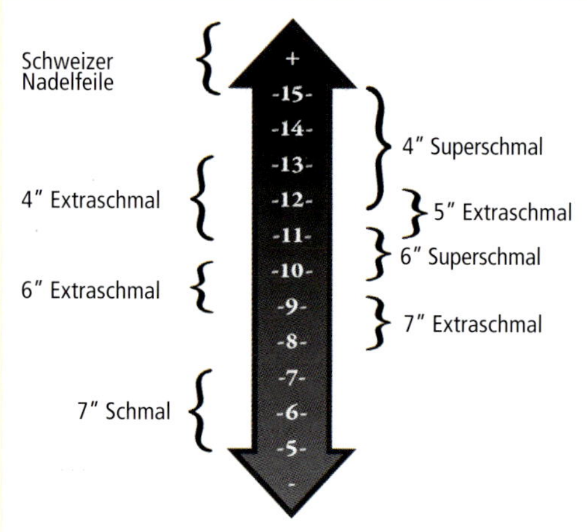

Auswahl einer geeignete Sägefeile in Zahnspitzen pro Zoll (engl. Abk.: "ppi") Erstellt anhand von Grobet-Feilen

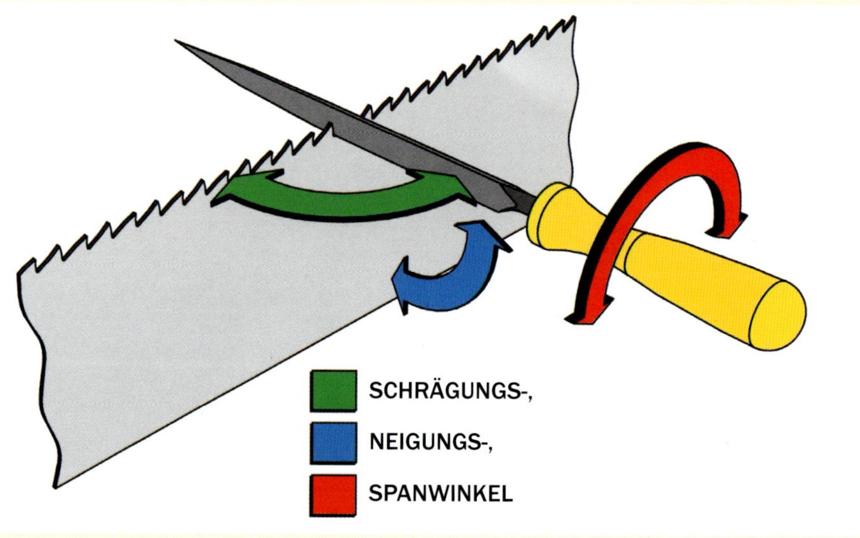

Oben: Die Auswahl der richtigen Feile basiert auf deren Hieb, also den Zähnen pro Zoll.
Rechts: Änderungen der Position der Feile wirken sich sich auf Schrägung, Neigungs- und Spanwinkel aus.

Mit freundlicher Genehmigung von toolsforworkingwood.com/ Gramercy Tools. Illustration: Timothy Corbett

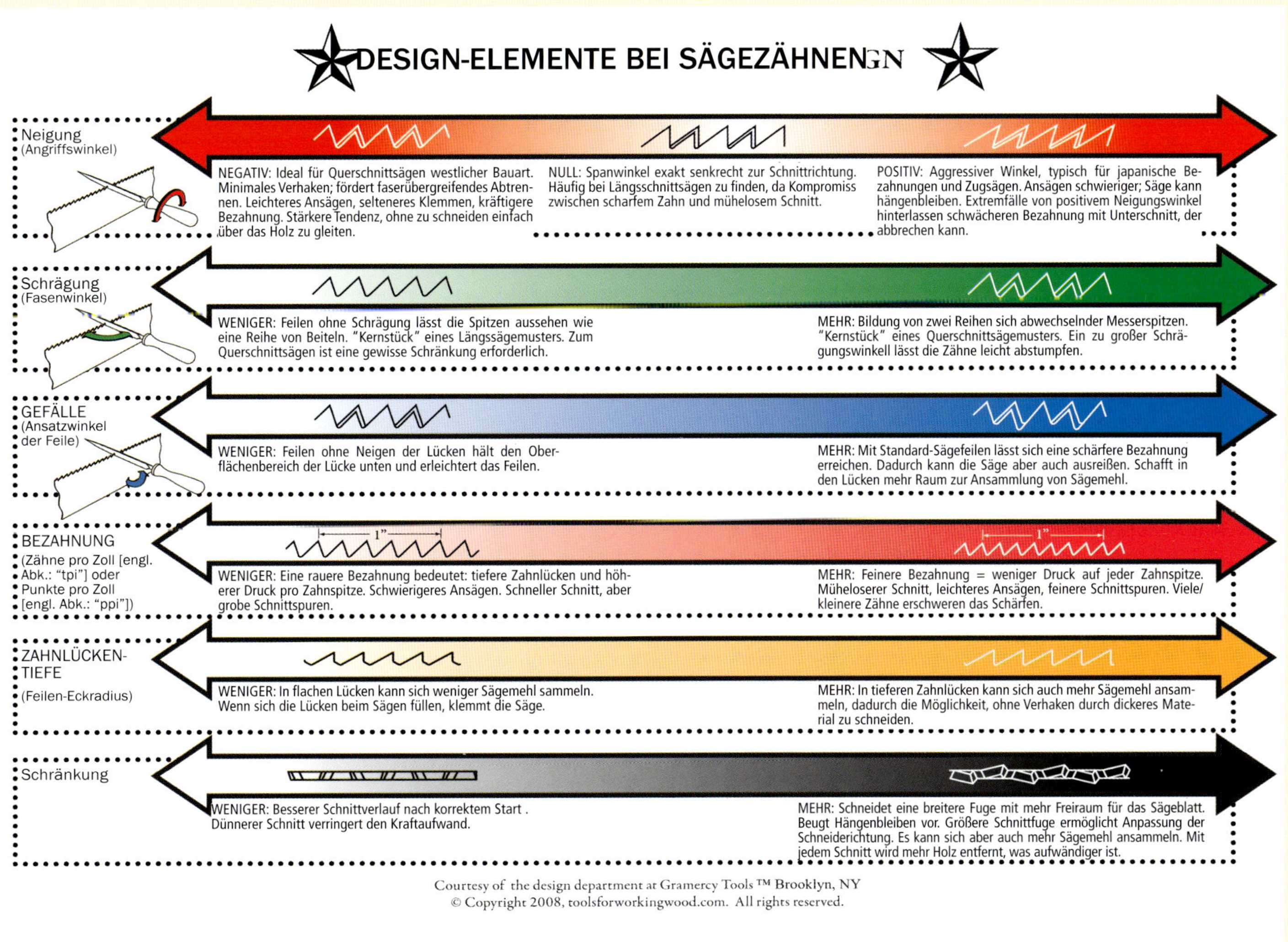

Courtesy of the design department at Gramercy Tools ™ Brooklyn, NY

Vielzweck-Querschnittsägen der übliche Winkel ist. Querschnittsägen haben weniger steile, negative Neigungswinkel von 12°, der für einen schnellen, aggressiven Schnitt sorgt, bis hin zu den typischeren 30°, die den Schnitt sanfter, aber auch langsamer machen. Ein weiterer Aspekt der Geometrie von Sägezähnen: das *„Gefälle"*, also der Winkel der Feile aus der Horizontale gesehen.

Obwohl diese Aufgabe sehr groß erscheinen mag (man denke an all die Zähne!) – Sie können Ihre Handsäge selbst schärfen. Die meisten Blätter von Elektrosägen sind entweder aus Karbid – das Schärfen sollte in einer Spezialwerkstatt erfolgen – oder Einwegblätter, die einfach durch neue ersetzt werden, wenn sie stumpf sind. Bedenken Sie jedoch, dass auch eine gute Handsäge eines der vielen Handwerkzeuge ist, die bei entsprechender Pflege und Wartung mehrere Generationen lang halten kann. Das Feilen einer Säge ist nicht schwierig. Wie alles andere auch muss man es erlernen und mit ein wenig Übung kann man dafür sorgen, dass die eigene Säge besser arbeitet als eine neue. Ein genau richtig eingestelltes Werkzeug dient einer Vielzahl von Einsatzzwecken. Heutzutage aber werden die meisten Sägeaufgaben mit einer Elektrosäge erledigt wie sie anscheinend jeder besitzt. Und dennoch wird es immer Platz für Handsägen geben – sowohl im Werkzeugkasten jedes anspruchsvollen Holzwerkers als auch im Katalog all der Dinge, die er kann. Je besser man Sägen schärfen kann, desto öfter wird man es tun, da man sie ja auch öfter verwendet – beides bedingt sich gegenseitig. Eine Handsäge ist für viele Sägearbeiten oft das beste Werkzeug. Wenn Sie Ihre Handsäge gut pflegen, werden Sie merken, dass sie den Lärm, Staub und die Gefahr, die von Elektrosägen ausgehen, den Rücken kehren und zurückkehren zugunsten jenes Klassikers aus früheren Zeiten, wie z. B. einer schön geschärften Disston-Säge oder einem der ästhetischen Vertreter der heute produzierten neuen Sägen-Generation.

Oben: Um zu lernen, wie man eine Säge schärft, benötigt man nur ein paar Spezialwerkzeuge und etwas Übung.

Links: Etwas Lösungsmittel oder Kerosin und Schleifpapier mit Körnung 320 – schon war die alte Disston-Querschnittsäge (ein Geschenk meines Onkels Vern) wieder sauber.

Sägen aus Zweiter Hand

Wenn Sie in einem Secondhandladen oder auf dem Flohmarkt eine ältere Säge finden, die noch gut in Schuss ist, bedenken Sie, dass diese über 50 Jahre alt und dennoch immer noch voll einsatzfähig sein könnte. Ältere Sägen wurden sogar oft mit größerer Sorgfalt hergestellt. Und die Griffe: bequeme Kunstwerke, da sie in einer Zeit entstanden, in der Handsägen die Hauptwerkzeuge waren, mit denen Holzwerker ihr Holz sägten. Das Blatt muss nicht glänzend und nicht einmal rostfrei sein, um in Frage zu kommen. Der meiste Oberflächenrost lässt sich abreiben. Verfärbungen sind typisch und stellen kein Problem dar. Ein oder zwei fehlende Zähne werfen eine gute Säge noch nicht aus dem Rennen. Die Säge ist stumpf? Keine große Sache, da man die Zähne ja auf die gleiche Höhe schlichten, sie in dieselbe Form feilen und sie dann so schränken kann, dass sie die gewünschte Schnittfuge schneiden. Wenn Ihre neue, gebrauchte Säge bei Ihnen in der Werkstatt ankommt, montieren Sie den Griff ab und entfernen Sie alle Unebenheiten auf der Oberfläche. Je glatter und glänzender sie ist, desto müheloser durchschneidet sie Holz.

Mike Wenzloff beim Feilen einer Säge mit einer improvisierten Feilkluppe.

Foto: Louis Bois

Werkzeuge

Feilkluppe

Um eine Säge zu schärfen, muss sie beim Feilen sicher und fest gehalten werden. „Offizielle" Feilkluppen aus zweiter Hand sind leicht erhältlich, doch aus einem oder zwei Stücken Sperrholz kann man selbst eine wesentlich bessere herstellen. Außerdem erhalten Sie dadurch eine Feilkluppe, die besser an die Länge Ihrer Säge angepasst ist als Kluppen „von der Stange", was Ihnen beim Arbeiten Zeit spart, weil Sie Ihr Sägeblatt nicht immer wieder neu positionieren müssen. Sorgen Sie für gute Beleuchtung. Eine bis zwei leicht verstellbare Schwenkarmlampen sind genau richtig für diese Aufgabe.

Eine einfache Feilkluppe kann man aus zwei Massiv- oder Sperrholzplatten (20,3 bis 30,5 cm) und einer Länge bis zu der des Sägeblattes selbst herstellen. Unten wird die Kluppe von einem Scharnier zusammengehalten. Auf der gegenüberliegenden Seite sorgt eine Leder- oder Gummiauflage für Halt und dämpft zum Teil den beim Feilen entstehenden Lärm.

Tage Frid zum Thema „Handsägen"

„Wenn ich erstmals eine Querschnittsäge schärfe, mache ich zunächst eine Längsschnittsäge daraus, indem ich die Zähne verändere: aus Spitzen werden so gefaste Schneiden. Das beschleunigt und erleichtert das Längsschnittsägen, weil dadurch mehr Zähne pro Zoll zur Verfügung stehen als das bei diesem Sägentyp in der Regel der Fall ist. Meiner Meinung nach funktioniert die Säge danach sogar bei Querschnittsägen besser. Normalerweise demonstriere ich das auch meinen Schülern, weil der Unterschied in der Schnittgeschwindigkeit wirklich auffällig ist."

– *Tage Frid Teaches Woodworking, Tage Frid, Taunton Press, 1979.*

Schränkzangen

Schränkzangen sind sowohl neu als auch gebraucht leicht erhältlich und erschwinglich. Schränkzangen mit Pistolengriff sind bequem in der Handhabung. Wenn man den Griff betätigt, schiebt ein kleiner stählerner Stößel den Zahn gegen einen einstellbaren und angefasten Amboss. Manche Schränkzangen beinhalten eine drehbare Scheibe mit einer angefasten Schräge, die mit jedem Drehen des Einstellrades einen anderen Teil der Schräge als Amboss anbietet, wodurch sich die Schränkung ändert, die das Werkzeug mit jedem Drücken bietet. Andere haben einen verschiebbaren, gefasten Amboss, der nach oben bzw. unten verstellt werden kann, um die Schränkung einzustellen. Die Zähne werden in derselben Richtung geschränkt wie zuvor. Wenn man einen Zahn in die falsche Richtung ausrichtet – durch Schränken in Gegenrichtung – schwächt man ihn, was bis zum Abbrechen führen kann. Achten Sie darauf, dass die Schränkrichtung eingehalten wird. Schränkzange auf dem Sägeblatt aufsetzen, passenden Zahn wählen, Griff drücken – wodurch der Stößel den Zahn an den Amboss drückt – und den Zahn in den richtigen Schränkwinkel drücken (mehr dazu später).

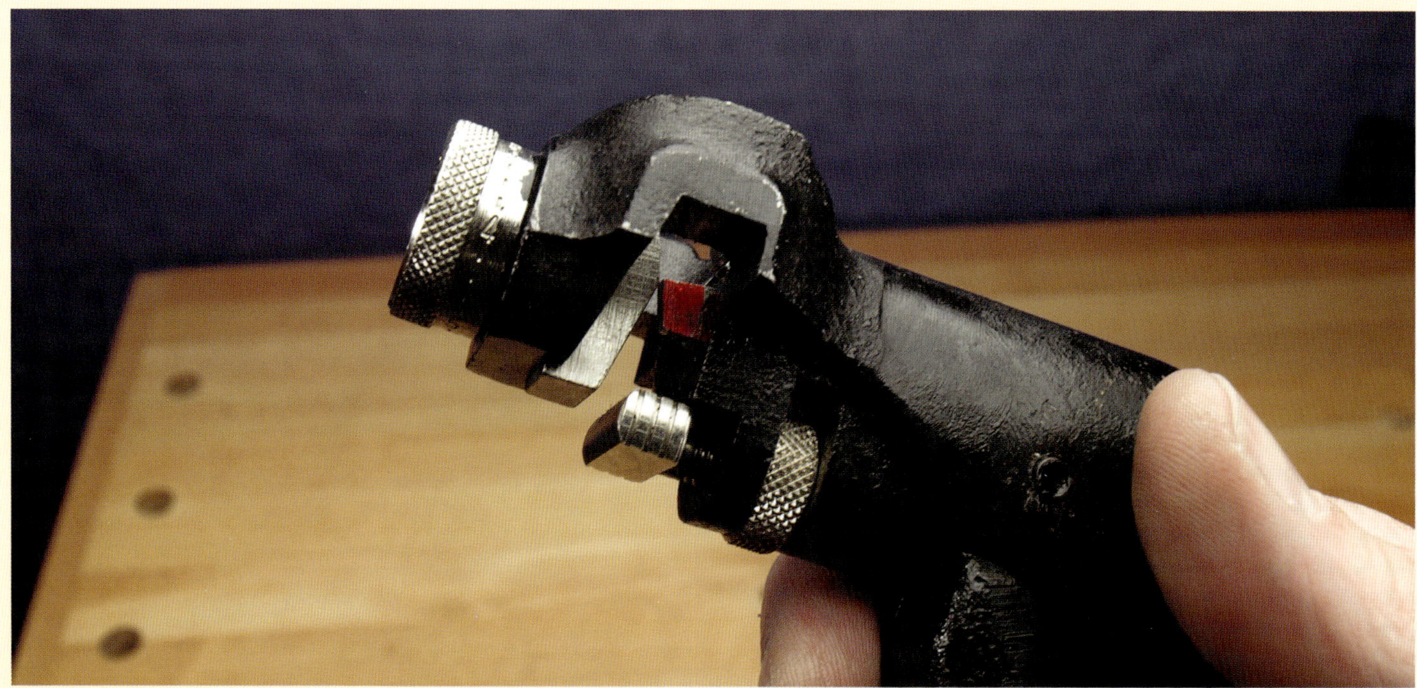

Oben: Eine typische Schränkzange. Auf diesem Foto habe ich den Stößel rot markiert, damit er leichter sichtbar ist.

Links: Achtung – das Schränken von Zähnen kann man leicht übertreiben. Das Verstellrad auf der Schränkzange sollte als grobe Orientierung dienen – dennoch sollten Sie vorsichtig vorgehen und bei Bedarf nachmessen.

Feilen

Zum Schlichten der Zähne brauchen Sie eine 20 oder 25 cm lange, feine Flachfeile, zum Formen und Feilen der Zähne eine kleine Dreikantfeile. Zur Größe von Dreikantfeilen sind zahlreiche Tipps verfügbar, doch Mike Wenzloff (www.wenzloffandsons.com) rät, man solle die kleinste Feile verwenden, die die Rückseite des nächsten Zahns vollständig feilt. Kleinere Feilen haben schärfere Kanten und schneiden die Zahnlücke – dem Hohlraum zwischen den Zähnen – tiefer, was die Spanabfuhr verbessert. Mike hat mir auch verraten, dass er über 20 Sägen mit einer Feile nachfeilen kann, bevor diese stumpf wird. Tipp: immer einen Feilengriff verwenden. Er sorgt für die nötige Kontrolle, die für die Arbeit erforderlich ist und für den Komfort, den Sie sich für diese Arbeit gönnen sollten. Außerdem hat eine kleine Dreikantfeile eine Angel, an der Sie sich verletzten können, wenn Sie keinen Griff verwenden. Einen solchen Griff können Sie sich ganz leicht selbst bauen oder für wenig Geld kaufen. Feilengriffe sind wiederverwendbar. Zum Feilen benötigt man in der Regel beide Hände, weshalb eine Art Griff am anderen Feilenende sinnvoll ist. Der Außengriff kann aus einem schlichten Stück Holz mit einer durchgehenden Bohrung bestehen, der als Aufnahme für die Feile fungiert. Die Bohrung sollte so klein sein, dass die Feile problemlos hineinpasst. Dieser Zusatzgriff ist wie eine Führung und macht die Feile drehbar, damit Sie die Zähne mit dem richtigen Neigungswinkel versehen können. Um die Wiederverwendung dieser Neigungswinkelführung zu erleichtern, können Sie den Neigungswinkel an beiden Seiten markieren und notieren, an welcher Seite des Griffs der Säge Sie arbeiten, damit Sie beim nächsten Mal gleich alle nötigen Informationen haben. Apropos Führungen: zum Feilen von Querschnittsägen empfiehlt sich eine Führung für den Schrägung- bzw. Fasenwinkel. Sie können den richtigen Winkel auf der Bank hinter der Feilkluppe an einer Faseneinstellung markieren oder eine Markierung (an beiden Seiten) in ein Stück Holz schneiden, das Sie in der Nähe der Stelle, die Sie gerade feilen, auf die Zähne setzen. Beides dient als Orientierungshilfe, um Ihre Feile im richtigen Winkel zu halten.

Eine einfache Führung am Feilenende fungiert als optische Hilfe, damit die Feile jeden Zahn im richtigen Spanwinkel bearbeitet. Die Schrägungsführung (das hier auf der Werkbank aufliegende Parallelogramm mit Fuge) dient ähnlich als Orientierung, wenn man die Zähne von Querschnittsägen feilt, die eine geneigte Fase brauchen. Halten Sie die Feile dazu einfach parallel zur Schrägungsführung, wenn sie auf dem Sägeblatt aufliegt.

Schränken (vor dem Schlichten)

Das Schränken von Sägezähnen vor dem Schlichten stellt sicher, dass alle Zahnspitzen auf derselben Höhe schneiden. Schränkt man erst nach dem Feilen, sind die oben flachen, geschlichteten Zähne leicht nach außen gedreht. Und diese flachen oberen Flächen verdrehen sich dann gegenenander. Da die Frage, ob man vor oder nach dem Schränken schärfen sollte, selbst unter Sägeprofis diskutiert wird, scheint sie mir eine Sache der persönlichen Präferenz zu sein. Je mehr Erfahrung Sie beim Schärfen von Sägen bekommen, desto offenkundiger treten die Unterschiede zutage und Sie befürworten schließlich das eine oder das andere. Spannen Sie das Sägeblatt zum Schränken der Zähne so in die Feilkluppe, dass die Zähne noch ausreichend aus den Kluppenbacken herausragen, um problemlosen Zugang mit der Schränkzange zu ermöglichen. Sägenmacher Kevin Drake beschreibt seine Erfahrungen:

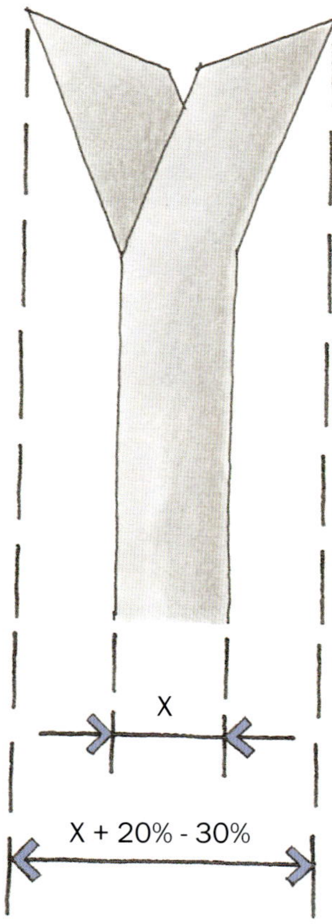

Die Schränkung (hier übertrieben) sollte die Dicke des Sägeblattes um ca. 20 % für trockene Harthölzer und um bis zu 30 % für Weich- und Grünhölzer vergrößern.

„Ich finde es bequemer, die Säge in der linken Hand zu halten und die Zähne mit der rechten zu schränken. Im Lauf der Arbeit bewegen sich meine Hände dann einfach an der Säge entlang.“ Und Mike Wenzloff, ebenfalls Sägenmacher, fügt hinzu: *„Kleinere Feinsägen kann man noch im Schoß halten. 28-Zoll-Längsschnittsägen mit 4 Zähnen pro Zoll nicht mehr.“*

Beginnen Sie mit dem Schränken des Zahns, der sich am nächsten am Griff befindet. Weil diese Zähne viel seltener zum Einsatz kommen, können Sie sie zum „Feintuning“ verwenden. Stellen Sie Ihre Säge nach Herstellervorgaben ein. Die Ambosseinstellung basiert oft auf der Zahnzahl pro Zoll, aber wenn es konkret um eine bestimmte Säge geht, können diese Angaben nicht genau genug sein. Außerdem enthalten manche Schränkungstabellen lediglich Orientierungswerte. Beginnen Sie daher mit einer Einstellung, die mehr Zähnen pro Zoll entspricht, als Ihre Säge tatsächlich hat. Das dürfte die Schränkung verringern – ein guter Ausgangspunkt, da die Einstellungen der Schränkzange ja keine feste Vorgabe, sondern eher einen Richtwert darstellen. Wählen Sie einen Zahn, der von Ihnen wegsteht und setzen Sie die Schränkzange so darüber, dass der Stößel auf die Zahnspitze zeigt. Drücken Sie zum Schränken des Zahns den Griff. Versetzen Sie die Schränkzange, überspringen Sie einen Zahn und schränken Sie den nächsten von Ihnen wegzeigenden Zahn. Schränken Sie noch ein paar weitere Zähne und drücken Sie dabei überall gleichmäßig auf. Drehen Sie dann die Säge um und schränken Sie die Zähne, die Sie in diesem Abschnitt ausgelassen haben, sodass Sie ca. ein Zoll geschränkter Zähne haben. Nun messen Sie. Vergleichen Sie die Breite des Blattes mit der allgemeinen Breite der soeben geschränkten Zähne. Das Schränken der Zähne sollte die Dicke des Sägeblattes um ca. 20 % für trockene Harthölzer und um bis zu 30 % für Weich- und Grünhölzer vergrößern. Es gilt die Formel: „Sägeblattdicke + 20–30 % = Breite der Zähne nach dem Schränken“.

Beispiel: Ein 0,9 mm starkes Sägeblatt sollte auf 1,1 mm (für Harthölzer) und 1,2 mm (Weichhölzer) geschränkt werden. Beachten Sie, wie gering die Schränkung hier letzten Endes ist: die Gesamtstärke wird um nur 0,18 mm auf 0,25 mm erhöht, wodurch jeder einzelne Zahn um lediglich 0,09 mm auf 0,13 mm geschränkt wird – also nur 0,04 mm! Wirklich nicht viel – doch weil es einfacher ist, eine Schränkung zu erhöhen als sie zu verringern, sollten Sie darauf achten, nicht zu stark zu schränken. Nach erfolgter Mess- und Subtraktionsarbeit passen Sie Ihre Schränkarbeit an die neuen Gegebenheiten an und fahren Sie fort.

Schlichten

Eine sorgfältig geschärfte Säge muss weniger geschränkt werden. Ragen Sägezähne jedoch ungleich hoch auf, besteht der erste Arbeitsschritt beim Schärfen darin, sie gleichmäßig zu schlichten. Mit einer einfachen Schlichtfeile lassen sich Zähne mühelos schlichten, doch natürlich gibt es am Markt auch zahlreiche Hilfsvorrichtungen. Führen Sie mit einer 20 oder 25 cm langen Schlichtfeile unter leichtem Aufdrücken einen Zug über die gesamte Länge des Sägeblattes durch. Wenn Ihre Lampe korrekt eingestellt ist, sehen Sie dann oben an jeden Zahn eine kleine, glänzende Abflachung. Verschiedene Zahnhöhen führen zu verschieden großen Abflachungen. Finden sich aber noch Zähne ohne flache Stelle, sollten Sie noch einmal schlichten. Fehlen einzelne Zähne oder sind sie deutlich niedriger als die anderen, versuchen Sie nicht, die anderen so zu schlichten, dass sie zu diesen passen – es sei denn, es fehlen zahlreiche Zähne hintereinander. Ist dies der Fall, müssen Sie auf die Höhe dieser Zähne schlichten und alle anderen Zähne passend nachformen. Lassen Sie sie vorläufig so stehen. Bei den nächsten Schärfgängen werden auch sie berücksichtigt.

Diese Feilenhalter funktionieren für Sägen und Schaber gut. Ein oder zwei leichte Züge dürften in der Regel genügen.

Durch Schlichten entstandene, glänzende flache Stellen. Die Größenunterschiede sind das Resultat verschieden hoher Zähne.

Formen

Sind die Zähne Ihrer Säge bereits einheitlich und ordentlich geformt – und müssen sie nur noch geschärft werden –, können Sie diesen Schritt überspringen. Müssen die Zähne jedoch neu geformt werden, nehmen Sie die richtige Feile und die vorbereitete Ausrichtführung – das Stück Holz mit der Bohrung – zur Hand, befestigen Sie die Säge fest und so in der Feilkluppe, dass nur noch die Zähne aus den Kluppenbacken herausragen. Beginnen Sie am Griff und arbeiten Sie sich zur gegenüberliegenden Seite des Sägeblattes vor. Sehen Sie sich die beim Schlichten der Säge entstandenen Abflachungen an der Oberseite der Zähne genau an. Das Ziel lautet: jeden Zahn im richtigen Neigungswinkel so neu zu formen, dass die flache Stelle verschwindet. Mehr ist nicht gefordert. Gehen wir einmal davon aus, dass Sie von rechts nach links arbeiten. Dann feilen Sie in jeder Zahnlücke die Vorderseite des rechten Zahns und die Rückseite des linken. Sie müssen die flache Stelle am linken Zahn um die Hälfte reduzieren. Dabei formen Sie gleichzeitig auch die Vorderseite des rechten Zahns (dessen flache Stelle bereits beim Feilen der vorherigen Zahnlücke um die Hälfte reduziert wurde). Ist die flache Stelle des Zahns überdurchschnittlich breit, drücken Sie beim Feilen etwas stärker an, damit letzten Endes alle Zähne in dieselbe Form gefeilt werden. Wenn Sie damit fertig sind, schlichten Sie ein wenig, um Ihre Arbeit zu überprüfen. Sind die Zähne dann noch immer nicht gleichmäßig, ist es Zeit, sie erneut in Form zu feilen.

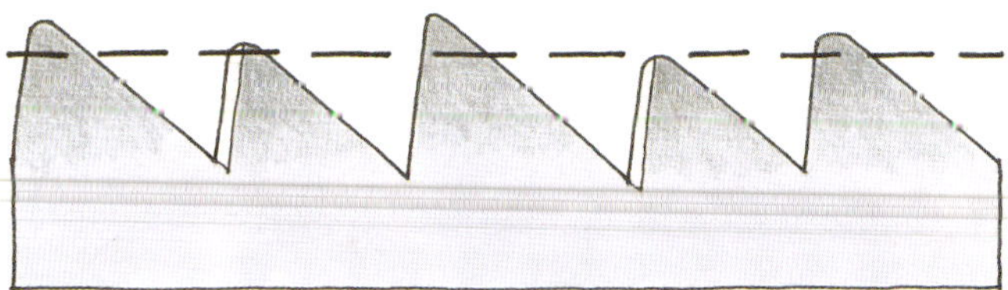

Ungleiche Zähne gehören auf die Höhe des niedrigsten Zahns gefeilt (geschlichtet).

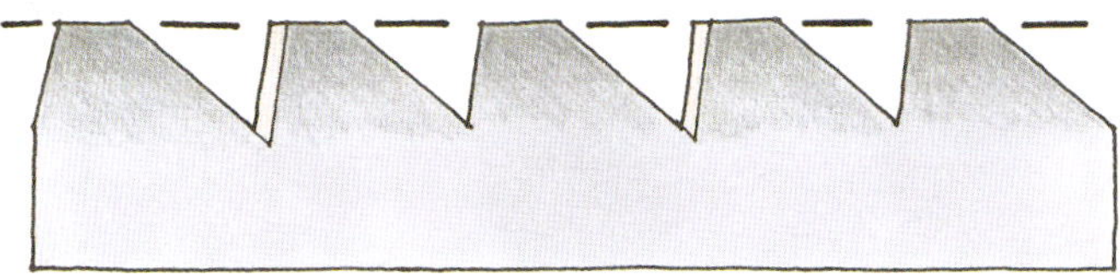

Geschlichtete Zähne haben flache Oberseiten verschiedener Größe.

Neu geformte Zähne zeichnen sich durch gleichmäßige Höhe und Abstand voneinander aus und sind bereit zum Feilen.

Halten Sie die Feile (von vorne nach hinten) in der Horizontalen (Neigungswinkel: 0°) und die Neigungswinkelführung horizontal seitlich.

Feilen

Überprüfen Sie, ob Ihre Feile scharf ist. Durch das Feilen werden die einzelnen Zähne geschärft – dazu bedarf es einer scharfen Feile. Gehen wir einmal davon aus, der Griff befindet sich rechts: wenn Sie nach links arbeiten, beginnen Sie mit einem Zahn, dessen Schränkung weg von Ihnen zeigt. Setzen Sie die Feile in die Lücke links von diesem Zahn. Sie möchten die Vorderseite des von Ihnen weg geschränkten Zahns feilen (Sie feilen die Rückseite des Zahns links, der zu Ihnen zeigt). Die Vorderseite der Sägezähne schneidet das Holz. Feilen Sie in Schränkungsrichtung, rattert die Feile weniger und arbeitet an dieser kritischeren Oberfläche sauberer. Die Oberfläche des Zahnrückens ist nicht so wichtig wie das buchstäblich gute Abschneiden der Säge an der Vorderseite. Sie möchten daher, dass die Vorderseite von der Feile besonders sorgfältig bearbeitet wird. Beim Feilen muss man drei Winkel beachten. *Neigungswinkel, Schrägung* und *Gefälle*. Die Neigungswinkelführung ist das Stück Holz, in dem die Feile steckt. Die Schrägungsführung ist ebenfalls ein Stück Holz, in das eine eckige Nut so eingesägt wurde, dass sie über der Schneide aufliegt (oder eine Winkelführung auf der Bank hinter dem Schraubstock). Bei Längsschnittsägen braucht man wahrscheinlich keine Schrägungsführung, weil der Schrägungswinkel 90° beträgt und im Lauf der Arbeit recht leicht zu halten ist. Das Gefälle ist der Winkel der Feile im Verhältnis zum Boden. Es blieb bisher unerwähnt, weil es einfach rechtwinklig zur Schneide und parallel zum Boden verlaufen sollte. Manche Sägenfeiler passen das Gefälle an den Schrägungswinkel an. Für die gängigsten Schrägungswinkel jedoch hat dies wenig Auswirkungen auf die Sägeleistung. Wenn Sie den Eindruck haben, dass die Berücksichtigung aller Anforderungen einen ziemlichen Drahtseilakt darstellen, haben Sie recht. Allerdings braucht man nur ein paar Zähne, um ein Gespür für die Sache zu bekommen und das Drahtseil sicher zu überqueren. Prüfen Sie alle Winkeleinstellungen und feilen Sie einen Sägezahn. Der dabei entstehende Lärm sollte Sie nicht erschrecken; das Rattern und Quietschen kommt von der Rückseite des auf Sie zeigenden Zahns. Je näher die Zähne an den Backen des Schraubstocks, desto leiser verläuft alles – wobei alles relativ ist. Ohrenstöpsel sind dennoch keine schlechte Idee. Das Feilen sollte eigentlich mit leichten Zügen gut funktionieren, weil die Grundform jedes Zahns ja schon beim Formgeben festgelegt wurde. Das Ziel dabei: alle Abflachungen entfernen und einen scharfen Zahn mit Nullradius schaffen. Überspringen Sie jeden 2. Zahn – denken Sie daran: Sie feilen ja nur jeden 2. Zahn, um in Schränkungsrichtung feilen zu können. Richten Sie Ihre Feile in der Zahnlücke aus, überprüfen Sie Ihre Koordinaten und feilen Sie den nächsten Zahn. Verschieben Sie die Schrägungsführung nach Bedarf. Sie ist eine nützliche Arbeitshilfe. Versetzen Sie die Säge nach Bedarf in der Feilkluppe. Sind Sie am Ende des Sägeblatts angekommen, drehen Sie es um, beginnen Sie wieder vom Griff aus und arbeiten Sie von links nach rechts. Drehen Sie dann auch die Schrägungsführung um, damit sie im richtigen Winkel anliegt. Denken Sie auch daran, die Neigungswinkelführung umzudrehen, um auch die übrigen Zähne im richtigen Winkel zu feilen.

Versetzen Sie die Führung für den Schrägungswinkel und feilen Sie nur jeden zweiten Zahn (jeweils den von Ihnen wegzeigenden). Drehen Sie die Säge um und wiederholen Sie den Arbeitsgang mit den restlichen Zähnen.

Schränken (im Anschluss an das Feilen)

Manche Leute schränken die Zähne erst nach Abschluss aller Feilarbeiten. Pete Taran meint dazu: *Normalerweise jedoch erfolgt das Schränken vor dem Schärfen.* Da bin ich aus mehreren Gründen anderer Meinung. Schränkt man nämlich schon vor dem Schärfen, geht beim Feilen ein Teil der Schränkung verloren. Ich finde es sehr schwer zu beurteilen, wie stark die Schränkung durch das Feilen beeinträchtigt wird, da dies von vielen Faktoren abhängt wie z. B. der Schärfe der Feile, dem auf die Zähne mit der Feile ausgeübten Druck und der Gleichmäßigkeit der Feilarbeit. Ich persönlich schränke Sägezähne erst nach dem Schärfen. Wenn man die Zähne erst nach dem Feilen schränkt, lässt sich eine sehr gleichförmige Schränkung erzielen, die nicht nur dafür sorgt, dass die Säge gut schneidet, sondern den gesägten Werkstücken auch ein sehr attraktives Finish verleiht. Ein oder zwei überschränkte Zähne reichen aus, um die Säge unregelmäig und rau schneiden zu lassen.

Mike Wenzloff findet das nicht: *Beim Schränken dreht sich der Sägezahn an der Zahnbrust nach außen. Für Längsschnittsägen liegt die Vorderseite falsch. Bei Querschnittsägen ändert sich der Schrägungswinkel an der Schränkung aufwärts Richtung Zahnspitze. Es passiert unweigerlich. Die Änderung des Schrägung einer Querschnittsäge ist nicht so wichtig, die Rotation jedoch spielt für Längssägen eine große Rolle. Wenn das Schränken präzise vor dem abschließenden leichten Feilen erfolgt, wird nur sehr wenig von der Schränkung entfernt. Ein paar leichte Züge pro Zahn genügen. Ausnahme: Zähne mit größerem Profil.*

Oft ist die vorherige Einstellung vom letzten Schärfen noch im Rahmen der Vorgaben und Sie brauchen den Schritt nicht zu wiederholen. Denn wenn man durch Formen und Feilen einen Teil der Schränkung wieder entfernt, warum schränkt man überhaupt vorher? Überprüfen Sie das Ganze mit einem Test. Schneidet die Säge gut, ist alles in Ordnung. Fertig! Sägen Sie einfach etwas. Klemmt oder hängt sie, geben Sie Wachs hinzu. Klemmt sie dann noch immer, müssen Sie die Zähne schränken. Mit jedem Feilen nimmt die Schränkung ein wenig ab. Möglicherweise können Sie die Zähne aber drei bis vier Mal feilen, bevor Sie erneut schränken müssen. Geht ein Testschnitt buchstäblich „schief", sind die Zähne in der Richtung, in der die Säge schneidet, zu stark geschränkt. Setzen Sie einen feinen Stein an der Seite mit zu großer Schränkung und schleifen Sie die entsprechenden Zähne unter sanftem Druck. Legen Sie die Säge flach auf und fahren Sie mit dem Stein flach auf die Seite des Blattes, um die Zähne auf dieser Seite nach unten zu schleifen. Führen Sie einen oder zwei Züge mit dem Stein durch, testen Sie erneut und wiederholen Sie den Vorgang bei Bedarf. Ist die Säge schwer unter Kontrolle zu bringen oder wackelt sie in der Fuge, haben Sie insgesamt zu stark geschränkt. Nehmen Sie eine Messung anhand obiger Angaben vor. Wenn Sie dabei herausfinden, dass die Schränkung verringert werden muss, versuchen Sie, die Zähne in einen Schraubstock mit weichen Spannbacken zu klemmen und die Schränkung unter leichtem Druck zu verringern. Drücken Sie einen Abschnitt von der Breite eines Schraubstocks, versetzen Sie das Blatt, drücken Sie erneut und versuchen Sie dabei, denselben Druck auszuüben, versetzen Sie das Blatt wieder etc. Überprüfen Sie den Schnitt, polieren oder schränken Sie je nach Bedarf erneut. Keven Drake fügt noch hinzu: *Neu schränken ist mir in einem solchen Fall wesentlich lieber als Schleifen – vor allem, weil ich dabei gute Ergebnisse erzielt habe. Durch Schleifen habe ich alles nur verschlimmbessert. Außerdem verringert sich die Schränkung durch die Verwendung der Säge – nur neu schränken kann also dazu führen, dass sich die Säge so verhält, als sei sie gerade geschärft worden. Auch hier nicht vergessen, die frisch geschnittenen Zähne abschließend mit Rostschutz zu behandeln, fertig!*

10 Schnitzwerkzeuge

Holzbildhauer Paul Reiber bei der Arbeit.

Zu Beginn dieses Buches stellte ich fest: „Scharfe Werkzeuge sind bessere Werkzeuge". Für keinen Bereich des Holzwerkens trifft das mehr zu als für das Schnitzen – und zwar aus verschiedenen Gründen. Ein scharfes Schnitzwerkzeug schneidet leichter durch Holz und lässt sich somit wesentlich leichter und präziser kontrollieren. Es durchschneidet Holzfasern in jedem Winkel, die eine Situation fordert. Und hinterlässt eine Oberfläche, die nicht abgeschliffen werden braucht, was gerade für Schnitzarbeiten, bei denen manche Flächen mit Schleifpapier nicht erreichbar sind, von essentieller Bedeutung ist. Und: sie schneiden nebeneinander liegende, gestochen scharf voneinander abgesetzte Rillen. Die Präzision und Kontrolle, die von Schnitzwerkzeugen gefordert werden, sind zusammen mit der Notwendigkeit von

flachem Oberflächenfinish die Gründe, warum Schärfen für Holzschnitzer so wichtig ist. Das Schärfen von Schnitzwerkzeugen ist keine Zauberei, für die man besondere Tricks kennen muss. Obwohl die Schneide am Schluss poliert werden und perfekt aussehen muss, ist der Weg dorthin recht direkt: man braucht weder eine Abziehführung noch sonstige Extras – nur Stahl und Stein. Natürlich gibt es elektrische Schleifhilfen wie die Tormek oder Koch. Auch die Veritas, Lap-Sharp und Work Sharp können eingesetzt werden, um Schärfzeit einzusparen. Obwohl Schleiftische zum Beseitigen größerer Beschädigungen oder Nachschleifen von Werkzeugen nützlich sein können, sind sie für feine Schnitzwerkzeuge wohl zu aggressiv. Und weil der Angriffswinkel sich in Abhängigkeit von der Neigung Ihrer Hand und Ihres Armes ändert, benötigt man zum Schärfen von Schnitzwerkzeugen (mit welcher Methode auch immer) eine gewisse Intuition. Und da in erster Linie mit Handwerkzeugen geschnitzt wird, weisen viele Holzbildhauer die Verwendung von Elektrowerkzeugen weit von sich und betrachten das Schärfen, ähnlich wie das Schnitzen selbst, als meditative Handlung.

Wenn Sie Schnitzwerkzeuge kaufen, stoßen Sie auf eine scheinbar endlose Auswahl an Formen und Größen, die sich aber alle auf drei Grundtypen zurückführen lassen: Hohleisen, Flacheisen und Geißfüße in den verschiedensten Breiten und Wölbungen (Hohleisen) bzw. Tiefen und V-Formen (Geißfüße). Obwohl zum Teil recht exotische Produkte mit gebogenen Griffen, Schneiden etc. angeboten werden, erhält man einen gewissen Überblick, wenn man sich vor Augen führt, dass sie alle aus drei Grundformen hervorgegangen sind. Ein Flachei-

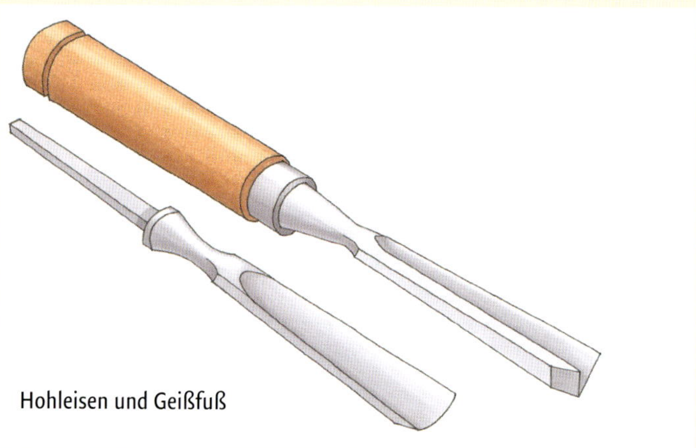

Hohleisen und Geißfuß

sen schärft man daher anders als einen Beitel. Es hat zwei Fasen, die an der Schneide ungefähr an der Mitte der Klinge zusammenlaufen. Diese Schneide wird gerade und in der Regel im rechten Winkel zur Achse des Werkzeugs geschliffen. Hohleisen haben eine gebogene Schneide, die durch die Krümmung definiert wird, die von „1" bis „11" reichen kann. Ein Hohleisen mit Krümmung „1" entspricht einem Flacheisen mit planer Schneide. Je höher die Stichzahl, desto gebogener die Schneide (bis zur Halbzylinderform), es gibt Kreissegmente bis hin zu einer Krümmung von 9; Krümmungszahlen 10 und 11 sind mehr U-Förmig. Geißfüße sind V-förmig und setzen sich aus zwei geraden Schneiden zusammen, die an einem Scheitelpunkt zusammenlaufen. Im Gegensatz zu den wenigen Werkzeugen mit schräger Schneide sollten die Schneiden von Schnitzwerkzeugen senkrecht zur Mittellinie der Klinge verlaufen. Der Grund-Fasenwinkel eines Schnitzwerkzeugs wird durch die Ergonomie bestimmt. Der Winkel, den Sie beim Schärfen dieses Werkzeugs anstreben, ergibt sich aus dem bequemsten Winkel beim Werkzeugeinsatz. Mit anderen Worten: Sie sind die „Abziehführung". Wenn Sie das Werkzeug in einem komfortablem Winkel an den Stein anlegen, schaffen Sie eine Fase, die beim Anheben um ein oder zwei Grad schneidet. Dieser Winkel kann eine zu dünne Fase schaffen, die Sie jedoch durch eine Innenfase stabilisieren können. Ich erörtere hier die Grundlagen des Schärfens von Schnitzwerkzeugen. Wer sein Wissen jedoch vertiefen möchte, dem empfehle ich Chris Pyes Buch *Woodcarving: Tools, Materials & Equipment Volume* I.

Dass Schärfen für Holzschnitzer sehr wichtig ist, wird dadurch unterstrichen, dass über 50 % von Pyes exzellentem Buch sich diesem Thema widmet. Nehmen wir hier einmal an, die Fase Ihres Schnitzwerkzeugs muss mit groben Schleifmitteln nachgeschliffen werden. Dies könnte z. B. nach häufigem Nachschärfen der Fall sein, bei dem man dazu neigt, die Schneide jedes Mal steiler anzulegen, um schneller ans Ziel zu gelangen. Schließlich wird die Fase an der Schneide zu steil, muss ganz abgeschliffen und wieder im gewünschten Winkel nachgeschliffen werden. Oder angenommen, die Schneide hat Schaden genommen und muss nachgeschliffen werden. Oder ein neues Werkzeug wurde in einem „theoretischen" Winkel geschliffen, den Sie nun aber an Ihre tatsächlichen Arbeitsanforderungen anpassen müssen. Auch wenn die tatsächlichen Fasenwinkel nach zu schnitzendem Holz und Präferenzen des Schnitzers variieren, dürften sich die Fasenwinkel zwischen 20° und 30° bewegen. Beim Schnitzen sind flache Fasenwinkel meist deshalb gefordert, weil eine dünnere Schneide Holzfasern leichter abtrennt, was Ihnen mehr Kontrolle verleiht und die Arbeit erleichtert. Bedenken Sie aber, dass dünnere Fasen auch schwächer sind und die Schneide dadurch schneller abträgt. Erwägen Sie in einem solchen Fall eine Innenfase von 5° bis 10°, um die Schneide zu verstärken (ähnlich wie die spiegelseitige Fase bei Hobeleisen). Diese Innenfase bietet den ergonomischen Komfort und die Kontrolle, die in der Regel der untere äußere Fasenwinkel schafft, gleichzeitig aber auch die für die Innenfase typische Stabilisierung der Schneide.

Kleine Auswahl der zahlreichen Hilfsmittel zum Schärfen von Schnitzwerkzeugen.

Erste Schritte beim Schärfen von Schnitzwerkzeugen

Das Schärfen der meisten Schnitzwerkzeuge ist einfach. Halten Sie das Werkzeug im gewünschten Schnittwinkel und reiben Sie die Fase in diesem Winkel am Stein entlang. Halten Sie es gerade (Flacheisen) bzw. an jeder Seite daran (Geißfüße) oder drehen Sie es, um die Krümmung eines Hohleisens zu beschreiben. Bewegen Sie es dabei vor- und rückwärts oder von einer Seite zur anderen.

Schaffen Sie eine Referenzfläche an der Schneide, indem Sie sie an einem feinen Stein bearbeiten. Dadurch entsteht eine feine Abflachung, die an der für die Schneide vorgesehenen Stelle Licht spiegeln müsste. Durch diese lichtreflektierende Abflachung können Sie die Schneide in den rechten Winkel bringen und frische, scharfe Ecken schleifen. Diese sollte sich als gleichmäßig, helle Linie manifestieren, die als Lichtlinie bezeichnet wird. Wird das Ergebnis nicht gleichmäßig, liegt es an der Stärke der Fase, die

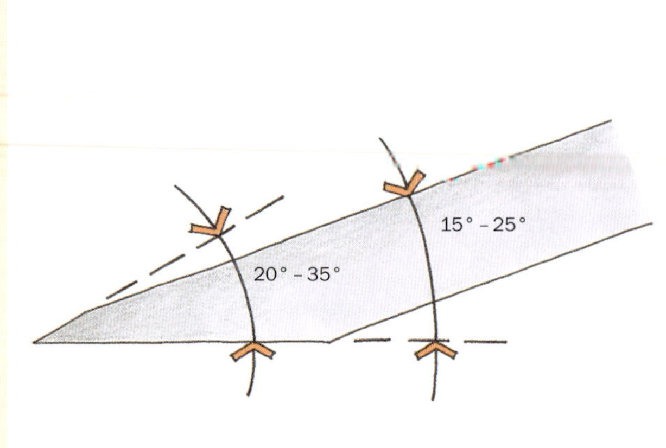

Fasenwinkel.

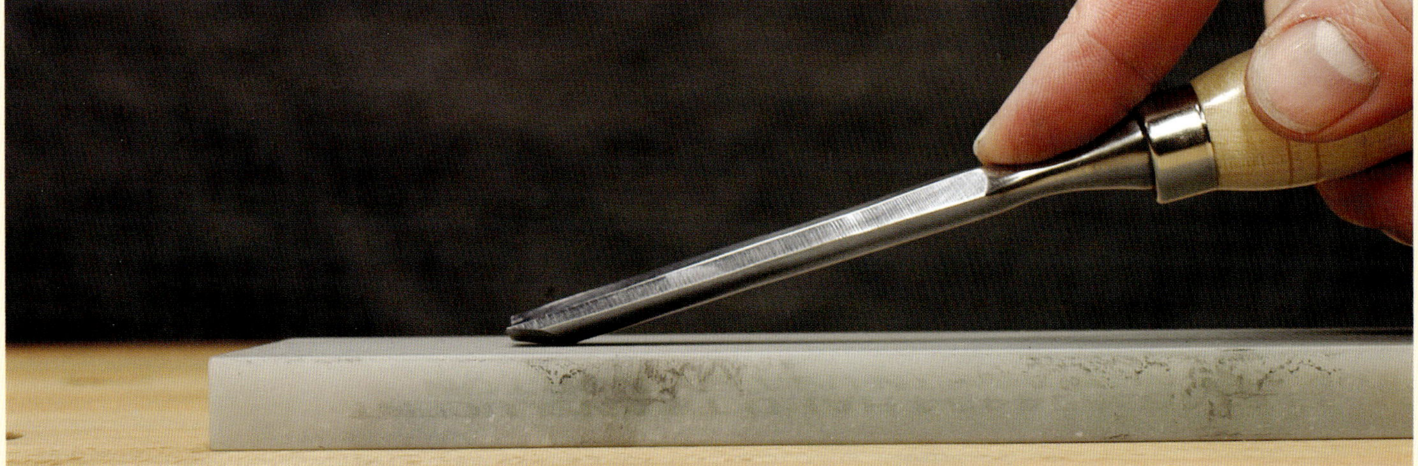

Gehen Sie so an den Stein, als wäre er die zu schnitzende Oberfläche. Das ist ungefähr der richtige Winkel.

Wenn alles daneben zu gehen scheint, schleifen Sie die Schneide leicht ab und im rechten Winkel ...

... und schaffen Sie dadurch eine Licht reflektierende Lichtlinie.

dann nachkorrigiert werden muss, bis sie gleichmäßig ist. Wenn alles gerade ist, beginnen Sie mit dem Schleifen bzw. Nachschleifen der Fase. Aufgrund des hohen punktuellen Drucks, der zum Schleifen eines Hohleisens erforderlich ist, sollte dieser Arbeitsgang an härteren Steinen durchgeführt werden. Ölsteine, Diamantplatten und harte Keramiksteine widerstehen dem Druck, der beim Schleifen kleiner Werkzeuge entsteht. Unter gleichen Druck würde ein solches Werkzeug z. B. in Wasserstein Einkerbungen hinterlassen.

Obwohl sie schnell eine Auskehlung verursachen, verwendet Holzbildhauer Paul Reiber zum Grobschärfen raue Carborundum-Steine aus dem Fachhandel. Er verwendet zum Feinpolieren durchsichtigen weißen Arkansas-Schleifstein und schwört auf „Stahlreiben an Stein".

Die Fase sollte dabei plan sein – eine gerade Linie von der hinteren Seite bis zur Schneide. War die Fase schon am Anfang verrundet (ein häufiges Problem), werden Sie sehen, wie Ihre neu geschliffene Abflachung Richtung Schneide weiterwandert – vorausgesetzt, Sie halten den Winkel konstant. Wenn die letzten Reste der vorherigen Fase weggeschliffen sind und die flache, bearbeitete Schneide verschwunden ist, wechseln Sie zu feineren Körnungen und schließlich zu einer Abziehvorrichtung zum Abziehen der Schneide. Achten Sie darauf, dass Sie die Fase durchgehend gleichmäßig halten – dadurch bleiben die Ecken scharf.

Stahl auf einem Stein reiben. Für mich funktioniert eine Bewegung von einer Seite zur anderen am besten.

Eine kleine Innenfase stärkt die Schneide zusätzlich. Verwenden Sie Abziehsteine & Co. für die verschieden geformten Werkzeuge.

Das Werkzeug selbst kann ebenfalls eine „Negativform“ ins Holz einschneiden, die auch zum Feinschleifen verwendet werden kann. Handelsübliche Honpasten oder die feinen, sich durch die Verwendung eines Wassersteins Körnung 8000 bildenden Rückstände können auf die Holzform angewandt werden.

Mit dem Werkzeug selbst können Sie dessen eigene Form in ein Stück fein gemasertes Holz schneiden, die dadurch entstandene Vertiefung dann mit Schleifmittel befüllen und das betreffende Werkzeug feinschleifen. Bei vielen Schnitzzügen reibt die Fase hinter der Fase mit. Deshalb muss die Fase ebenfalls poliert werden, vor allen an der hinteren Seite, um die Holzoberfläche so glatt wie möglich zu gestalten.

Die Innenfase können Sie mit diversen Abziehsteinen oder gefaltetem bzw. um einen Dorn gewickelten Schleifpapier gestalten, das sich dadurch an die Innenform des Werkzeugs anpasst. Die typische Schärfstation eines Bildhauers ist mit zahlreichen geformten Steinen, individuell geformten Holzstücken für Sandpapier etc. ausgestattet – sie alle sind der Beweis für vorangegangene Bemühungen um die Innengestaltung der Werkzeuge. Auch hier können Sie das Werkzeug wieder verwenden, um eine „Negativform“ in ein Stück Holz zu schneiden. Im Honing Kit von Flex-Cut inbegriffen ist ein in vielen Formen gestalteter Holzblock, der an eine komplizierte Gussform erinnert. An zwei Stellen (einer flachen und einer leicht konvexen) ist er mit Leder beklebt und fungiert dort als Abziehvorrichtung. Außerdem inbegriffen ist ein Stab mit Flex-Cut Gold-Abziehpaste. Handschleifer vom Typ Dremel mit ihren gummibeschichteten Scheiben oder Poliervorrichtungen mit Filzüberzug können zum Abziehen der Innenformen mancher Schnitzwerkzeuge ebenfalls sehr nützlich sein. Nachdem die Schneide spiegelblank poliert ist, testen Sie sie, indem Sie quer zur Faser in das Holzstück schneiden. Sie sollte mühelos hindurchgleiten und

Der Feinschliff sollte mit einer Abziehvorrichtung erfolgen.

Sie sollten ein angenehmes, leichtes Zischen hören, wenn Sie die Schneide entlang von der einen Ecke zur anderen schneiden. Meine Empfehlung: nehmen Sie sich Zeit bei der Verwendung des Werkzeugs und ziehen Sie erneut ab, bevor es gebraucht wird. Ich weiß, es klingt abgedroschen, aber man sollte Schneiden oft nachschleifen. Ganz gleich, wo Sie innehalten, um Ihren Fortschritt zu begutachten – machen Sie es sich zur Gewohnheit, die Schneide, die Sie verwendet haben, leicht abzuziehen.

Und da wir gerade bei Arbeitsgewohnheiten sind, möchte ich auch noch empfehlen, den eigenen Arbeitsbereich immer so frei wie möglich zu halten. Ich möchte niemandem vorschreiben, wie er eine oft eingesetzte Arbeitsoberfläche reinigen soll. Es gibt aber disziplinierte Verhaltensweisen, die zur Effizienz beitragen. Im Eifer des Gefechts kreativer Gestaltung einfach das Werkzeug zu wechseln, kann Schäden nach sich ziehen, weil die Werkzeuge dann buchstäblich „aneinandergeraten“. Selbst die kleinste Scharte hinterlässt Spuren im Schnitt. Schützen Sie also Ihre Schneiden bei der Arbeit und sorgen Sie danach für sichere Lagerung.

Nachschleifen der Fase

Mit jedem Nachschleifen der Schneide erhöht sich der Schnittwinkel. Am Ende schneidet das Werkzeug nur noch, wenn es stärker angehoben wird als dies noch bequem oder ursprünglich gedacht ist. Dann müssen Sie mehr Druck ausüben, und die Kontrolle schwindet dahin. Nun ist der Zeitpunkt gekommen, wieder von vorne anzufangen und die Fase auf den richtigen Winkel zu schleifen, bis hinunter zur Schneide. Dann erfolgen neuerlicher Feinschliff und Abziehen. Auf den folgenden beiden Seiten mache ich einen Bilderstreifzug durch die Phasen beim Nachschleifen der Schneide von Schnitzwerkzeugen. Hierbei kommen diverse, anderswo in diesem Buch beschriebene Maschinen zum Einsatz. Zwar lassen sie sich alle recht gut für Schnitzwerkzeuge verwenden, doch die „Koch“ ist zum Abziehen dieser Werkzeuge besonders gut geeignet und bringt Schneiden auf Hochglanz. Die Tormek bietet eine spezielle Vorrichtung für Schnitzwerkzeuge und eine Lederscheibe für Messerklingen, die zum Abziehen der Innenflächen von Schnitzwerkzeugen verwendet werden kann – was als letzter Schritt beim Abziehen sehr effektiv ist.

Zum Abziehen der Schneide von Schnitzwerkzeugen kann man auch harte Filzscheiben (flach oder geformt) auf eine Schleifvorrichtung montieren und mit Schleifpaste bestreichen. Die Scheiben einer Koch drehen sich in die entgegengesetzte Richtung verglichen mit anderen Modellen. Lassen Sie nie eine scharfe Schneide in Drehrichtung zeigen – diese muss vielmehr immer so ausgerichtet sein, dass sie nicht von der Scheibe erfasst wird und Sie gefährdet. Es ist einfach peinlich, in die Notaufnahme zu kommen, weil einem der Griff eines Geißfußes im Fleisch steckt. Ersparen Sie sich peinliche Situationen und Schmerzen und beherzigen Sie einen schon zuvor gegebenen Rat: Bitte passen Sie gut auf!

Ein scharfes Werkzeug sollte ohne Ausreißen quer zur Faser schneiden und klar akzentuierte Stege zwischen den einzelnen Rinnen hinterlassen.

Schärfen eines Geißfußes an einer Tormek. Jede Seite eines Geißfußes sollte wie ein eigenes Flacheisen geschärft werden. Leider hinterlässt dies eine zu scharfe äußere Ecke mit ungeeignetem Anstellwinkel. Also müssen Sie sich auf diese Ecke konzentrieren, das Werkzeug im gewünschten Winkel halten und es abrunden wie ein winziges Hohleisen.

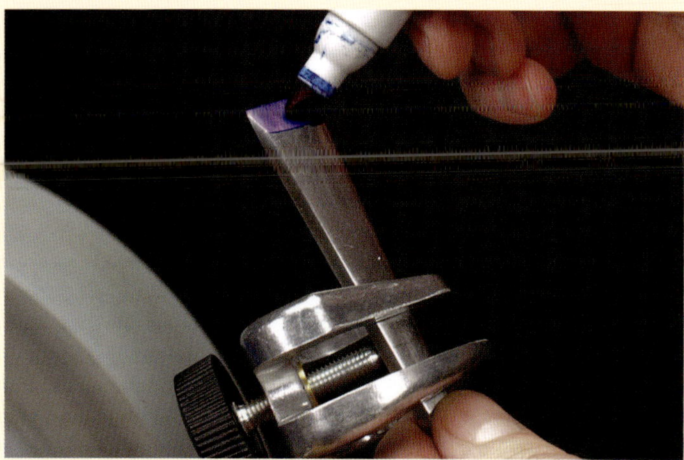

Markieren Sie vor Arbeitsbeginn die Fase. Dadurch können Sie den Fasenwinkel anpassen und Ihren Fortschritt verfolgen.

Zum Abziehen der Innenseite von Geißfüßen kann man das Abziehscheiben-Zubehör für Messerklingen von Tormek verwenden …

… und für die Außenseite die normale Abziehscheibe

Der kleine Werkzeughalter von Tormek ist für kleine Hohleisen konzipiert.

Die Innenseite von Hohleisen lässt sich mit dem Zubehör für runde Abziehscheiben schleifen.

Die Außenseite des Hohleisens wird an einer Standard-Abziehvorrichtung poliert.

Die Schärfmaschine von Koch ist auf jeder Seite mit zwei Scheiben mit verschiedenen Körnungen versehen. Die flache ist für Werkzeuge mit gerader Schneide, die andere eignet sich für gebogene Schneiden.

Horizontalschleifmaschinen wie die Veritas, die Work Sharp und Lap-Sharp können ebenfalls für Schnitzwerkzeuge verwendet werden.

Eine einfache Filzscheibe an einem Schleiftisch eignet sich ideal zum Abziehen von Schneiden. Halten Sie das Werkzeug in Bewegung, damit sich keine kreisförmige Vertiefung im Schleifmittel bildet. Nur leicht aufdrücken, um die Fase nicht zu verrunden. Berücksichtigen Sie immer die Drehrichtung.

Ein Tischschleifer – preiswert in der Anschaffung und bemerkenswert vielseitig – beim Schleifen der Fase eines Hohleisens.

Ziehmesser

Ich behandle Ziehmesser (auch „Zugmesser" genannt) im Rahmen des Kapitels über Schnitzwerkzeuge, weil sie ähnlich freihändig verwendet werden, wenn auch in größerem Maßstab. Mit demselben Argument könnte ich sie auch bei Beiteln oder Schabhobeln behandeln, da sie eine ähnliche Arbeit ausführen wie letztere – allerdings etwas „hingebungsvoller". Und weil er sie für so vieles verwenden und sie so vielseitig sind, bezeichnet Dan Stalzer sie als „die Bandsägen unter den Handwerkzeugen". (Ich habe versprochen, ihn in Zusammenhang mit diesem Zitat zu erwähnen.) Dan ist Grünholz-Möbelmacher, Dozent und hat eine Sammlung alter Ziehmesser. Mit einem davon hat er mit seinen talentierten Händen im Laufe der Jahre ein ganzes Gebirge voller Späne abgetragen.

Bei Fasenwinkeln ist er kein Prinzipienreiter (er arbeitet mit ca. 25°) und schärft seine Ziehmesser meist nach Erfahrung und Gefühl. Mit einer ganz einfachen Änderung an seinem Schleiftisch hat er eine praktische Führung hergestellt, die verhindert, dass die Griffe in Kontakt mit dem Motor kommen: er dreht ganz einfach die Werkzeugauflage so um, dass sie vertikal aufragt. Dan nutzt dieses vertikale Teil als Gegenhalter und schleift dann gegen die Ecke der Scheibe (auf dem Foto erkennt man, dass die Ecke der Scheibe recht weit zurückgefast ist. Wird die Fase zu groß, dreht er die Scheibe und beginnt mit dem „Abfasen" der anderen Ecke.) Dann ist der Wasserstein an der Reihe: Kornung 1000 zum Abrichten, 4000 für den Feinschliff. „Allemal scharf genug", findet Dan.

Man kann zwar nicht alle Schleiftische mit so wenigen Handgriffen umbauen, aber ganz einfach einen Gegenhalter/eine Führung hinzufügen, indem man an der richtigen Stelle der Werkzeugauflage eine Schraubzwinge anbringt, um die Fase im richtigen Winkel zur Scheibe anzusetzen. Wie für zahlreiche andere Werkzeuge bietet die Tormek auch eine Halterung, die sich auch für Ziehmesser eignet.

Ziehmesser kann man von Hand mit denselben Steinen und Techniken schärfen, die auch für andere Werkzeuge Anwendung finden. Natürlich haben diese Messer eine sehr lange Schneide, aber dann muss man eben einfach etwas, das Sie schon können, in größerem Maßstab tun: die Fase beim Schärfen in stets gleichem Winkel an die Scheibe halten. Probieren Sie verschiedene Schleifmittel aus. Viele verwenden einfach um einen Dübel (oder einen Block, der lang genug ist, um die eigenen Hände zu schützen) gewickeltes Schleifpapier. Ziehmesser sind aufgrund ihrer langen, scharfen Schneiden berüchtigt für ihre Blutrünstigkeit – passen Sie also besonders gut auf.

Einfach die Werkzeugauflage hochklappen, und schon ist dieser Schleiftisch auch für Ziehmesser verwendbar. Wenn man am Rand der Scheibe arbeitet, kommen die Griffe nicht in Kontakt mit dem Motor. (Die graue Stelle vor den Ablage ist ein „Stalagmit", der sich aus geschmolzenen Stahlspänen gebildet hat.)

Dans Trick mit dem Drehen der Werkzeugauflage ist nicht der einzige Weg zum Ziel. Ebenso einfach und effektiv ist eine kleine Schraubzwinge zur Einstellung des Fasenwinkels.

Auch hier dürften die Griffe bei normalen Scheiben und Vorgehensweisen wieder ein Hindernis darstellen. Umgehen Sie dies durch den Bau eines steinernen „Vorsprunges" an Ihrer Werkbank, die Ihnen Zugang zu beiden Fasenflächen Ihres Ziehmessers ermöglicht. Das Foto macht das nicht sonderlich deutlich, aber: die Steine sind nicht besonders flach. Dan meint dazu: „Ein gewisser Hohlschliff am Stein ist in Ordnung. Ein wenig Konvexität an der Rückseite eines Ziehmessers hält dieses sogar davon ab, zu stark einzuschneiden.

Die Haltevorrichtung von Tormek hält Messer in stets gleichem Winkel an die Scheibe.

11 Drechselwerkzeuge

Die Schüssel wurde von Kevin Drake gedrechselt.

Drechseln scheint grössere Innovativen bei der Werkzeugherstellung zu generieren als jeder andere Bereich des Holzwerkens. Hobeleisen, Beitel und Messer haben sich seit ihrer Erfindung nur sehr wenig geändert – bei Drechselwerkzeugen hingegen steht der Fluss der technischen Weiterentwicklung niemals still. Dieser Innovationsdrang könnte die Antwort auf die zahlreichen Variablen sein, die Drechseln mit sich bringt. Drechselwerkzeuge werden von Hand gehalten. Dadurch sind unendlich viele Angriffswinkel denkbar. Das Holz selbst ist von einer Stelle zur nächsten auch unregelmäßig. Die Faserrichtung, auf die die Schneide während der Bearbeitung trifft, kann sich ändern. Bei der Bearbeitung wird ja die Form des Holzes verändert, und dadurch ändert sich auch die Position des Werkzeugs im Vergleich zur Oberfläche. Ein Drechsler nimmt während seiner Arbeit andauernd Positionsveränderungen vor, um sich daran anzupassen. Ich habe oft gesagt: „ein Hobel ist nur eine Haltevorrichtung für ein Eisen". Vor vielen Jahren war der Hobel die clevere Antwort eines Holzwerkers auf die Variablen, die es so schwer machten, ein Brett mit einem in der bloßen Hand gehaltenen Eisen zu bearbeiten. Wenn wir beim Drechseln eigentlich nur einen Zylinder oder eine andere, sich wiederholende Form erzeugen wollten, könnten wir ein Gerät bauen, das die zahlreichen Variablen ausklammert und massenhaft Zylinder oder andere sich wiederholende Formen produziert. (Und das tun wir ja auch – es gibt zahlreiche Verfahren und Maschinen zur Massenproduktion von Drehteilen, sei es aus Holz oder

Metall. Da gilt auch für viele andere Materialien. Sehen Sie sich doch nur um: der Griff des Wischmops wurde sicherlich nicht in Handarbeit von einem Drechsler hergestellt.) Die Innovationen bei Drechselwerkzeugen erleichtern das Erreichen der gewünschten Ziele und gestalten den Weg dorthin zuverlässiger: die glatteste Oberfläche, das hohlste Gefäß, die geringste Materialermüdung oder welches Problem man sich sonst noch ausdenken mag – alles kann durch Erfindungen und Innovationen im Bereich Drechselwerkzeuge gelöst werden.

Die permanente Innovation bei Drechselwerkzeugen sorgt aber auch dafür, dass ich hier höchstwahrscheinlich nicht jedes Werkzeug behandeln kann. Ich habe jedoch versucht, die wichtigen Grundlagen abzudecken. Durch Analyse der Vorgänge beim Schneiden (siehe Kapitel 4: „Holz schneiden") und unter Berücksichtigung der Gegebenheiten der Schneidengeometrie (Kapitel 5: „Die Grundlagen") sollten Sie imstande sein, alle neuen und verbesserten Drechselwerkzeuge zu schärfen, die Eingang in Ihre Werkzeugausrüstung finden. Ich nehme hier meine Leser in die Pflicht und vertraue darauf, dass sie imstande sind, sich an neue Werkzeuge und deren Schneiden-Anforderungen anzupassen. Allerdings muss ich auch zugeben: wenn man 100 Drechsler fragt, wie sie ihre Werkzeuge schärfen, bekommt man höchstwahrscheinlich über 100 Antworten. Daraus können Sie schließen, dass es mehr als nur einen Weg gibt, um ans Ziel zu gelangen. Bleiben Sie also offen und experimentieren Sie mit Ihren Werkzeugen, Schleifmitteln und Anwendungen, um herauszufinden, welche Verfahren für Sie gut funktionieren – d. h. für Ihre Hölzer auf Ihren Maschinen mit Ihren Werkzeugen in Ihrer Werkstatt.

An Drechselbänken werden Elektrowerkzeuge eingesetzt. Man sollte bedenken, dass hier das Holz von einem Elektrogerät in Drehung versetzt wird, was bedeutet, dass die Abläufe beim Schärfen etwas anders sein müssen als beim Einsatz von rein von Hand gehaltenen Werkzeugen. Von Drechselwerkzeugen erwartet man in der Regel, dass sie zwischen den einzelnen Schärfvorgängen mehr Holz schneiden als andere Werkzeuge. Wenn Sie Drechselerfahrung haben oder einmal einem Drechsler zugesehen haben, erinnern Sie sich vielleicht, wie viele Späne bei dieser Arbeit anfallen. Vergleicht man diese Spanmenge mit der, die im gleichen Zeitraum beim Hobeln anfallen, kann man sich denken, welchen Beanspruchungen Drechselwerkzeuge standhalten müssen. Ähnlich, wie auch bestimmte Hobel für bestimmte Aufgaben eingesetzt werden, hat auch jedes Drechselwerkzeuge eine bestimmte Aufgabe zu erfüllen. Eine Schrupppröhre wird zur Grobdimensionierung der zu drechselnden Werkstücke verwendet – ähnlich wie ein Schrupphobel Werkstücke für Hobelarbeiten vorbereitet. Ein feiner letzter Schnitt kann von der schrägen Schneide eines Drechselwerkzeuges in ähnlicher Weise erfolgen wie ein Schlichthobel einem Brett seine endgültige Form gibt. Wie beim Hobeln kann es auch sein, dass ein beliebiges Drechselwerkzeug für Arbeiten herangezogen wird, für die es eigentlich nicht konzipiert ist.

Und wie beim Hobeln hängt die Notwendigkeit einer abgezogenen und polierten Schneide von der Situation ab. Ein Schrupphobel braucht keine polierte Schneide – ein feinerer Hobel schon. Die meisten Drechsler verwenden ihre Werkzeuge direkt nach dem Schleifen wieder und überspringen das Polieren. Es gibt selten Situationen, in denen weitere Verfeinerung gefordert ist. Viele Drechsler haben die Schleifmaschine gleich in der Nähe der Drechselmaschine, um ihre Werkzeuge schnell und bequem nachschleifen zu können. Die mit einer Maschine hergestellte Schneide mag zwar einen Nullradius aufweisen, kann aber dennoch recht rau im Vergleich zu dem sein, was für Beitel und Hobeleisen optimal ist. Würde man mit einer solchen Schneide in eine beliebige Stelle schneiden, hinterließe das sichtbare Rillen auf der Oberfläche des Holzes. Da sich das Holz aber so schnell dreht, ist es sehr wahrscheinlich, dass die raue Schneide beim Entlangfahren des Werkzeugs am Werkstück diese Rillen wieder ausgleicht und eine glatte Oberfläche hinterlässt.

Obwohl die meisten der heutigen Drechselwerkzeuge aus Schnellarbeitsstahl gefertigt sind und sehr hohen Temperaturen standhalten, ohne weich zu werden, sollten Sie bei der Verwendung elektrischer Schleifmaschinen dennoch einer Überhitzung vorbeugen. Achten Sie immer darauf, dass der Stahl nicht überhitzt wird. Halten Sie die Schneide an der Scheibe stets in Bewegung – sie darf nicht ruhen – und tauchen Sie die Schneide oft in Wasser. Anhaftende Wassertröpfchen nicht abwischen – sie sind ein nützlicher Indikator für Überhitzung. Stellen Sie beim Weiterschleifen fest, dass die Tropfen auf der Schneide zu kochen beginnen, tauchen Sie sie erneut in Wasser. Die Ecken des Werkzeugs brauchen besondere Aufmerksamkeit. Hier ist weniger Metall vorhanden, das die Hitze absorbieren kann, weshalb gerade Ecken sich überhitzen und im Handumdrehen in schrecklich-schönen Farben erstrahlen können (Kapitel 5: „Die Grundlagen"). Wassergekühlte Niedergeschwindigkeits-Schleifmaschinen wie die Tormek umgehen dieses Problem durch Vorrichtungen, die für Präzision und Wiederholbarkeit sorgen, aber für routinemäßige Schärfaufgaben von Drechslern, die es gewohnt sind, ihre Werkzeuge effizient an Hochgeschwindigkeitsmaschinen zu schleifen, zu langsam sein könnten. Um eine gleichmäßige Schneide zu schärfen, braucht man eine korrekt abgerichtete Scheibe. Es gibt eine ganze Reihe von Produkten zum Scheibenabrichten. Eines der einfachsten: ein einspitziger Diamantabrichter, den man in eine leicht herzustellende Führung einsetzen kann, die

Viele Drechsler haben die Schleifmaschine in Nähe der Drechselbank, um schnell und leicht nachschärfen zu können.

sich auf der Werkzeugauflage befindet. Alternativ kann man auch ein Abdrehrad verwenden, das die Oberfläche des Schleifsteins aufbricht, wenn es dagegengedrückt wird. (Kapitel 5 enthält weitere Informationen zur Wartung von Schleifscheiben.)

Bandschleifer sind für manche dieser Werkzeuge zwar praktisch, aber der flache Schliff, den sie erzeugen, ist möglicherweise nicht ideal für manche der Drechselaufgaben, bei denen es darum geht, die „Fase zu reiben“. Dafür wäre eine Hohlfase geeigneter. Ein Flachschliff funktioniert gut in einer Schüssel oder einem Gefäß, in dem die konkave Gestalt des Werkstückes die Schneide schneiden lässt, während die hintere Seite reibt. An der Außenseite hingegen kann man mit dem Hohlschliff die Fase genauso anlegen wie der Hohlschliff an einem Beitel die Schneide an einem Stein anlegt. Die hintere Seite der Fase reibt, die Schneide schneidet.

Bei entsprechender Erfahrung und Praxis ist Freihandschleifen der leichteste Weg, schnell wieder zum Drechseln überzugehen.

Schleifen mit Wasserkühlung umgeht das Risiko einer Überhitzung, die Verwendung von Hilfsvorrichtungen garantiert präzise, reproduzierbare Winkel. Bei einer Niedergeschwindigkeitsscheibe dauert das Schärfen der Schneide jedoch länger.

Hohleisen

Schruppröhren werden zum Runden rechteckiger Werkstücke verwendet. Die Schneide ist über die Frontseite gerade und rechteckig. Ein breiter, solider Fasenwinkel ist wünschenswert, da die betreffende Schneide beim Drehen wiederholt von jeder Ecke des Werkstückes getroffen wird. Der durchschnittliche Fasenwinkel liegt bei 45°. Je nachdem, ob es sich um weicheres oder härteres Holz handelt, können es bis zu 10° mehr oder weniger sein, um die Schneidkraft bei Weichhölzern zu erhöhen bzw. bei Harthölzern für mehr Festigkeit zu sorgen. Stellen Sie die Werkzeugauflage so ein, dass die Fase im gewünschten Winkel auf die Scheibe trifft und schleifen Sie die Fase, indem Sie sie von einer Seite zur anderen gegen die Scheibe reiben. Steck-Halterungen wie die Wolverine von Oneway oder Vorrichtungen von Tormek erleichtern das Schleifen von Schruppröhren, weil sie einen festen Bezugswinkel für die Fase schaffen und die zur Durchführung der Aufgabe erforderliche Rotation ermöglichen. Stellen Sie den Stecker von Wolverine bei ausgeschalteter Schleifmaschine ein – die Fase ruht an der Scheibe. Entfernen Sie das Hohl-

Hohleisen sollten zunächst einmal durchgehend im rechten Winkel geschliffen werden.

Eine verstellbare Werkzeugauflage für die Schleifvorrichtung erleichtert Einstellen und Halten des Winkels.

Mit einem „Oneway Jig“ (hier in Aktion) kann man die Fase von Werkzeugen wie z. B. diesem Hohleisen mit reproduzierbarem Ergebnis schleifen. Das „Wolverine Grinding Jig“ ist das „Herz“ der Schleifprodukt-Familie von Oneway Wolverine.

eisen, schalten Sie die Schleifmaschine an und setzen Sie das Hohleisen erneut ein. Schleifen Sie die Fase gleichmäßig und achten Sie darauf, dass das Werkzeug in ganzen Bögen gedreht wird. Markieren Sie Ihre Schleifvorrichtung mit einem Anreißer oder Band, damit Sie dieses Werkzeug immer mit einer einfachen, reproduzierbaren Einstellung nachschleifen können. Tormek bietet sowohl ein Winkeleinstell-Tool als auch Aufkleber für jedes Werkzeug, auf denen man die nötigen Parameter notieren kann. Das erleichtert das Nachschärfen. Dabei wurde an alles gedacht: sogar ein Filzstift für die Sticker wird mitgeliefert. Zur Einstellung des richtigen Nachschärfwinkels nehmen Sie eine farbige Markierung mit dem Filzstift vor und stellen Sie dann den Winkel an der Scheibe nach Augenmaß ein. Drehen Sie die Scheibe einige Zentimeter von Hand und betrachten Sie den dadurch entstehenden Streifen. Wenn der Streifen von der Schneide bis zur hinteren Seite der Fase gleich breit ist, stimmt der Winkel. Läuft er spitz zu, ist der Winkel so einzustellen, bis der Streifen gleichmäßig geformt ist.

Markieren Sie die Fase farbig, um Ihre Winkeleinstellung anzupassen und zu überprüfen. Ihr Ziel ist es, die Farbe in einem einförmigen Streifen auf der Fase (von der Schneide bis zur hinteren Seite) zu entfernen. Dieses Vorgehen wird empfohlen, auch wenn Sie einen Schleiftisch verwenden. Ziehen Sie die Schneide nach dem Schleifen innen und außen mit der Lederabziehscheibe ab.

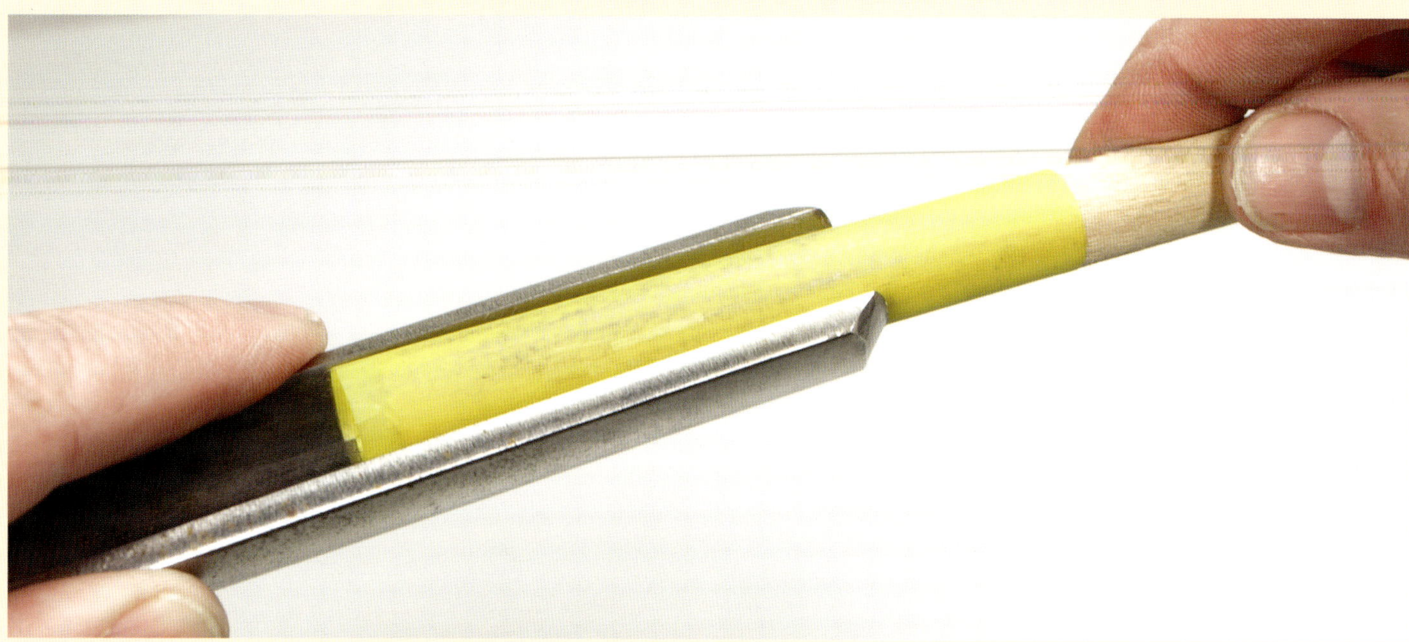

Die meisten Drechsler verwenden ihre Werkzeuge nach dem Schleifen sofort wieder, aber es schadet nie, den Grat abzuschleifen und die Schneide noch ein wenig zu optimieren.

Immer wieder wird diskutiert, ob die Innenseite von Hohleisen ebenfalls poliert werden sollte. Für grobe Arbeiten ist dies zwar unnötig, doch das Abziehen der Hohlkehle entfernt den beim Schleifen entstandenen Grat. Außerdem verringert eine polierte Oberfläche bei schnellem Arbeiten entstehende Reibung und Hitze. Verwenden Sie runde Abziehsteine oder um einen Dübel mit entsprechendem Durchmesser gewickeltes Schleifpapier, um nach dem Schleifen zu entgraten und die Innenseite zu polieren.

Spindelförmige Hohleisen verwenden einen Fingernagelschliff mit einem Fasenwinkel von 25° (auch hier gilt: bei Harthölzern etwas größer, bei Weichhölzern kleiner). Das Schleifen kann mit der gleichen Anordnung erfolgen, die Sie auch für Ihr Aufrauh-Hohleisen verwendet haben. Reduzieren Sie den Schleifwinkel auf 25° – und da die Schneide um die Spitze ja radiusförmig sein soll, halten Sie an den Ecken kurz inne, um den gewünschten Fingernagel-Anschliff zu erzielen. Achten Sie darauf, dass die Form symmetrisch bleibt und es nicht zu Überhitzung kommt.

Welche Form die Fase an einem Hohleisen haben soll, wird viel diskutiert – es ist auch eine Frage der persönlichen Präferenz. Herkömmliche Eisen dieses Typs haben rechtwinklig geschliffene Enden mit einem Fasenwinkel um die 40°. In letzter Zeit erfreuen sich seitlich schneidende Schalenröhren steigender Beliebtheit. Die Form der Schneide dieser Eisen ist so schwer herzustellen und nachzuschleifen, dass die Verwendung

Maschinen wie die Tormek verwenden eine Schwenkvorrichtung, um Schalenröhren in die gewünschte Ellipsenform zu schleifen.

Die Wolverine Vari-Grind-Hilfsvorrichtung dient zum korrekten Schleifen und Nachschleifen der Schneide herkömmlicher Schalenröhren bei modernen Seitenanschliffen, (auch bekannt als Ellsworth-Schliff, Liam O'Neil oder irischer Schliff) und den traditionellen Fingernagel-Anschliff für Detailarbeiten an Werkzeugen, die mit Spindelantrieb arbeiten.

einer Hilfsvorrichtung oder Halterung dringend angeraten wird. Für Schleiftische sind entsprechende Halterungen wie z. B. das Wolverine-System erhältlich. Design-Ideen für selbstgebaute Halterungen, die einen ähnlichen Gegenhalter mit verschiebbarem Sockel nutzen, finden sich im Internet. Tormek liefert mit seinen Maschinen Vorrichtungen zum Schleifen aller gängigen Werkzeuggeometrien mit. All diese Systeme verwenden Halterungen, die sich an der Maschine anbringen lassen und mit einer an das Werkzeug zu befestigenden Vorrichtung funktionieren. Die Vorrichtung ist für den Klingenvorstand und Fasenwinkel einstellbar. Mit der Einstellung des Abstandes der Halterung von der Scheibe kann man auch alles Übrige festlegen, das zum perfekten Zusammenfließen von Fasenwinkel und Ellipsenform der Schneide beiträgt.

Sogar bei Einsatz von Vorrichtungen und Halterungen ist das Schleifen der Schalenröhren mit Seitenanschliff immer noch mit einer gewissen Kunstfertigkeit verbunden. Das Hohleisen muss symmetrisch sein, die seitlichen Schneiden entweder gerade oder leicht konvex. Verwenden Sie eine schräge Schneide oder Schaber für die Endoberfläche, können Sie die Schneide direkt nach dem Schleifen wieder einsetzen. Setzen Sie das Hohleisen für Finishes ein, sollte dessen Innenseite so poliert sein wie für Aufrau- und Spindel-Hohleisen. Bei manchen Anwendungen kann ein Feinschliff der Schneide mit feineren Körnungen wünschenswert sein. Ziehen Sie die Schneide an der Lederabziehscheibe der Tormek oder an Steinen ab, so entsteht ein feineres Finish als an der Schleifmaschine.

Um diese komplexen Schneiden auch zukünftig herstellen zu können, sollten Sie messen, Notizen machen oder Holzstücke als Abstandshalter einsetzen, um die Vorrichtungen und Halterung jedes Mal wieder im gleichen Abstand von der Schleifscheibe zu platzieren. Ich hatte es zuvor erwähnt: Tormek bietet hierfür spezielle Aufkleber. Verwenden Sie sie. Für Einsteck-Vorrichtungen leisten Holzstücke zur Messung des Abstandes zwischen Aufnahme und Scheibe gute Dienste. Auf ihnen sollte man die Art des Hohleisens sowie die Einstellung für den Zapfen und die Größe des Klingenüberstandes notieren.

Schrägmeißel

Schräge Meißel lassen sich direkt von der Schleifmaschine weg benutzen. Ein schräger Winkel von 70° bis 80° ist dabei die Regel – der genaue Winkel ist eine Frage der persönlichen Präferenzen und der Erfahrung. Versuchen Sie es für Fasen bei Weichhölzern mit einem Gesamt-Schnittwinkel von 25°. Dieser lässt sich auf 40° erhöhen, um Schneidleistung und Standzeit zu erhöhen, wenn es gilt, härtere Hölzer zu drechseln. Gerade Schrägen schleift man unter Verwendung der Schleiftischeinstellung im korrekten Fasenwinkel und durch Verschieben des Beitels entlang des Schleifsteins im korrekten schrägen Winkel. Markieren Sie sich den linken und rechten Schrägwinkel als Referenzpunkte am Tisch, damit beide Seiten zueinander passen. Achten Sie sorgfältig auf Einhaltung der Symmetrie – die Fasen müssen dieselben Längen haben und die Schneide zentriert sein. Die Veritas-Werkzeugauflage für Schleifvorrichtungen kann verwendet werden, wenn der Beitel im entsprechenden schrägen Winkel in die Schleifvorrichtung eingespannt ist. Mithilfe eines Fasen-Einstellwerkzeugs kann man beide Seiten der Schneide im gleichen schrägen Winkel einstellen. Markieren Sie auf dem Schrägbeitel eine Linie, die Sie als Bezug verwenden, wenn Sie ihn umdrehen, um die andere Seite zu schleifen.

Viele Drechsler ziehen abgerundete Schrägbeitel vor, weil sie „Zähne" besser vermeiden als gerade Schrägmeißel und beim Schneiden flexibler einsetzbar sind. Manche schleifen ihre gerundeten Schrägen freihändig und setzen den Schleiftisch dabei ein wie die Werkzeugauflage der Drechselbank. Es erfordert etwas Übung, und Sie können die erforderlichen Bewegungen erlernen, indem Sie Ihren Schleiftisch auf den Fasenwinkel einstellen, um eine präzise Fase abzuziehen, während Sie die Schneide mit der Hand an der Scheibe entlangführen. Die entsprechende Veritas-Vorrichtung verfügt über eine verstellbare Schleiftisch-Werkzeugauflage. Oder bohren Sie ein Loch in die Werkzeugauflage Ihres Schleiftisches. Setzen Sie den Klingenüberstand so ein, dass Sie den gewünschten Fasenwinkel und Bogen erhalten und wenden Sie dann das Werkzeug am Zapfen, um die Fase abzurichten. Legen Sie die Schräge an der anderen Seite der Vorrichtung an und wiederholen Sie den Vorgang. Achten Sie dabei sorgfältig auf Einhaltung der Symmetrie, damit das Werkzeug ebenso schneidet, wenn Sie die Richtung wechseln oder es wenden. Systeme vom Typ Tormek werden mit Vorrichtungen zum Schleifen von Schrägen mit Gerade oder Radius geliefert. Sie tragen Metall zwar langsamer ab als ein zum Abrichten von Schneiden verwendeter Trockenschleiftisch, sind aber für schnelles Nachschleifen ohne Risiko einer Überhitzung gut.

Markieren des schrägen Winkels (oben) und Schleifen eines geraden Schrägwinkels am Veritas-Schleiftisch mit entsprechender Vorrichtung (unten).

Freihandschleifen üben zahlt sich auf die Dauer aus.

Die Schrägschleif-Vorrichtung von Veritas dreht sich an einer Bohrung im Schleiftisch.

Bei Drechselwerkzeugen ist ein Feinschliff der Schneide nicht unbedingt nötig. Er schadet aber auch nicht, solange man Mikrofasen vermeidet, die Wechselwirkungen mit dem von Drechslern praktizierten „Fasenreiben" erzeugen.

Wenn das Schärfen abgeschlossen ist, trägt die schräge Fase wieder schnell Material ab.

Schaber

Foto mit freundlicher Genehmigung von Lee Valley Tools.

Ein für Drechselarbeiten eingesetzter Schaber erinnert zwar kaum an eine Ziehklinge wie man sie zum Bearbeiten glatter Werkstücke verwendet – die Schneidwirkung ist jedoch bei beiden im Wesentlichen die gleiche. Die Schneide trifft in einem hohen Schabwinkel auf das Holz und der Grat, sofern vorhanden, fungiert als kurze Scherklinge mit radikalem Spanbrecher (die Vorderseite der Klinge bricht die Faser der Späne, bevor diese angehoben und abgerissen werden). Zum Drechseln eingesetzte Schaber sind in der Regel vorne abgerundete Werkzeuge, deren Form sich aber leicht an bestimmte Einsatzzwecke anpassen lässt. Zum Schleifen eines Schabers stellt man einfach den Schleiftisch im richtigen Winkel ein –70° bis 80° sind Standard – und schleift ihn in die gewünschte Form. Die Schneide hat Nullwinkel. Der von der Maschine aufgeworfene Grat ist nicht ideal zum Schneiden und ich empfehle, ihn mit einem feinen Stein an der Vorderseite des Werkzeugs abzupolieren. Setzen Sie danach einen Abziehstahl ein, um einen stärkeren und schärferen Grat zu erzeugen. Ein in der Hand gehaltener Abziehstahl ist ausreichend, kann bei so einem kleinen Zielbereich aber unbequem in der Handhabung sein. Der Veritas Scraper Burnisher ist ein kleiner Tisch mit zwei gehärteten Zapfen – einer läuft im Winkel 5° zu, der andere im Winkel von 10°. Der Schaber wird gegen einen der Zapfen gedreht. Gleichzeitig wird dabei am anderen Zapfen der Grat aufgeworfen. Ob man den einen oder anderen Zapfen verwendet, hängt vom Fasenwinkel ab. Eine Anpassung des Fasenwinkels von 5° ist möglich.

Abstechstähle

Diamantform-Abstechstähle sind symmetrisch so zu schleifen, dass beide Schneiden sich an der breitesten Stelle in der Mitte in einem Winkel zwischen 30° und 59° treffen. Der Winkel ist nicht von entscheidender Bedeutung und Sie können das Werkzeug an die Schleifmaschine halten bzw. eine Vorrichtung wie die Tormek oder eine Halterung im Taschenformat verwenden, um hier für Kontinuität zu sorgen. Für die meisten Arbeiten mit Abstechstählen genügen an der Schleifmaschine hergestellte (nicht nachpolierte) Schneiden.

12 Äxte und Dechseln

Von allen Äxten, Beilen und Dechseln, die im Laufe der Menschheitsgeschichte entwickelt und eingesetzt wurden, werden nur wenige heute noch beim Holzwerken verwendet. Ich ziehe eine Axt der Kettensäge vor, um einen umgestürzten Baum auseinanderzunehmen. Zimmermannsäxte und Dechseln werden noch immer von Handwerkzeug-Puristen und Fachwerk-Traditionalisten verwendet. Ich kenne aber nur wenige Holzwerker, die irgendwann mit Äxten oder Dechseln zu tun hatten.

Das ESF-Woodsmen-Team belegt Spitzenplätze im Wettbewerb SYRACUSE – Die frische Frühlingsluft von Syracuse war erfüllt vom Klang splitternden Holzes und dem Duft von Sägemehl, als das Holzhacker-Team des State University of New Yorks College of Environmental Science and Forestry im Jahr 2007 beim East Coast Lumberjack Roundup die ersten Plätze belegte.

Das bedeutet aber noch nicht, dass sich diese Werkzeuge nicht zum Holzschneiden eignen; und so lange, wie dies der Fall ist, sollten Äxte und Dechseln entsprechend geschärft sein. Diese Werkzeuge lassen sich mit einer Schleifmaschine oder einer Feile recht einfach schärfen. Verwenden Sie einen Schleiftisch, gelten auch hier alle üblichen Vorsichtsmaßnahmen: Schützen Sie sich und andere vor Funkenflug, herumfliegendem Schleifstaub und möglichen von der Scheibe abgeschlagenen Bestandteilen und halten Sie Ihr Werkzeug kühl. Eine für allgemeine Zwecke verwendete Axt (bzw. ein Beil) sollte in einem Fasenwinkel von 25° geschliffen werden. Wenn Weichhölzer geschnitten werden sollen, helfen 20° für einen aggressiveren Schnitt. Versuchen Sie es bei Harthölzern mit 30° – dies schafft auch eine höhere Standzeit. Hierbei wird davon ausgegangen, dass Sie das Holz eher schneiden als spalten. Soll in Faserrichtung geschnitten werden, unterstützt eine steilere Fase dieses Vorhaben, wohingegen eine Axt oder ein Beil mit einer zu hohlen Fase sich möglicherweise in der Faser festsetzt und dann wieder schwer zu entfernen ist.

Eine Dechsel ist eine Axt, deren Schneide um 90° gedreht ist. Sie wird für die Oberflächenbearbeitung und zum Zuschneiden von rauem Fällholz in Schnittholz verwendet. Von Schnitzern verwendete Dechseln sind kleiner, ihre gekrümmte Schneide wird zum Aushöhlen verwendet. Geflügelte Dechseln schneiden gegen die Faser. Es gelten dieselben Fasenwinkel, doch da Dechseln oft zur Schaffung glatter Oberflächen eingesetzt werden, unterstützen ein flacherer Winkel und eine schärfere Schneide Sie auch bei filigraneren Aufgaben und schaffen glattere Flächen. Dechseln sollten an der inneren Seite der Schneide gefast werden. Die Rückseite nicht anfasen. Um optimale Leistung zu gewährleisten, sollten beide Flächen glattgeschliffen werden.

Eine Zimmermannsaxt ist ein breites, einfasiges Werkzeug, das ebenfalls verwendet wird, um Schnittholz zu weiterverwertbarem Bauholz zu verarbeiten. Glätten Sie die flache Seite durch Abziehen an Steinen oder Schleifpapier. Feilen oder schleifen Sie die Fasenseite. Dann gilt (wie auch bei der Dechsel): mit einer flacheren Fase gelingen feine Arbeiten etwas leichter und präziser.

Der Spalthammer (links) hat eine breite Fase zum Spalten von (Feuer)Holz. Die Axt (rechts) hat einen viel kleineren Fasenwinkel, um Holzfasern senkrecht durchzuschlagen.

Teilnehmer am Underhand Chop' 2007. Mit freundlicher Genehmigung Von Rae Allen

Alle für Schleifmaschinen üblichen Sicherheits- und Überhitzungs-Schutzmaßnahmen gelten auch für Äxte.

Ich finde Bandschleifer für diese Aufgabe leichter einsetzbar, wenn sie horizontal montiert sind. Einfach mit einer Sperrholzplatte verbinden und diese an der Werkbank befestigen.

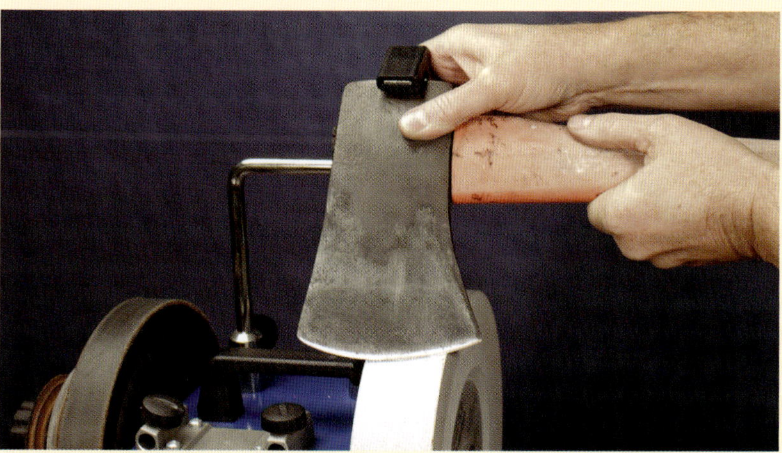

Die langsameren, wassergekühlten Schleifmaschinen umgehen das Risiko des Überhitzens und erleichtern das Schärfen von Äxten mit der geeigneten Halterung, weil sie die Schneide in einem gleichbleibenden Winkel an die Scheibe halten.

Äxte und ihre Verwandten kommen oft sofort nach dem Schleifen wieder in den Einsatz – für grobe Holzarbeiten ist kaum Schleifen oder Abziehen erforderlich. Es schadet allerdings auch nicht, mit feineren Körnungen weiterzuschärfen. Ich habe meine Zweifel, ob es hier Schärfaufgaben gibt, für die eine feinere Körnung als 1000 erforderlich ist, habe aber den Verdacht, dass ehrgeizige Holzfäller selbst das zu grob finden. Äxte kann man mit (Niedrig- oder Hochgeschwindigkeits-, Nass- oder Trocken-, Horizontal- oder Vertikal-)Schleifmaschinen, Feilen, Steinen, Bandschleifern oder Ähnlichem schärfen. Bei Verwendung einer Hochgeschwindigkeits-Schleifmaschine sollten Sie die üblichen Vorsichtsmaßnahmen gegen Überhitzung treffen. Wenn man gerade ein großes Stück Stahl in der Hand hat, überschätzt man leicht den Widerstand, den eine Klinge an den dünnen Stellen der Überhitzung entgegensetzt. Benötigen Sie also keinen speziellen Winkel, dürfte eine freihändige Annäherung an den Fasenwinkel ausreichen. Bandschleifer laufen kühler, doch auch sie erfordern Wachsamkeit gegen Überhitzung. Wassergekühlte Schleifmaschinen vom Typ Tormek verfügen zwar über eine Halterung nur zum Halten von Axtköpfen, verlangen aber mehr Geduld, weil sie Metall deutlich langsamer abtragen als Hochgeschwindigkeits-Schärfmaschinen.

Äxte sind in der Regel weicher als Hobeleisen, Messer oder Beitel und reagieren daher empfindlicher auf Schlageinwirkung. Das Schärfen erfolgt mit einer Feile. Zimmermannsäxte sollten nur an einer Seite angefast sein. Ziehen Sie die Rückseite ohne Fase ab.

Dechseln und Zimmermannsäxte sind nur einseitig gefast. Hier verwendete ich einen „Diamant-Stein“ zum Abrichten der flachen Seite.

Die nach innen gebogenen Blattenden der geflügelten Dechsel kann man mit einer kleinen Schleifwalze oder einem zylinderförmigen Stein in einer Bohrmaschine schärfen. Sie können aber auch Schleifpapier um ein Stück Rohr oder einen Dübel wickeln, um diese Innenradien zu schleifen. Die Außenseite braucht keine Fase. Schleifen Sie sie einfach glatt.

13 Messer

Ein Buch zum Thema Schärfen wäre unvollständig ohne ein Kapitel über Messer. Nach der Keule zählt das Messer zu den grundlegendsten Werkzeugen der Menschheit. Messer sind in verschiedensten Formen und Größen sowie in diversen Stahlsorten verfügbar. Wie bei allen Werkzeugen mit Schneide gilt: das Vorgehen beim Schärfen hängt vom Einsatzzweck ab: Soll das Messer in der Küche Knochen durchhacken oder rohen Thunfisch filetieren? Oder alle möglichen Aufgaben in der Werkstatt, auf Ihrem Boot oder im Hinterhof verrichten? Ein gut funktionierendes Messer kann für die verschiedensten Dinge eingesetzt werden (einschließlich dem ursprünglichen Herstellungszweck).

Die meisten Messer westlicher Bauart haben eine lange Primärfase sowie eine kleine Sekundärfase, die die eigentliche Schneidarbeit verrichtet. Der Gesamtschnittwinkel der Sekundärfase – der Winkel, an dem sich beide Fasen treffen, um die Schneide zu bilden – ist größer als die Primärfase. Die meisten japanischen Messer hingegen haben eine lange, bis zur Schneide durchgehende Fase, aber überhaupt keine Sekundärfase. Für schwere Hackarbeiten – für die man z. B. ein Fleischerbeil verwenden würde – kann ein Gesamtschnittwinkel von bis zu 50° oder 60° erforderlich sein, zum Feinschneiden von Fisch oder Gemüse hingegen ein Fasenwinkel von nur 10°. Daher gibt es in den meisten Küchen mehr als ein Messer. Man kann für die meisten Aufgaben auch mit nur einem Messer auskommen, doch je mehr man dazulernt, desto deutlicher wird man erkennen, dass man ein wenig differenzieren sollte. Auch hier gilt die Erkenntnis: „alles hat seinen Preis", bestimmte Aufgaben lassen sich mit dem richtigen Werkzeug besser erledigen. Die breite Palette an Messern, die der Kochprofi benutzt, hat ihren Grund, da sie für diverse spezifische Schneidaufgaben bestimmte Messer zur Verfügung stellt. Die meisten dieser Messer sollten einen Schneidenwinkel zwischen 15°und 30° haben. Manche der Schneiden werden abgezogen und poliert, doch für die meisten Küchenarbeiten wird eine kleine verbleibende Restzahnung dabei helfen, die Leistung zu verbessern, indem er der Schneide zusätzlichen Halt gibt. Ich spreche hier nicht von stumpfen Schneiden. Eine Schneide mit leichtem „Zahn" schneidet bei Papier oder Tomaten buchstäblich hervorragend ab. Wenn Sie jemals eine reife Tomate zerquetscht haben, weil Sie versuchten, sie mit einer polierten Schneide zu tranchieren, wissen Sie, wovon ich rede – eine mit Körnung 1000 abgezogene Schneide jedoch durchdringt mühelos die Haut der Tomate. Mit gut geschliffenen Messern gelingt es Fernsehköchen, alle möglichen schwierigen Dinge zu schneiden. Ihre Messer haben einen Sägezahnschlif, der ebenso aggressiv in Oberflächen eindringt wie er schneidet. (Sie werden nun fragen: „Müssen die denn nie nachgeschliffen werden?" Natürlich! Man sollte nicht glauben, dass solche Messer ewig scharf bleiben. Auch hier wieder: „alles hat seinen Preis", und ewige Schärfe gibt es nicht. Brotmesser haben in der Regel einen Wellenschliff, also ein gezackte Form. Es handelt sich also eigentlich um „Brotsägen". Die meisten Schneiden von Holzwerkzeugen – Beitel und Hobeleisen – schneiden, während sie gerade durch Holz geschoben werden. Eine abgezogene und polierte Schneide leistet also beste Arbeit. Bei bestimmten Schneidearbeiten in der Küche wird die Schneide einfach durch Karotte & Co. gedrückt – oft wird in der Küche aber auch gesägt. Wenn man versucht, eine Baguette so zu schneiden, wie man eine Karotte zerhackt, wird man es nur zerdrücken. Wir haben hier also nicht nur eine verschiedene Schneidengeometrie für verschiedene Aufgaben, sondern auch verschiedene Anforderungen an die Schnittgutabtragung.

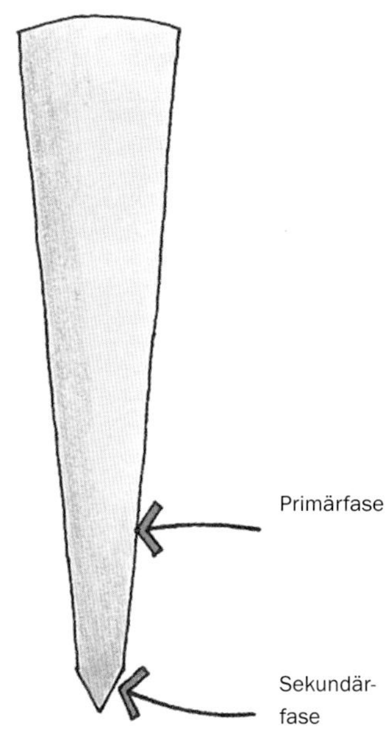

Die Klinge eines typischen westlichen Küchenmessers hat eine breite, symmetrische Doppel-Primärfase mit kleineren Sekundärfasen, die an der Schneide zusammenlaufen.

Oben: Die flache Seite des Küchenmessers ist die Primärfase. Die Sekundärfase ist der helle, an der Schneide verlaufende Streifen. Unten: Die Fase dieses Sashimi-Messers ist die breite (weitgehend helle) Fläche, die mehr als die Hälfte der Breite des Messers umfasst. Es gibt keine Sekundärfase.

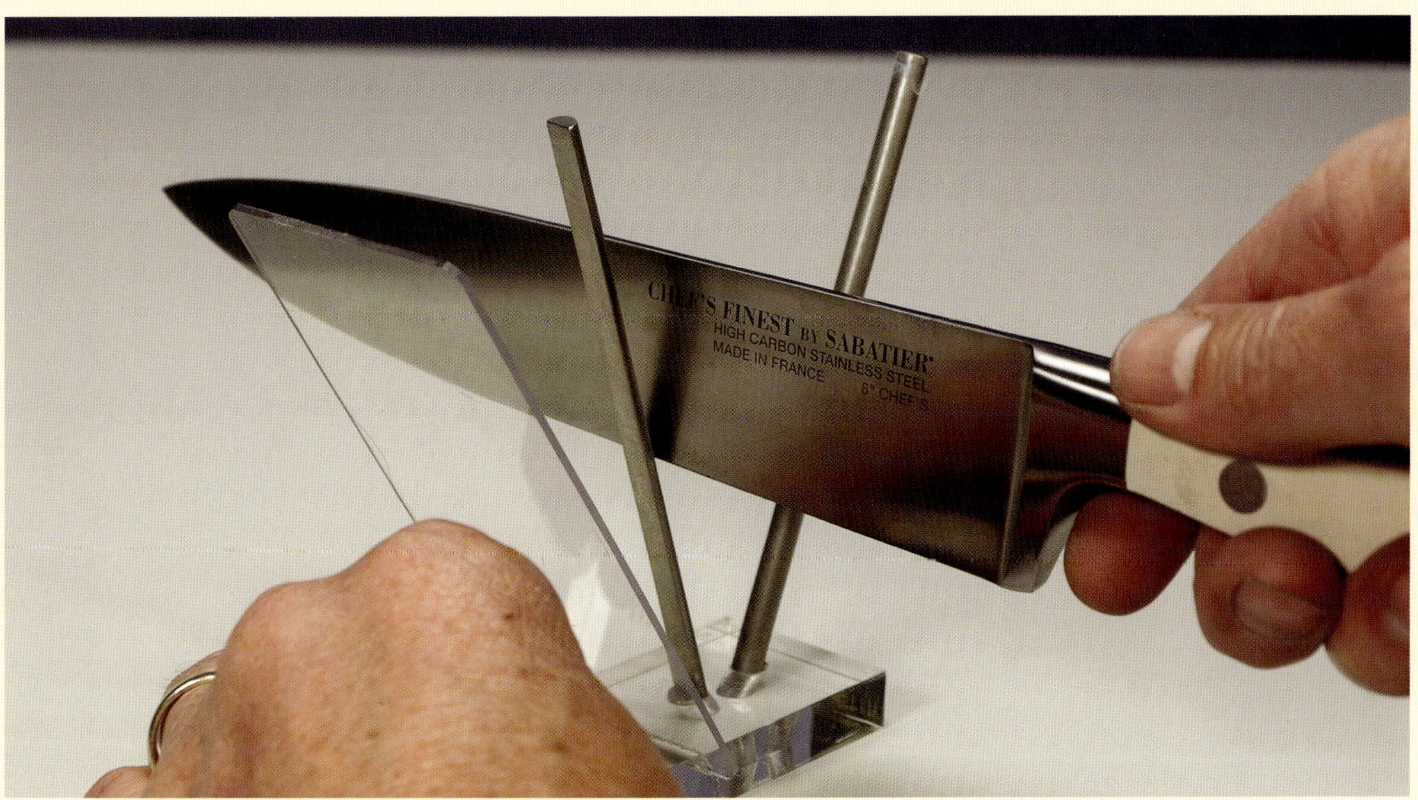

Vorrichtungen

Doppelfasige westliche Messer sind recht leicht zu schärfen. Die Winkel sind nur selten von ausschlaggebender Bedeutung. Man muss nur ein paar Tricks kennen. Außerdem gibt es viele verschiedene Hilfsvorrichtungen. Es gibt Vorrichtungen mit Stäben aus Keramik, V-förmigen Stäben, Vorrichtungen mit Einschnitten oder mit Stabführung. Befolgen Sie hierbei die Herstelleranweisungen, um optimale Ergebnisse zu erzielen. Vergessen Sie aber auch nicht die grundsätzlichen Anforderungen von Fasenwinkeln und Einsatzzweck.

Schärfstab-Systeme von Spyderco (links) und DMT. Bei diesen Systemen wird das Messer vertikal gehalten und an den schleifmittelbeschichteten Stäben auf und abgeführt, um die Schneide im von den Stäben vorgegebenen Winkel zu polieren.

Schärfvorrichtungen aus Keramik & in V-Form

Bei Schärfvorrichtungen in V-Form ragen zwei mit Schleifmittel beschichtete Stäbe in einem bestimmten Winkel in Form eines „V" aus einer Basisplatte aus Holz oder Kunststoff. Die Stäbe sind aus Keramik oder diamantbeschichtetem Metall.

Das Messer wird vertikal gehalten und zum Schleifen der Schneide an den Stäben auf- und abgeführt. So lange Sie das Messer in etwa vertikal halten, werden Sie die Schneide automatisch im richtigen Winkel schleifen. Es sind Stäbe mit verschiedenen Körnungen erhältlich, die Ihnen helfen, die Verzahnung oder den Schliff zu erhalten, die/den Sie an der Schneide erzielen wollen.

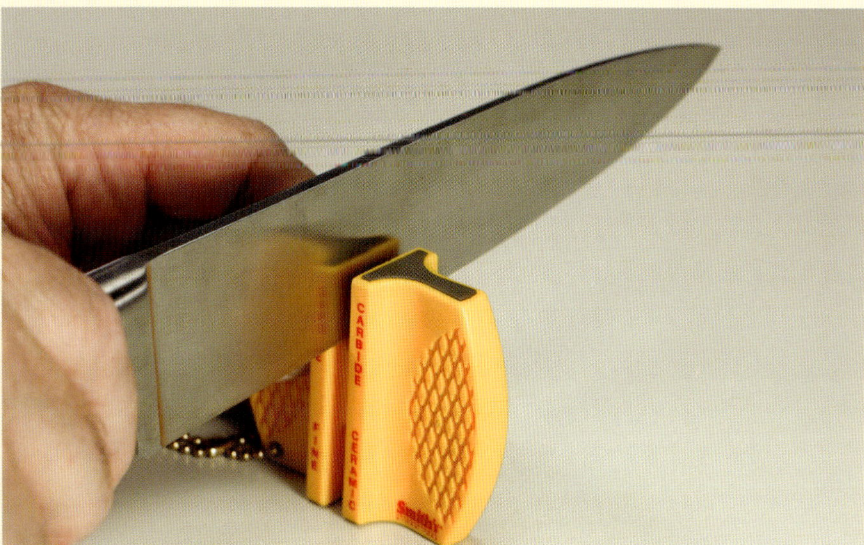

Diese Vorrichtung, bei der das zu schärfende Werkzeug in einen Einschnitt gesetzt wird, ist an einer Seite mit versetzt angeordneten Karbidschneiden besetzt, die die Schneide formen und auf der anderen Seite mit Keramikstäben für den Feinschliff.

Schärfvorrichtungen mit Einschnitt

Diese Vorrichtungen verfügen über in einem festen Winkel angebrachte Keramikstäbe oder Karbideinsätze. Das Messer wird durch den spaltförmigen Einschnitt gezogen, wodurch eine bestimmte Metallmenge im richtigen Winkel abgetragen oder abgeschliffen wird. Diese Schärfhilfe funktioniert ziemlich gut. Die Karbideinsätze können allerdings zu viel Metall abtragen, weshalb eine solche Vorrichtung mit Vorsicht zu verwenden ist. Keramikstäbe sind weniger aggressiv. Allerdings sind die Kontaktflächen an jedem Stab klein, was die Schleifzeit oft verlängert. Ein weiterer Nachteil dieses Vorrichtungstyps: sie ermöglichen keinerlei Einstellung des Fasenwinkels, was die Anzahl der damit durchführbaren Aufgaben einschränkt.

Schärfen mit Stabführung

Bei diesem Systemtyp wird die Schneide an einer Halterung mit Bohrung oder schlitzförmigem Einsatz befestigt, in die eine Führungsstange passt. Die Führungsstange ragt aus dem Schleifstein heraus. Während nun die Stange in dem schlitzförmigen Einsatz ist, wird der Stein im richtigen Winkel zur Schneide gehalten. Eine Einstellmöglichkeit besteht durch Anheben oder Senken der Halterung im Vergleich zum Messer. Bei manchen Systeme ist noch eine Vorrichtung an der Schneide befestigt, um sie beim Abziehen im richtigen Winkel zu halten. Bei anderen wiederum sitzt die Vorrichtung sozusagen „rittlings“ auf dem Stein und hebt die Schneide im richtigen Winkel an. Wieder andere Systeme haben die Vorrichtung direkt auf der Oberfläche des Tisches. Letztendlich sind sie alle insofern gleich, da bei Systemen mit Stabführung die Schneide so gehalten wird, dass das Schleifmittel in einem vorgeschriebenen Winkel seine Wirkung an der Schneide entfalten muss.

Bei Schärfvorrichtungen mit Stabführung ist ein Stein an einem Stab befestigt, der durch eine Öffnung gleitet, die den gewünschten Fasenwinkel einhält. Beim hier abgebildeten DMT's Aligner™ werden drei leicht austauschbare Diamantschleifer mitgeliefert.

Schärfstationen wie die hier gezeigte „Chef's Choice" sind besonders praktisch, wenn man häufig schärfen muss. Und sie funktionieren wesentlich besser als das Schneidrad an einem elektrischen Dosenöffner.

Vorrichtungen von Tormek halten den Fasenwinkel während des gesamten Schärfvorgangs konstant.

Schärfmaschinen

Die Schleifscheiben der meisten elektrischen Messerschärfer sind viel zu grob, zu aggressiv und können daher mehr Schaden als Gutes anrichten. Allerdings muss man auch einräumen, dass das Konzept des elektrischen Messerschärfers in den letzten Jahren Fortschritte macht. Ich habe die *Chef's-Choice*-Schärfstation (vgl. Bild; s.a. Bezugsquellen) einmal getestet und fand, dass sie ihre Aufgabe gut macht. Die Station hat drei schlitzförmige Öffnungen: eine mit einer rauen diamantenen Schleifscheibe, eine mit einem kurzen „Stahl" ohne elektrischen Antrieb zum Entfernen von durch Grobschliff entstandenen Graten (diese 2. Öffnung kann auch „übersprungen" werden) sowie eine 3. und letzte Öffnung zum Feinschliff der Schneide an einer feinkörnigen Diamantscheibe. Die Öffnungen sind in einem festen Winkel angebracht, das ganze Verfahren ist recht fehlersicher und leicht erlernbar. Im Bereich der elektrischen Schärfmaschinen gibt es einige wettbewerbsfähige Marken. Ich selbst habe nur die Marke Chef's Choice getestet, war aber beeindruckt von Leistung und Bedienungskomfort. Schärfmaschinen vom Typ Tormek haben Vorrichtungen zum Halten von Messern in einem bestimmten Winkel, wenn diese auf der vertikalen, wassergekühlten Scheibe geschliffen werden. Nach Erreichen der Fasenwinkel und eines Nullradius (Grat!), kann man die Schärfe durch ein oder zwei Züge über die Lederabziehvorrichtung so verfeinern, dass „Reife-Tomaten-Schärfe" erzielt wird.

Bandschleifer

Wir bei Hock verwenden für alle Schleifaufgaben 2x72-Zoll-Bandschleifer. Der dürfte für den normalen Werkstattbedarf aber zu groß sein. Für dieses Buch habe ich deshalb einen preiswerten 1 x 30-Zoll-Bandschleifer im lokalen Fachhandel angeschafft. Diesen montierte ich auf ein Sperrholzbrett, damit er zusammen mit der Veritas-Schleifvorrichtung einsetzbar ist. Außerdem kann ich die Sperrholzbasis in einen Schraubstock klemmen, um den Bandschleifer horizontal einzusetzen. Es stehen viele Körnungen zur Auswahl, und die 1 x 30-Zoll-Bänder erwiesen sich sowohl zum schnellen Schärfen als auch zum Feinschleifen und Abrichten als nützlich. Für Messer kann man außerdem den spannungslosen Teil des Bandes verwenden, um einer Schneide noch eine gewisse konkave Form zu verleihen. Wann immer ich ein Messer schärfen muss, tue ich es am Bandschleifer. Als erstes sehe ich mir die Schneide genau an, um herauszufinden, wie viel Arbeitsaufwand nötig ist. Für die meisten Schärfaufgaben setze ich ein leicht abgenutztes Band mit Körnung 320 ein. Muss die Schneide neu geformt werden, beginne ich mit einem Band mit Körnung 220. Ein Bandschleifer kann in kurzer Zeit sehr viel Metall abtragen. Gröbere Körnungen sind für Messerschneiden also in der Regel zu aggressiv. Ich stelle eine Schätzung zum Fasenwinkel an, halte das Ganze mit der freien Hand und lasse die Klinge über den spannungslosen Teil des Bandes gleiten. Ich drehe die Schneide um, wiederhole dasselbe auf der anderen Seite und wiederhole das mehrmals. Dabei schleife ich jede Seite, bis ein Grat entsteht. Wenn die Schwenkarmlampe im

Halten Sie den Fasenwinkel konstant, während Sie mit der Schneide am Band entlangfahren. Ich finde das leichter zu bewerkstelligen, wenn der Bandschleifer horizontal befestigt ist. Für die meisten Schärfaufgaben setze ich ein Band mit Körnung 320 ein.

Die weiße Linie an der Schneide ist der Grat. Wenn Sie Ihre Lampe im richtigen Winkel einstellen, können Sie zusehen, wie sich dieser bildet, während Sie die Schneide am Band entlangbewegen.

Führen Sie das Entgraten an der Schwabbelscheibe unter leichtem Druck in steilem Winkel durch.

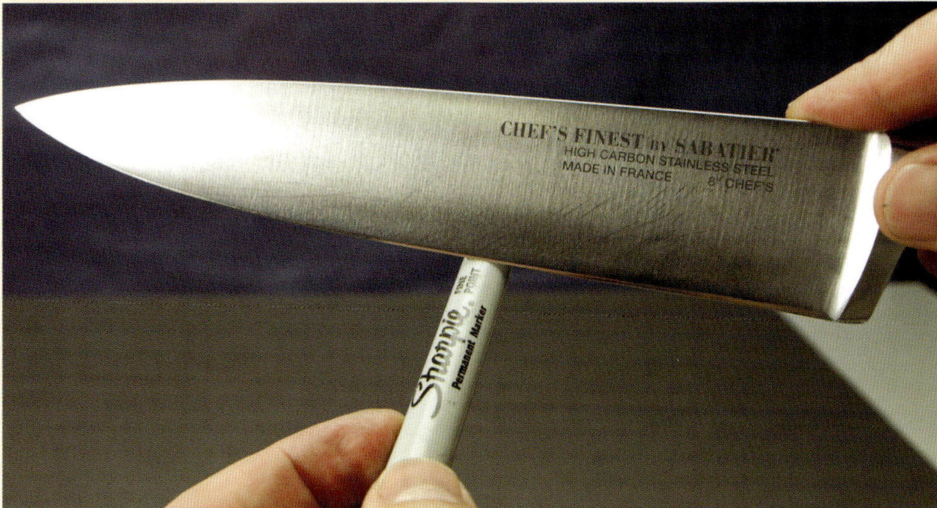

Die Schärfeprüfung mit dem Fingernagel (siehe Kapitel 5, „Die Grundlagen") kann man auch an der Hülle eines Filzstifts durchführen.

richtigen Winkel steht, erscheint der Grat als feine helle Linie an der Schneide. Wenn ich mit Körnung 220 begonnen habe, gehe ich jetzt zu 320 oder 400 über und mache einen oder zwei weitere Züge. Bei einem feineren Schleifmittel ist der Grat noch immer sichtbar, doch die helle Linie wird schmaler. Ich verzichte zum Schärfen von Beiteln oder Hobeleisen auf eine mit besticktem Musselin besetzte Polierscheibe, weil sie zum Verrunden neigt und nehme stattdessen zum Entgraten von Schneiden lieber eine mit Chromoxidpaste (die mit der Optik grüner Kreide). Ich drücke die Schneide in einem recht steilen Winkel in die Schwabbelscheibe und fahre zum Entgraten mit ihr ein- bis zweimal quer über die Stirnseite der Scheibe. Ein kurzer Fingernageltest zeigt mir: der Grat wurde entfernt, die Schneide ist scharf. Passen Sie auf, wenn Sie die Schwabbelscheibe mit einer scharfen Schneide verwenden. Wenn Sie die Scheibe zu schnell entlangfahren, kann es sein, dass die Spitze des Messers von der Vorderseite der Scheibe wegfliegt, sich verfängt und dann seitlich von der sich drehenden Scheibe zum Landen kommt – mit entsprechendem Unfallpotenzial. An diesem Ort hat Hektik nichts zu suchen. Bei mir geschah all das so schnell, dass ich erst bei der Rückkehr von der Notaufnahme nach Hause und genauer Untersuchung des Schnittes in der Scheibe begriff, was ich getan hatte, um dafür zu sorgen, dass das Messer in meinem Bein landete.

Wetzstäbe

Wetzstäbe – ich meine hier nicht wie Schärfstähle geformte Schleifstäbe – sind in verschiedenen Ausführungen erhältlich. Manche dieser Stäbe sind einfache, stabförmige Feilen mit Längsverzahnung, die sich aggressiv in Messerschneiden eingraben. Sie sind oft magnetisiert, um die Feilspäne aufzufangen, die ansonsten auf Ihren Sonntagsbraten fallen würden. Ich persönlich würde davon abraten und verzichte darauf, sie an meinen eigenen Messern zu verwenden. Sie sind zu aggressiv und tragen Schneiden viel zu schnell ab. Außerdem hinterlassen sie eine zu raue Schneide. Ich ziehe es vor, meine Messer häufig mit einem glatten Stahl abzuziehen – auch wenn sie seit Jahren nicht geschärft wurden. Im Ernst. (Zumindest bis ich den Elektroschärfer von Chef's Choice probiert hatte. Es ist wirklich gut, doch zum Scharfhalten meiner Küchenmessern greife ich dennoch nach wie vor auf meinen Wetzstab zurück.)

Es gibt auch eine Reihe von „stahlartigen" Schleifstäben aus Keramik und diamantbeschichtetem Stahl. Dabei handelt es sich einfach um Schärfsteine, die zu etwas geformt sind, was Stahlverwendern bekannt ist. Sie funktionieren gut, wenn man sie zweckgemäß einsetzt (siehe Foto) – ein echter Stahl erledigt diese Aufgabe aber etwas anders.

Ein glatter Stahl bildet die Schneide neu, indem er eine kleine Metallmenge in die gleiche Richtung „fließen" lässt, ähnlich wie beim Aufwerfen eines Grates an einer Ziehklinge mit dem Abzichstahl. Ein Abziehstahl ist zwar ein bisschen kurz, lässt sich aber gut als Wetzstahl verwenden. Damit ein Stahl funktioniert, sollte die Schneide des Messers nicht allzu stumpf, schartig oder anderweitig demoliert sein, sondern lediglich „leicht renovierungsbedürftig". Halten Sie den Stahl vertikal gegen eine solide Oberfläche, um ein Gefühl für die Winkel zu bekommen. Dadurch lässt sich der erforderliche Winkel leichter erkennen. Kippen Sie das Messer im gewünschten Winkel weg vom Stahl, streichen Sie den Stahl entlang nach unten und ziehen Sie die Schneide gleichzeitig am Stahl entlang. Nicht sehr viel anders als das Abziehen auf Steinen. Bedenken Sie: Sie bewegen hier Metall – ein wenig Druck ist schon erforderlich. Gehen Sie nun mit der anderen Fasenseite auf die anderen Seite des Stabes und wiederholen Sie den Arbeitsgang. Bei den letzten Zügen nehme ich den Druck zurück und prüfe auf Schärfe. Meine Erfahrung: ich kann eine ziemlich stumpfe Klinge wieder „zum Leben erwecken", indem ich einfach kräftiger gegen den Stahl streiche, was mehr Metall freisetzt und eine neue Schneide entstehen lässt.

Dieser Stahl ist nur allzu typisch und viel zu aggressiv für meine Messer …

… und er trägt so viel Stahl ab, dass der Hersteller ihn magnetisiert, um die Feilspäne zu sammeln.

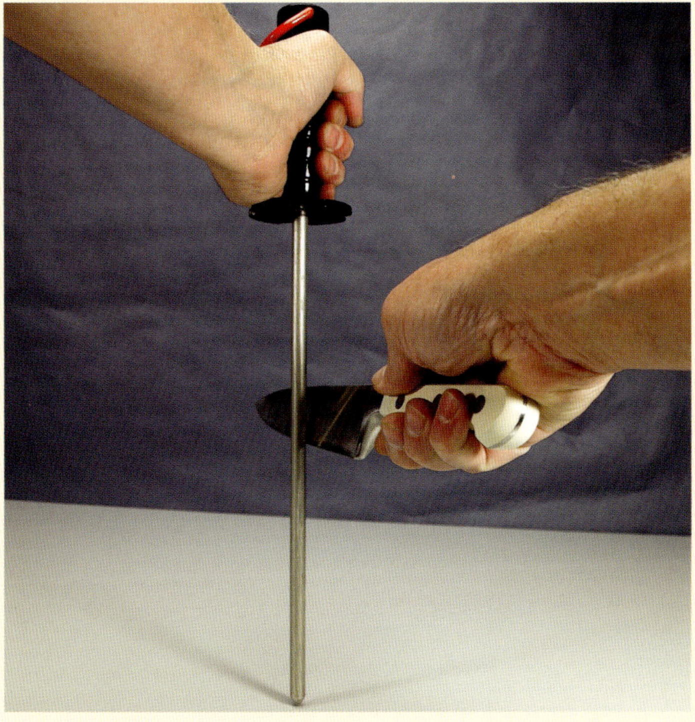

Halten Sie den Stahl in vertikaler Richtung, damit der Fasenwinkel etwas leichter zu sehen ist. Halten Sie den Winkel an beiden Seiten gleich.

Wenn man einen Bogen Papier halb faltet (45°), dann wieder halb (22,5°) und dann halb ein weiteres Mal (11,25°), erhält man eine ungefähre Richtlinie für einen Fasenwinkel.

Und so geht's

Die Schärfausrüstung aus Ihrer Werkstatt können Sie beinah 1:1 für Ihre Messer verwenden. Wie der in den oben beschriebenen Systemen innewohnende Erfindungsgeist zeigt, liegt die einzige Schwierigkeit im Halten der Schneide im richtigen Winkel, während man sie auf dem Stein reibt. Wie bereits erwähnt: das Einhalten des Winkels ist keine einfache Sache, aber oft keine Erfolgsvoraussetzung. Meistens gilt: „nah dran ist in Ordnung". Eine einfache Winkelführung aus Papier kann man selbst herstellen: einfach ein Blatt Papier in einer Ecke falten. Fertig ist die 45°-Winkellehre. Faltet man diese ein weiteres Mal, erhält man eine 22,5°-Winkellehre. Wenn man dies noch einmal macht, eine 11,25°-Winkellehre. Das ist in etwa ein guter Ausgangspunkt für jede Seite eines normalen Küchenmessers (beide Schneiden bei 11,25° ergeben zusammen einen Schnittwinkel von 22,5° – ein guter Fasenwinkel für die meisten Küchenmesser). Legen Sie die Schneide flach auf den Stein und heben Sie die Rückseite so an, dass sie zum Winkel auf dem Papierkeil passt. Und nun wird's ein bisschen kompliziert: beim Zug über den Stein muss genau dieser Winkel eingehalten werden. Ein wenig Übung und Sie können beginnen. Sie müssen nicht die ganze Schneide mit einem Zug bearbeiten. Es reicht völlig aus, sich die Arbeit in Abschnitte einzuteilen, solange man den gewünschten Winkel einhält.

Wenn man zum Messerschärfen Wassersteine einsetzt, ist noch ein weiterer Aspekt zu bedenken. Wassersteine sind weich – schiebt man die Schneide am Stein entlang, kann es leicht sein, dass man in sie hineinschneidet. Die sich dadurch auf der Oberfläche des Steins ergebende Rille muss entfernt werden, bevor er wieder für einen Beitel oder ein Hobeleisen verwendet wird. Daher wird empfohlen, dass Sie das Messer nur ziehen, wenn

Da Wassersteine weich sind, muss die Schneide an ihnen entlang gezogen werden. Wenn man schiebt, besteht das Risiko, dass man in den Stein schneidet.

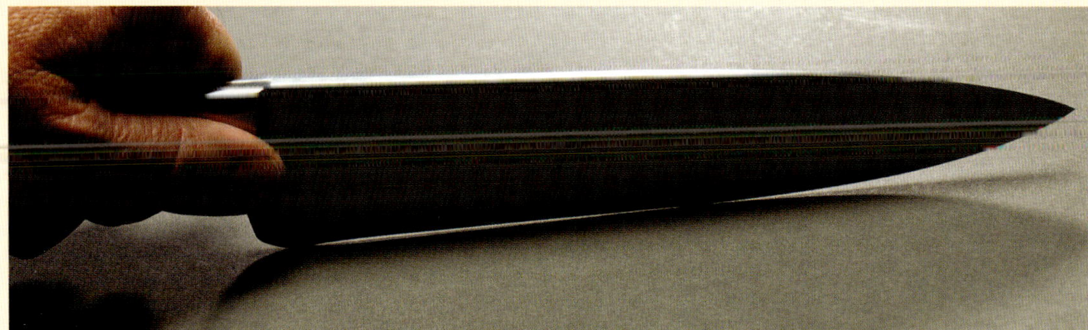

Diese Schneide wurde gedankenlos so in eine konkave Form geschliffen, dass sie nun nicht mehr durchweg bis zur Oberfläche des Schneidbrettes schneidet.

Sie mit dem Stein arbeiten, damit dieser nicht beschädigt wird. Ein ähnliches Problem ergibt sich, wenn man Schleifpapier zum Messerschärfen verwenden will. Wenn die Messerschneide in das Schleifpapier gedrückt wird, kann sie sich verfangen und das Papier durchtrennen. Gut, es ist nur ein Stück Schleifpapier, das für die meisten anderen Schärfaufgaben durchaus noch zu gebrauchen ist. Ein durchgeschnittenes Stück Schleifpapier jedoch ist ein Ärgernis, das weiteres Messerschärfen nach dem Muster unmöglich macht. Daher ist es am besten, die Schneide am Schleifmittel entlang zu ziehen.

Ich habe schon zahlreiche hochwertige Küchenmesser mit geschmiedeten Schneiden und Kröpfung (Fingerschutz am Ende der Schneide) gesehen, bei denen routinemäßiges Vorgehen beim Schärfen die Schneide konkav gemacht hat.

Konkave Formen haben an Messern nichts zu suchen, da sie z. B. dafür sorgen, dass Frühlingszwiebeln teilweise ungeschnitten auf dem Schneidbrett zurückbleiben. Vielleicht ist man versucht, dem Schneidbrett die Schuld zu geben (und wenn das nicht flach ist, ist die Wirkung dieselbe), doch oft ist das Messer das Problem. Der eingebaute Fingerschutz sorgt dafür, dass man nicht zu viel schärft. Nach einigen Schärfgängen hat man also den Teil der Schneide vor dem Fingerschutz abgetragen, der entweder flach oder konvex sein sollte. Zeit, das zu ändern.

Wenn sich zeigt, dass das Szenario mit den Frühlingszwiebeln vom Messer herrührt, muss der geschmiedete Fingerschutz abgeschliffen und neu geformt werden. Ich beginne, indem ich die gesamte Schneide (inklusive Fingerschutz) in die gewünschte Form schleife. Ich möchte, dass mein Küchenmesser im hinteren Bereich der Schneide gerade verläuft. Dadurch kann nach unten durch- und auf das Schneidbrett drücken, was einige Zentimeter soliden Kontakt gewährleistet. Der Fingerschutz ist unten plan. Er muss rundgeschliffen und in die richtige Form gebracht werden. Damit die Arbeit schnell vonstatten geht, verwende ich einen Bandschleifer – die Arbeit kann aber auch von einem beliebigen Schleifmittel erledigt werden. Hal-

Stellen Sie die Auflagefläche des Bandschleifers so ein, dass das Band nicht nachgibt, wenn Sie die Schneide bearbeiten. Ich habe den Schleifstaubschutz aus Plastik entfernt, damit in diesem Arbeitsgang gleich die ganze Schneide bearbeitet werden kann. Die Schleifmaschine wurde dazu in horizontale Position gebracht. Für diesen Arbeitsschritt verwende ich ein Band mit Körnung 180 oder 220.

Ich weiß es zu schätzen, wenn meine Küchenmesser auch im hinteren Teil der Schneide gerade sind.

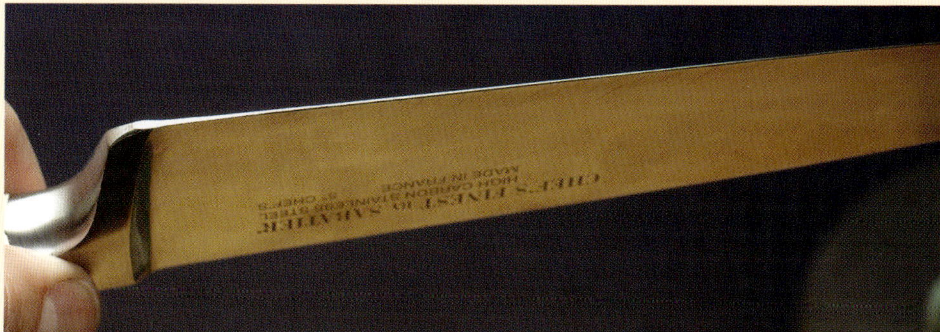

Nach Korrektur der Form sind Schneide und Fingerschutz an der Unterseite plan.

Formen Sie nun den Fingerschutz neu. Achten Sie dabei darauf, dass dabei nicht auch die Schneide geschliffen wird. Verwenden Sie Körnung 220 oder 320.

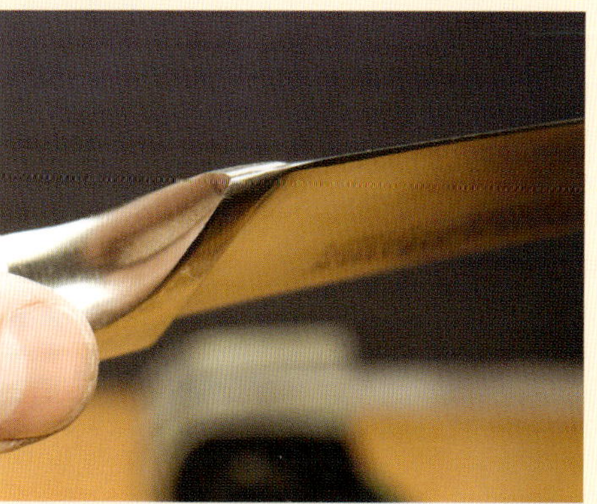

Der Fingerschutz ist nun korrekt gerundet.

Schleifen Sie die Schneide mit Körnung 320 im richtigen Winkel nach.

ten Sie die Schneide in einem bestimmten Winkel und weg von der Schleifmaschine. Sie arbeiten so nur mit dem Fingerschutz. Drehen Sie den Fingerschutz, um ihn abzurunden und lassen Sie ihn sich von der Schneide aus etwas verjüngen. Nehmen Sie sich Zeit – betrachten Sie Ihren Fortschritt oft und genau.

Wenn der Fingerschutz in die richtige Form gebracht ist, richten Sie die Schneide erneut am Bandschleifer ab (Körnung 320; Entfernung des Grats an Schwabbelscheibe) oder verwenden Sie Steine mit der gewünschten Körnung. Für die meisten Verwendungszwecke in der Küche ist Körnung 1000 bzw. 1200 scharf genug und sorgt für guten Schnitt. Mein Taschenmesser jedoch soll so scharf wie möglich sein. Ich verwende daher in der Regel Körnung 1200 oder feiner und ziehe es dann ein paar Mal an einer Abziehvorrichtung ab.

Es funktioniert recht gut, ein Wellenschliffmesser so zu polieren, als wäre es keines. Dabei werden alle Punkte der Säge zu kurzen, scharfen Beiteln geschliffen.

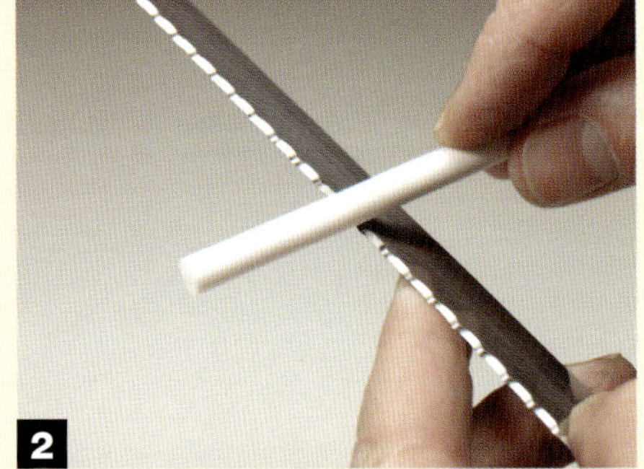

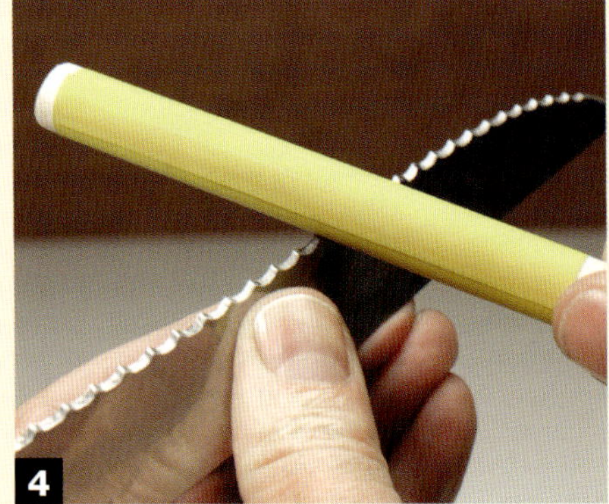

Oder Sie bearbeiten alle Vertiefungen des Messers wie folgt:

1. Konisch zulaufender Diamantschärfstab mit entsprechender Haltevorrichtung
2. & 3. Rund- oder Tränenform-Keramikstab
4. einem mit Schleiffilm mit PSA-Rückseite umwickelten Dübel
5. Dremel-Handschleifer mit feiner Schleifwalze

Wellenschliffmesser

Die meisten Wellenschliffmesser schärft man entweder, indem man sie behandelt wie normale Messer oder die Sägezacken „abflacht“, oder indem man eine Diamant- oder Keramik-Stange in geeigneter Größe verwendet und jede Bezahnung an der Schneide in einem entsprechenden Winkel schleift. Mit manchen Schärfvorrichtungen können Sie Bezahnungen schärfen, indem Sie jeden einzelnen Zahn im richtigen Winkel am gehaltenen Stab auf- und abführen. Sie können auch einen Handschleifer verwenden, sollten jedoch darauf achten, dass Sie die feine Schneide der Bezahnung nicht überhitzen.

Japanische Messer

Einfasige japanische Messer schleift man, indem man die Rückseite plan auf einen feinen Stein legt und die Schneide bearbeitet, bis an der Fasenseite ein Grat entsteht. Drehen Sie die Schneide um, legen Sie die Fase auf den Stein und polieren Sie die gesamte Fase gleichmäßig so, bis sie auf die Rückseite trifft. Bearbeiten Sie Ihre japanischen Messer weder mit Schärfstählen, Stäben oder ähnlichen Werkzeugen. Bei Anwendung solcher Geräte kann es sein, dass die Schneide zu hart ist, um die Beanspruchung auszuhalten, die dadurch an einem beliebigen Punkt entsteht.

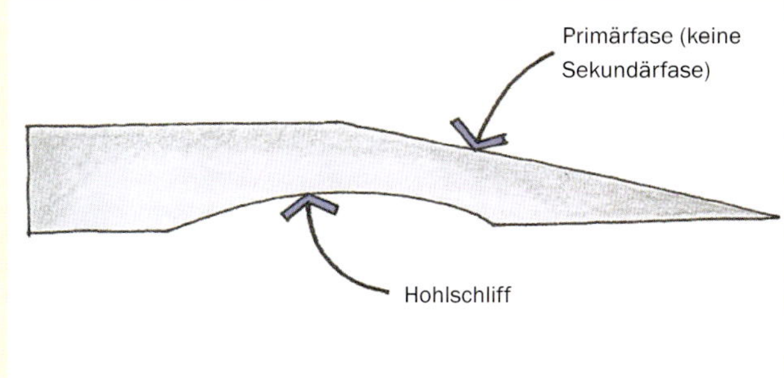

Die Rückseite einfasiger japanischer Messer hat herstellerseitig einen leichten Hohlschliff, um den Aufwand bei flachem Abziehen an einem Stein zu verringern.

Die Fase meines weidenblattförmigen Sashimi-Messers („Yanagi") ist bis zur Schneide flach abgezogen.

Ein Satz Anreißmesser.

Schnitzmesser

Nun aber zurück zum Holzwerken. Alle oben gemachten Feststellungen zum Thema Messerschärfen gelten auch für Werkstattmesser. Und in jeder Werkstatt gibt es solche Allzweckmesser, die, wie ihr Name sagt, für alle Zweck verwendet werden: zum Wegkratzen von Rückständen des Sägeblattes oder zum Öffnen eines frisch gelieferten Paketes. Überlegen Sie, wofür das Messer verwendet werden soll und schleifen Sie die Schneide entsprechend.

Schnitzmesser gibt es in den verschiedensten Formen und Größen und sie werden alle extrem scharf verwendet – in der Regel gleich von der Abziehvorrichtung. Viele Schnitzer erinnern sich eigentlich nur dann an ihre Abziehvorrichtung zum Scharfhalten der Messer, wenn eine Schneide irgendwie beschädigt wurde und neu geschliffen werden muss. Sogar zum Nachpolieren sind seltener Körnungen erforderlich, die gröber als 1000 sind.

Ein dünnes Stück Holz mit einem auf die eine Seite geklebten Bogen Schleifpapier Körnung 1000 und einer an die andere Seite geklebten Abziehvorrichtung (aus Leder oder Karton mit einer Schicht Chromoxid-Schleifpaste darauf) ist eine prima Schleifstation für Schnitzmesser. Verwenden Sie die Abziehvorrichtung oft, Schleifpapier aber nur bei Bedarf, um diese Messer in Topzustand zu halten.

Dieses leicht selbst herzustellende Abziehbrettchen ist auf der einen Seite mit einem 12 µm-Film, auf der anderen mit einem 5 µm-Film beklebt.

Anreißmesser

Anreißmesser sind in der Regel einfasig. Beginnen Sie daher mit Abziehen und Abrichten der Rückseite und gehen Sie dann zu der/den Fase(n) über. Der (schräge) Winkel der Spitze ist oft recht spitze weshalb eine Abziehführung wenig bringt. Mit anderen Worten: hier ist Freihandschleifen angesagt. Der Schnittwinkel ist nicht absolut ausschlaggebend und der einzige Bereich, der wirklich scharf sein muss, sind die ca. 1/8" (3 mm) an der Spitze. Eigentlich kann man den Rest der Schneide, also hinter dem scharfen Bereich von 1/8" (3 mm), sogar absichtlich stumpf lassen, was die Finger schützt, falls diese einmal zu weit nach vorne gleiten sollten. Es ist unschön, sich die Spitze des Daumens und Zeigefingers abzuschneiden, wenn man sich gerade aufs Anzeichnen konzentriert. Und es verursacht Verschmutzungen.

Ziehen Sie die Rückseite Ihres Abstechstahls wie die eines Beitels ab.

Halten Sie den Fasenwinkel mit der Hand an den Stein.

Ich habe bei Körnung 1200 aufgehört. Die ist gut genug.

Den Blick von den eigenen Fingern zu wenden, weil man sich so sehr auf die markierte Linie konzentriert, kann Blutverlust nach sich ziehen. *Fragen Sie mich nicht, woher ich das weiß.*

Streichmaße

Streichmaße schneiden Linien in Holz entweder mit einem Dorn oder mit einem kreisförmigen oder geraden Messer. Auch wenn ein solches Messer wirkt, als sei es kaum groß genug zum Halten, muss es genauso geschärft werden wie jede andere Messerklinge. Damit die Schneide den feinstmöglichen Anriss in Holzfasern schneidet, sollten Sie sie mit Körnung 8000 abziehen und polieren.

Oben: Streichmaße (von links nach rechts): Garret-Wade-Nadelstreichmaß, Crown Tool-Messerstreichmaß und Glen-Drake-Tite-Mark™- Streichmaß mit kreisförmigem Messer.

Links: Schärfen eines Messerstreichmaßes.

Unten: Demontiertes Messerstreichmaß.

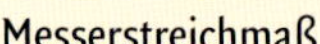

Messerstreichmaß.

Das Abziehen und Polieren von Streichmaßen mit kreisförmigem Messer erfolgt durch einfaches Reiben der flachen Oberfläche an entsprechenden Steinen. Wenn das Messer eines solchen Streichmaßes nicht beschädigt (also nicht nur einfach stumpf) ist, verwenden Sie einen Stein Körnung 8000, um optimale Ergebnisse zu erzielen. Ist es jedoch beschädigt, kann es sein, dass Sie auf einem raueren Stein beginnen müssen, bevor Sie mit Körnung 8000 abziehen können.

Der Dorn eines Nadelstreichmaßes kann schwer bis unmöglich zu entfernen sein. Wenn sie geschärft werden müssen, erhalten sie in der Regel eine „frische Spitze", indem man Metall an beiden Enden entfernt. Dadurch können die Seiten abgeflacht werden. Am wichtigsten jedoch: das Streichmaß wird wieder einsatzfähig. Verwenden Sie eine kleine Feile oder einen Stein – entweder eine sichere Feile wie z. B. eine Schlangenbohrerfeile oder kleben Sie eine Seite ab, um zu verhindern, dass das Holz mitgefeilt wird –, um den Dorn an der Seite abzurichten, die dem Werkstück gegenüberliegt, das Sie behalten wollen. Die Fase sollte der Seite gegenüberliegen, bei der Material abgetragen wird. Alternativ können Sie auch einen dünnen Streifen Schleiffilm an eine Seite eines Holzstückes kleben.

Streichmaß mit kreisförmigem Messer.

Streichmaß mit kreisförmigem Messer auf Stein.

Nadelstreichmaß mit blau-getapter Keramikstange.

Nadelstreichmaß mit „ausgefahrenen" Nadeln.

Scheren

Scheren sind eigentlich einfach zu schärfen, als System betrachtet jedoch einen wenig komplizierter als sie aussehen. Sie bestehen nämlich nicht aus zwei Messerklingen – zumindest nicht aus Klingen, wie wir sie bisher besprochen haben. Man kann eine Schere auch als zwei drehbar gelagerte Messer betrachten. Diese weisen eine Fase mit großem Winkel auf, die Rückseite ist entweder flach oder mit leichtem Hohlschliff versehen. In der Regel ist eine der Schneiden gerade, die andere der Länge nach leicht gebogen. Das führt zu höherem Druck zwischen den beiden, wenn die Kontaktzone sich bis zur Spitze der Schere bewegt beim Schließen. Ohne die schräge Fläche würde mit einer Schere geschnittener Stoff bzw. Papier dazu neigen, die beiden Scherenblätter so auseinanderzuschieben, dass sich z. B. Stoff zwischen die Blätter schieben würde, anstatt geschnitten zu werden. Scheren können durch übermäßigen Verschleiß und Kratzer im Inneren der Blätter kaputtgehen. Eine nur stumpfe Schere weist Verschleiß an den aufeinander treffenden abscherenden Schneiden auf, die dann abgerundet sind wie jede andere stumpfe Schneide. Beim Schärfen geht es darum, Fasen im richtigen Winkel so abzurichten, dass abgenutzte Stellen entfernt werden. Öffnen Sie die einzelnen Blätter und schleifen Sie eine neue Fase. Verwenden Sie den alten Winkel als Richtgröße. Wenn Sie den Winkel nicht beurteilen können, versuchen Sie es mit einem von insgesamt 60° bis 75°. Wie bei Küchenmessern und weichen Tomaten funktionieren geschliffene Schneiden bei Scheren nicht unbedingt besser, da es sein kann, dass das zu schneidende Material einfach an den Schneiden entlanggleitet und dabei zwischen diesen eingequetscht wird. Manche Friseurscheren (die so genannten Modellierscheren) sind an der unteren Schneide gezahnt, um das Haar beim Schneiden festzuhalten, doch solange Ihre Winkel richtig sind, brauchen Sie Scheren nicht fein zu polieren. Tormek bietet eine Haltevorrichtung für Scheren, an der leicht der richtige Winkel eingestellt werden kann. Oder Sie verwenden Ihren im richtigen Winkel eingestellten Bandschleifertisch mit einem mittelbreiten Band. Außerdem können Sie eine Schere auch von Hand schleifen. Stellen Sie den Winkel mit einer Schablone ein, setzen Sie die Scherenblätter am Stein an und schärfen Sie. Die inneren, einander gegenüberliegenden Seiten sollten Sie jedoch völlig unbearbeitet lassen. Sind die flachen Bereiche (manche mit hohlen Stellen) stark verschlissen oder verkratzt, kann es sein, dass die betreffende Schere nur noch zum Schneiden von Isoliermaterial und Dachpappe verwendet oder ganz aus dem Verkehr gezogen wird.

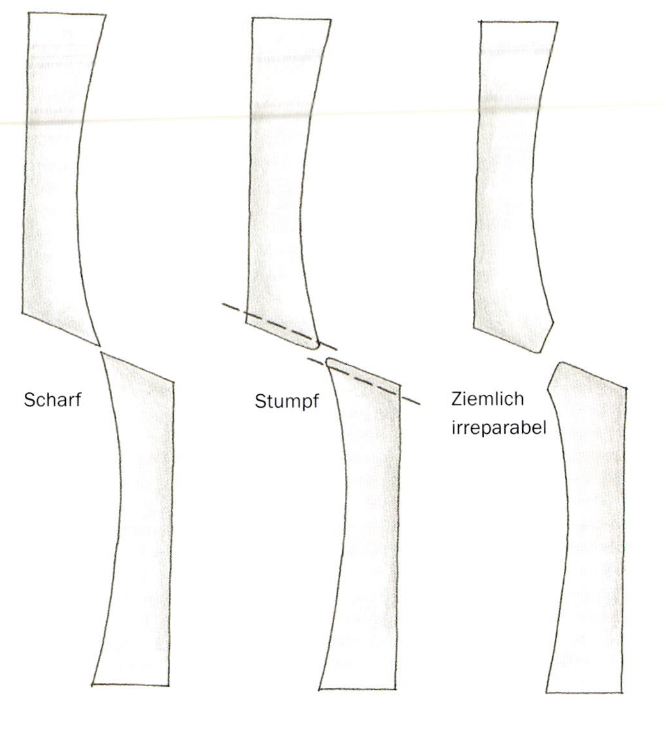

Scherenschneiden müssen an einem Punkt zusammenlaufen. Wenn sie stumpf sind, neigen sie dazu, das zu schneidende Material zwischen die Blätter zu ziehen.

Tormek-Scherenführung in Aktion.

Nach dem Schärfen der Fase entgraten Sie die Schneide unter leichtem Druck von der Rückseite aus mit einem feinen Schleifmittel. Achten Sie sorgfältig darauf, keinen Hinterschliff zu erzeugen. Einfach nur entgraten. Jeff Farris, Sales-Manager von Tormek USA, hat mir einen Trick gezeigt: zum Entgraten von Scheren sollte man die Blätter so weit öffnen, dass sie sich beim Schließen nicht berühren. Dann die Blätter der Schere öffnen. Der an jedem Blatt vorhandene Grat reibt den anderen dadurch einfach weg. Wenn Sie mögen, können Sie jetzt auch noch den Grat mit einem feinen Schleifmittel von der Fase schleifen.

Scherenschleifen am Stein.

Praktischer Trick

Scherenschärfen im Handumdrehen mit dem Abziehstahl! Stimmt: Scheren kann man durch einfache Behandlung mit dem Abziehstahl wieder scharf bekommen – es sei denn, sie wurden arg geschunden und sind extrem stumpf. Einfacher geht's nicht, und es klingt fast wie eines dieser magischen Werbebanner für selbstschärfende Messer: halten Sie einfach Ihren Abziehstahl in die geöffnete Schere und versuchen Sie dann, den Stab entzweizuschneiden. Für mich war das ein besonderes Aha-Erlebnis. Als ich klein war, erzählte mir meine Mutter, meine Großmutter habe Scheren geschliffen, indem sie den Hals einer Milchflasche damit „abschnitt". Dieses kostbare Stück Familienüberlieferung schwirrte mir lang im Kopf herum, bis ich schließlich viele Jahre lang Schneiden – und Abziehstähle – herstellte. Ich weiß nicht, wie es kam, dass ich mich etwa 40 Jahre danach noch daran erinnerte, aber ich habe einen Abziehstahl zum Schärfen einer Schere verwendet und seitdem einige Leute mit diesem Tipp ziemlich glücklich gemacht.

Sieht grauenvoll aus, nicht? Mit Ihrem Abziehstahl können Sie stumpf gewordene Scheren aber in Sekundenschnelle schärfen.

14 Bohrer

Ein rundes Loch in Holz zu bohren ist komplizierter, als es wirkt – vor allem, wenn es für uns so leicht durchzuführen ist: einfach den Bohrer zur Hand nehmen und los bohren. Führen Sie sich aber einmal die Aufgaben vor Augen, die die Schneiden des Bohrers jeweils durchführen müssen. Derselbe (Schlangen-)Bohrer schneidet während einer Umdrehung ohne Änderungen an den Schneiden sowohl in Faserrichtung als auch gegen sie, vollzieht Hirnholzschnitte und wechselt mit jeder Drehung zwischen den Schnitttypen.

Der weit verbreitete Spiral- oder Wendelbohrer eignet sich am besten zum Bohren von Metallen, bei denen die Faserrichtung kein Thema ist. Doch die Holzwerkstätten dieser Welt wären nicht vollständig ohne Spiralbohrer, die für alle möglichen Arbeiten eingesetzt werden. Lochsägenbohrer, Flachfräsbohrer, Forstner-Bohrer und Schlangenbohrer sind da schon spezialisierter und in den meisten Holzwerkstätten finden sich auch solche Bohrer.

Sie können alle zuvor genannten Bohrer unter kreativer Anwendung der Ihnen zur Verfügung stehenden Schärfwerkzeuge

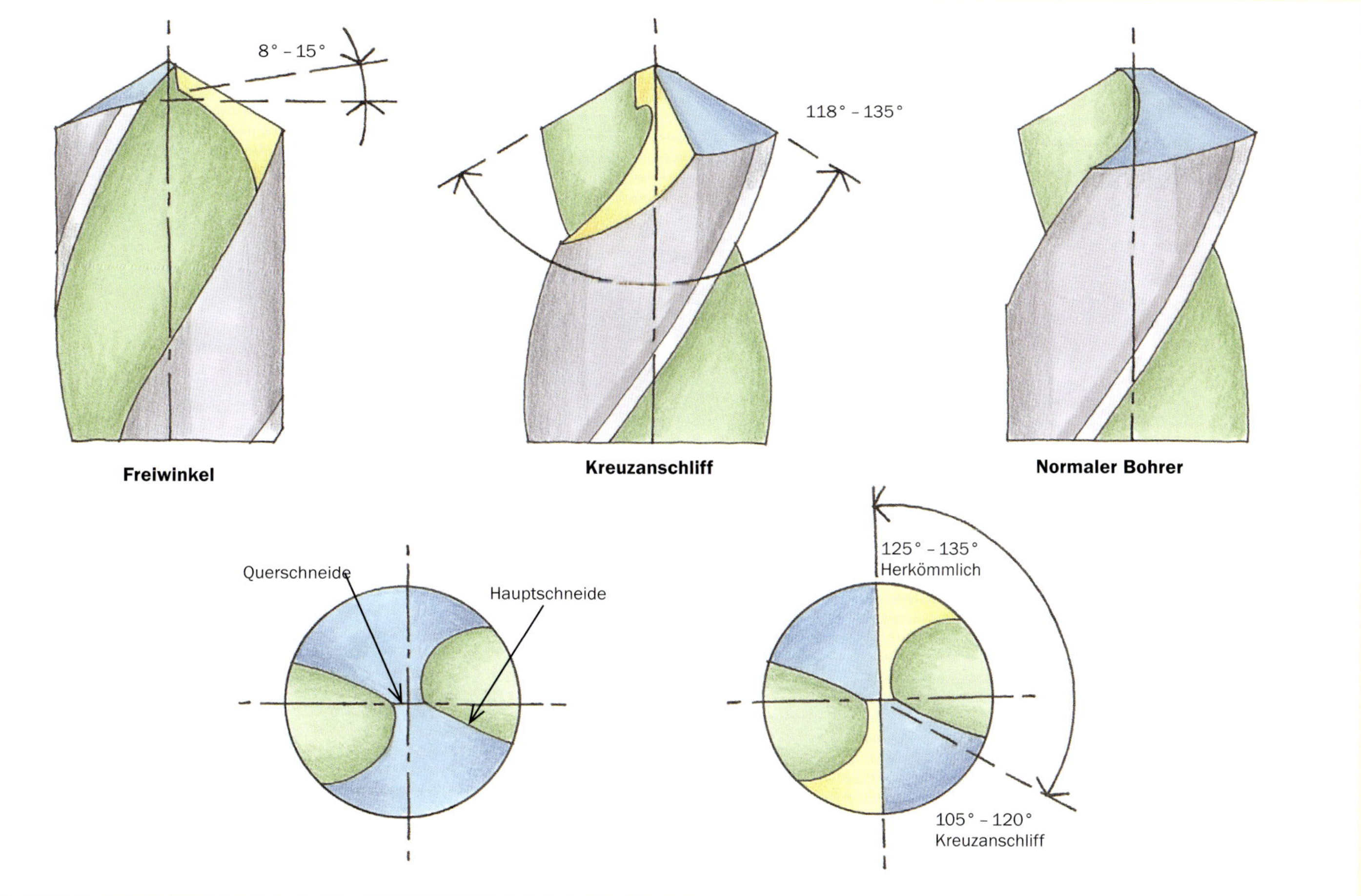

schärfen. Ein Handschleifer mit verschiedenen kleinen Scheiben und Bohraufsätzen macht manche dieser Aufgaben leichter. Die Schneidengeometrie des Bohrers ist werksseitig voreingestellt und von daher kaum veränderbar. Ohne hier zu sehr ins Detail zu gehen, erwägen wir hier einmal die ökonomischen Aspekte des Schärfens von Bohrern.

Die allgemeine Wegwerfmentalität – bei der so viele Dinge nur für die einmalige Benutzung und dann zum Wegwerfen gedacht sind – ist mir ein Graus. Allerdings muss man auch einmal einfache ökonomische Aspekte und den Preis der Arbeitskraft bedenken. Einfache Werkzeuge wie Bohrer werden von Maschinenautomaten zu sehr niedrigen Kosten hergestellt. Daraus resultiert ein Einzelhandelspreis von unter 5 Dollar für einen Viertelzoll-Standard-Bohraufsatz aus HSS-Stahl. Um die Rechnung zu vereinfachen, nehmen wir an, dass eine Werkstatt einem Kunden 60 Dollar pro Stunde berechnet – also 1 Dollar pro Minute. Wenn Sie oder einer Ihrer Mitarbeiter über 5 Minuten zum Schärfen des Bohrers brauchen, lohnt es sich nicht. Es ist sogar ökonomisch sinnvoll, ihn wegzuwerfen und einen neuen anzuschaffen. Natürlich stimmt das nicht für alle Bohrer. Ein 3“-Forstnerbohrer kostet um die 30 Dollar – wenn Sie ihn also in weniger als 30 Minuten schärfen können, sind Sie ein Gewinn für Ihr Unternehmen.

Freilich kann es sein, dass Sie das Holzwerken gar nicht professionell betreiben oder sich noch nie Gedanken über den Einkauf von Dutzenden von Bohrern machen mussten. Kein Problem. Schärfen Sie. Andererseits: nur weil Ihre Tätigkeit als Holzwerker kein Beruf ist, brauchen Sie den Wert Ihrer Zeit nicht gering zu schätzen. Bevor Sie nun eine Menge kostbarer Zeit mit dem Erlernen des Bohrerschärfens verbringen, empfehle ich, die Sache durchzurechnen.

Nach diesen Vorüberlegungen ist es nie eine schlechte Idee, wenn man weiß, wie etwas geht. Einfach für den Fall, dass man es eines Tages unbedingt können muss – wie z. B. in folgender Situation: Es ist nach Ladenschluss, man ist auswärts, arbeitet mit seinem letzten scharfen Bohrer und hat keinen „Nachschub“ dabei.

Bohrer bohren mit zwei Schneiden, und das exakt zur gleichen Zeit. Deshalb ist das Schärfen von Bohrern so schwierig, wenn nicht gar unmöglich. Sie können jedoch gut genug geschärft werden – auch wenn sie dann nicht perfekt oder mit beiden Schneiden gleichmäßig schneiden. Der erste Bohrer, den ich je zu schärfen versucht habe (wohlgemerkt: „versucht"), habe ich in Grund und Boden geschliffen und habe die verbliebenen ca. 6 mm des verbliebenen Schaftes schließlich weggeworfen. Dann betrachtete ich einen neuen, größeren Bohrer gründlich und erkannte die Schneidengeometrie genauer. Ich hielt mich an den werksseitigen Schliff und strengte mich an. sorgfältiger zu schärfen. Heute bin ich imstande, einen Bohrer beim ersten Mal zu schärfen. Ich schätze, dieser erste nachgeschärfte Bohrer hat mich um die 100 Dollar gekostet.

Wie die Schneide jedes anderen Holzwerkzeugs braucht auch ein Bohrer einen Angriffswinkel – der in diesem Fall durch die Form der spiralig verlaufenden Höhlung bewerkstelligt wird – sowie einem ausreichend großen Freiwinkel hinter der Schneide, um die Schneide im Schnitt zu halten. Der Freiwinkel muss es möglich machen, dass das Metall hinter der Schneide das Holz packt. Andernfalls findet gar kein Schnitt statt, sondern der Bohrer dreht sich im Holz und überhitzt nur. Wenn man einen Bohrer nachschärft, arbeitet man den Freiwinkel auf; dabei entsteht eine neue Schneide. Eine andere angenehme Sache, die manche Spiralbohrer aufweisen, nennt sich Kreuzanschliff. Betrachtet man einen normalen Bohrer ohne diesen Anschliff, stellt man fest: die Schneiden treffen sich nicht in der Mitte. Beim Bohren wird der Raum zwischen den Schneiden nicht effizient geschnitten, was das Anbohren erschwert (der Bohrer wandert umher, er schlingert, anstatt mit dem Schneiden zu beginnen). Das Anschleifen der Spitze dehnt die Schneiden zusätzlich so aus, dass sie einander in der Mitte begegnen. Dadurch bekommt der Bohrer, was er zum leichteren (An-)bohren braucht (Meißel, Bohrer und Stirnfräsen, die alle bis zur Mitte bohren, bezeichnet man in der Welt der Metallbearbeitung als *Zentrumschnitt*).

Die Freihandversion dieses Verfahrens funktioniert so: eine Schneide horizontal ausrichten (parallel zur Achse der Schleifmaschine), wobei der Bohrer in einem Winkel von 59° zur Schleifscheibe anliegt (Hälfte des Spitzenwinkels von 118°); dabei den Bohrerschaft mit Blick auf die Scheibe leicht nach unten halten. Heben Sie nun die Spitze gegen die Scheibe an und schieben Sie sie dabei leicht vorwärts. Dadurch sollte eine neue Schneide entstehen, hinter der eine entsprechende Freifläche vorhanden ist. Dann zur anderen Schneide übergehen und den Vorgang wiederholen. Wenn Sie sich genau auf die Spitze konzentrieren, können Sie erkennen, ob Sie die beiden Schneiden in derselben Länge gehalten haben. Nach Bedarf anpassen, dann testen, um zu sehen, ob der Bohrer schneidet.

Halten Sie die Schneide horizontal, heben Sie dabei die Spitze an und schieben Sie sie gegen die Scheibe.

Bohrerverlängerung und -ausrichtung einstellen, Spannfutter festziehen.

Dann Bohrer mit Futter in den Schleifbereich einsetzen und auf- und abbewegt, während nach links und rechts eine Rotation stattfindet.

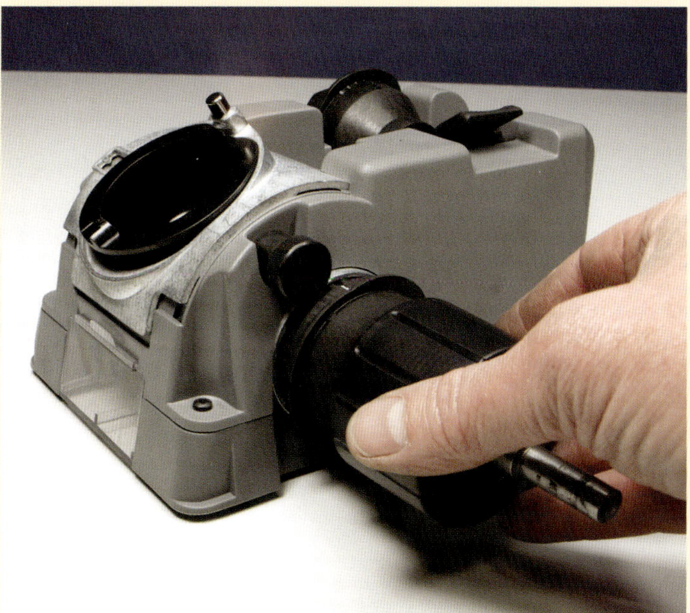

Die seitliche Öffnung dient zum Herstellen von Kreuzanschliffen.

Scharfer Bohrer mit Kreuzanschliff.

Drill Doctor

Dasselbe Unternehmen, das auch das Work-Sharp-Schärfsystem herstellt, hat auch den Drill Doctor (www.drilldoctor.com) auf den Markt gebracht – eine kompakte und überraschend effektive Schärfmaschine für Bohraufsätze. Beim Drill Doctor erhält ein Bohrer in drei Schritten eine neue Spitze. Schritt 1: Bohrer in der richtigen Verlängerung und Winkel in das Futter einspannen. Das Ganze wird dann in einen drehbar gelagerten „Stecker" eingeführt, wo Kontakt zu einem rotierenden Diamantstein entsteht. Jede Hälfte der Bohrerspitze dieselbe Anzahl von Malen bewegen und drehen, fertig ist die Primärschärfung. Der Bohrer kann nun wieder verwendet oder in die seitliche Öffnung eingesetzt werden, um einen Kreuzanschliff herzustellen.

Bohrer-Schleifvorrichtung

Diese verbreitete Bohrer-Schärfvorrichtung wird unter diversen Markennamen vertrieben. Hier erfolgt der Schliff an der Seite der Scheibe, was, wie bereits erwähnt, extrem gefährlich ist. Wahrscheinlich rührt das wohl daher, dass der Bohrer unter relativ geringem Druck an die Scheibe angesetzt wird. Dadurch minimiert der Hersteller etwas, das ich als industriebedingtes Sicherheitsrisiko bezeichnen würde. (Wohl deshalb nennt mich meine Frau „Mr. Safety".) Wie dem auch sei, dieser allgemeine Bohrer-Schleifer funktioniert, obgleich ich für seine Benutzung zu höchster Vorsicht raten möchte. Nachdem dieser Hinweis erfolgt ist, muss festgestellt werden: beim Schärfen beider Schneiden leistet das Gerät gute Arbeit.

Man kann damit beide Schneiden identisch schärfen.

E-Z SHARP

Diese einfache Erfindung unterstützt Holzwerker, die ihre Bohrer nur gelegentlich schärfen müssen, daher nicht so gut werden, um dies im Freihandverfahren zu erlernen und die auch nicht unbedingt eine eigene Schärfmaschine anschaffen wollen. Die E-Z-Sharp-Vorrichtung (www.sharpdrillbits.com) ist eine Metallführung aus Spritzguss, die sich an der Werkzeugauflage Ihrer Schleifmaschine befestigen lässt.

Sie simuliert die oben beschriebene Handmethode, indem sie für eine Ausrichtung des Bohrers im korrekten Winkel sorgt. Hierzu ist eine gewisse Übung nötig, doch innerhalb weniger Versuche kann man es erlernen.

Die Bohrerschleifvorrichtung von E-Z Sharp hilft beim richtigen Anlegen des Bohrers an die Schleifscheibe. Dann zum Schleifen einer Schneide den Bohrer einfach nach oben schwenken und nach vorne schieben. Umdrehen und den Vorgang wiederholen. Die eingebaute Maßskala hilft, beide Schneiden gleich lang zu schleifen.

Flachfräsbohrer

Manche Flachfräsbohrer haben Anritzspitzen an der Seite, andere nicht. Die ohne Spitzen sind leichter zu schärfen: einfach die Schneiden leicht mit Steinen abrichten und dabei darauf achten, dass die gleiche Länge eingehalten wird, damit der Bohrer gleichzeitig auf derselben Ebene schneidet. Flachfräsbohrer mit Anritzspitzen erfordern etwas mehr Sorgfalt, da man hier mit einer kleinen Feile (z. B. einer Spiralfeile) oder einem Abziehstein an die flache Schneide kommen muss. Dito bei den Anritzspitzen: nur die Innenschneide abrichten. Die Außenschneide unbearbeitet lassen, sonst hängt der Bohrer im Bohrloch fest. Auch die Spitzenmitte kann in der Regel ein wenig Pflege gebrauchen. Halten Sie sich an die Winkelvorgaben des Herstellers und verwenden Sie diese als Leitfaden. Bevor Sie sich der Rettung einer übel zugerichteten Bohrerspitze zuwenden, sollten Sie aber bedenken, dass es sich hierbei um preiswerte Werkzeuge handelt und Ihre Zeit kostbar ist.

Schlangenbohrer

Beim Schärfen von Schlagenbohrern sollten Sie versuchen, Metall nur von der Rillenseite der Schneide abzutragen. Dieses Vorgehen weicht vom Vorgehen beim Schärfen von Spiralbohrern ab. Verwenden Sie eine Feile (eine nur für Schlangenbohrer verwendete ist eine gute Investition) oder einen Stein und achten Sie darauf, dass der ursprüngliche Fasenwinkel eingehalten wird. Versuchen Sie, von jeder Schneide gleich viel Material abzutragen. Die Vorschneider nur an der Innenseite feilen und abrichten. Wenn man sie auch außen abrichtet, bleiben sie im Bohrloch hängen. Wenn Sie eine Feile verwenden, dann eine „Sicherheitsfeile“, bei der die Zähne an der Seite abgeschliffen sind (Schlangenbohrerfeilen sind so hergestellt), damit Sie nicht aus Versehen eine anliegende Fläche feilen, die unberührt bleiben sollte. Verwenden Sie einen Stein, kleben Sie eine Schneide ab (der Zweck ist derselbe).

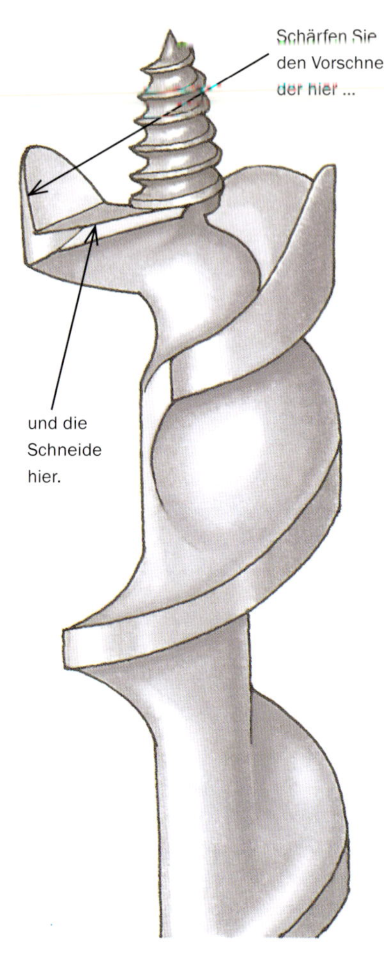

Richten Sie die Fase des Bohrers mit einer kleinen Feile mit Sicherheitsrand oder mit einem Stein ab.

Mit derselben Feile bzw. demselben Stein können Sie auch die innere Frontseite oder die obere Schneide der Vorschneider schärfen.

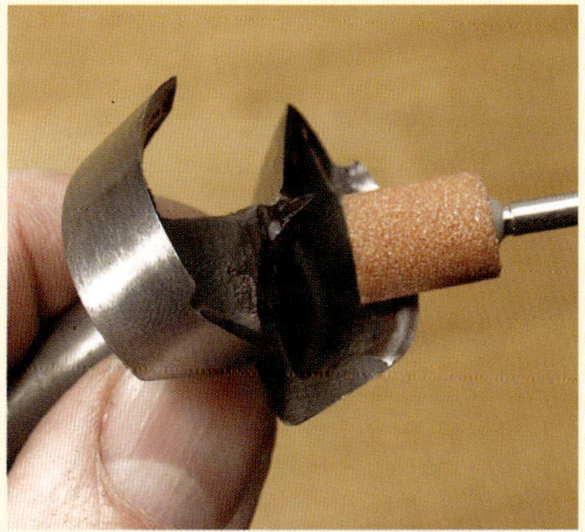

Arbeiten Sie nur die Innenseite der Umlaufschneiden auf. Entsteht außen ein Grat, entfernen Sie diesen sehr sorgfältig mit feinem Schleifmittel.

Für die geraden Schneiden kann man einen dünnen, flachen Stein oder hier eine Trennscheibe verwenden. Gehen Sie an der Frontseite der Fase besonders kraftvoll vor und sparen Sie sich die Unterseite der Schneiden bei Bedarf für die Feinjustierung auf.

Die Schneiden sollten im Vergleich zu den Umlaufschneiden leicht versetzt liegen, damit letztere vor den geraden Schneiden eine saubere Bohrung schaffen und beim Bohren als Führung fungieren können.

Forstner-Bohrer

Forstner-Bohrer schneiden saubere, flache Löcher mit präzisem Durchmesser. Sie werden in der Regel zum Bohren große Löcher verwendet, d. h. ihre scharfen umlaufenden Schneiden drehen sich bei gleicher Drehzahl in höheren Geschwindigkeiten als kleinere Bohrer. Infolge dieser höheren Schneidegeschwindigkeit entsteht am Kreisumfang große Hitze. Seien Sie vorsichtig: dieser Bohrer schneidet sehr effizient. Es ist also leicht, ihn bei zu hoher Geschwindigkeit einzusetzen und mit zu großem Vorschub heranzugehen, wodurch zu große Hitze entsteht und der Bohrer ruiniert wird. Wenn ein solcher Bohrer stumpf ist, können Sie ihn nachschärfen. Ich tue das gerne mit einem Handschleifer vom Typ Dremel: mit einem zylinderförmigen Stein für die Umlaufschneiden und einer dünnen Schneidscheibe für die geraden Schneiden. Mit Handwerkzeugen lässt sich dies aber auch bewerkstelligen. Für Handwerkzeuge sollten Sie Schlangenbohrerfeile, Abziehsteine, Schleifpapier auf Dübeln sowie die eine oder andere kreative Lösung in Ihren Schärfwerkzeugkasten aufnehmen. Gezahnte Forstner-Bohrer machen das Schärfen ein wenig komplizierter. Auch hier gilt: das Metall nur von der Innenseite der Zähne abtragen, um den Außendurchmesser nicht zu verändern. Die Frontseiten der Zähne kann man ebenfalls aufarbeiten, damit die Spitzen wieder scharf sind.

Bohrer mit Zentrierspitze

Manche Bohrer mit Zentrierspitze wie z.B. der hier gezeigte können nachgeschärft werden. Dabei formt man die Zentrierspitzen, indem man einfach die Schneiden in einem nach oben gehenden Winkel abrichtet. Stellen Sie den werksseitigen Schliff mit einem Handschleifer wieder her. Gehen Sie sicher, dass die Zentrierspitze scharfe Spitzen hat, wenn Ihre Arbeit abgeschlossen und hinter der Schneide ein ausreichend großer Freiwinkel vorhanden ist. Die Zentrierspitzen kommen als erstes in Kontakt mit der Außenseite der Bohrung. Sie sorgen beim Anbohren und beim Durchbruch für minimales Ausreißen an der Peripherie. Diese Geometrie lässt sich leicht an jeden Bohrer anpassen. Dadurch wird ein Spiralbohrer zum Metallschneiden zu einem Holzbohrer.

Beim Schärfen von Bohrern mit Zentrierspitze sollten Sie den werksseitigen Schliff einhalten.

15 Maschinenwerkzeuge

Baum fällt!

Im Fokus dieses Buches stehen klar die Handwerkzeuge. Maschinenwerkzeuge treiben ihre Schneiden bei so hoher Drehzahl durch Holz, dass schon kleine Abweichungen bei Form und Balance der Schneiden eine echte Gefahr darstellen können, die weit über die offenkundige Gefahr der scharfen, sich extrem schnell drehenden Schneiden hinausgeht. Nachdem dies festgestellt wurde, muss gesagt werden, dass es ein paar Schärfaufgaben gibt, die Sie durchführen können, um Ihre Maschinenwerkzeuge optimal in Schuss zu halten.

Fräseinsätze

Fräseinsätze sind heutzutage meist aus Karbid hergestellt und sollten in einer Spezialwerkstatt geschärft werden. Zwischen den Gängen zum Schärfprofi können Sie die Schneiden aber selbst mit einem Diamantstein aufarbeiten; eine feine Diamanten-"Feile" funktioniert für manche Bohrer mit zu wenig Freiraum für ein dickeres Werkzeug am besten. Sofern eines vorhanden ist, müssen Sie zuerst das Führungslager entfernen, um den Karbidhobel zu erreichen. Entfernen Sie keinerlei Metall von der Peripherie des Messers; das gesamte Schärfen muss auf den flachen Bereich beschränkt sein; die geformte Außenschneide darf nicht bearbeitet werden. Versuchen Sie, von jeder Schneide die gleiche Menge Metall abzutragen und arbeiten Sie mit sanftem Druck gegen Ihren Diamantstein. Setzen Sie nach und nach feinere Körnungen ein – Körnung 1200 ist wahrscheinlich fein genug.

Abricht- und Dickenhobelmesser

Die neuen, schraubenförmigen Schneidkopf-Rasteinsätze für Dicken- und Abrichthobelmesser machen Nachschärfen überflüssig. Wenn die quadratischen Karbideinsätze stumpf werden, dreht man sie einfach, bis eine neue Schneide entsteht und arbeitet weiter. Nach vier Drehungen wirken sie wieder wie neu. In der Metallbearbeitung werden solche Karbidwerkzeuge bereits seit Jahrzehnten eingesetzt, und in der Welt des Holzwerkens findet man nun anscheinend auch Wege, diese Technologie bei Holzmaschinen einzusetzen.

Kreissägenblätter

Die enorme Verbreitung von Kreissägeblättern mit Karbidbestückung macht diese – zusammen mit den Maschinen und dem Fachwissen, das zum Schärfen erforderlich ist – zu einem Thema, das in diesem Buch nicht behandelt werden kann. Sägespitzen aus Karbid kann man von Hand mit Diamantwerkzeugen abrichten, aber die Blätter von Elektrosägen erfordern ein so hohes Maß an Präzision, Gleichförmigkeit und Balance, dass schon die kleinste Ungenauigkeit beim Abrichten ein Risiko bedeutet. Ich würde daher davon abraten, Kreissägeblätter selbst zu schärfen.

Nach Entfernen des Führungslagers und der Harzrückstände vom Bohrer richten Sie die Seiten der Karbidschneiden mit einem dünnen Diamantstein ab.

Schraubenförmige Schneidkopf-Rasteinsätze weisen eine Reihe von Vorteilen gegenüber herkömmlichen Schneidköpfen auf: lange Standzeit der Schneide, geräuscharmer im Einsatz, kein Schärfen oder Voreinstellen erforderlich – einfach drehen oder die Karbideinsätze ersetzen und eine neue Schneide steht zur Verfügung.

Foto mit freundlicher Genehmigung von Sunhill Machinery (www.sunhillmachinery.com)

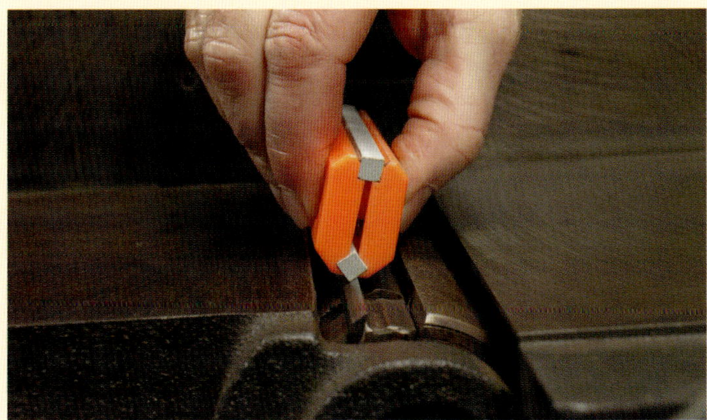

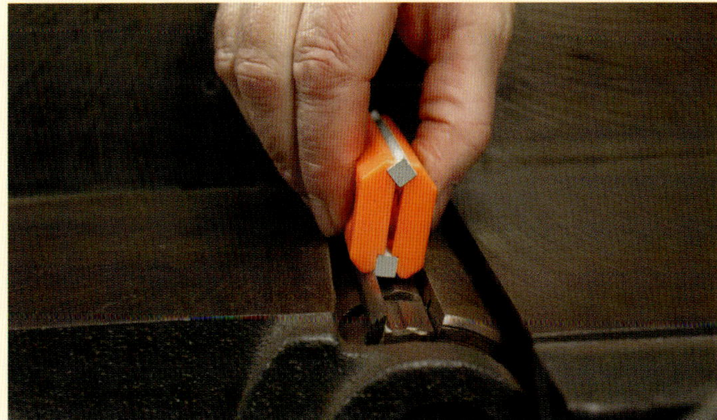

Oben links und rechts: Dieses preisgünstige Gerät kann die Messer in einer Dickenhobelmaschine (oder auch in einer Abrichthobelmaschine, wenn Sie an die Messer herankommen) aufarbeiten. Versuchen Sie, jeder Klinge dieselbe Aufmerksamkeit zu schenken. (Nehmen Sie zuerst die Maschine vom Netz!)

Eine Extra-Vorrichtung für Dicken- und Abrichthobelmesser von Tormek. Längere Schneiden werden einfach innerhalb der Vorrichtung versetzt. Es funktioniert gut, aber halten Sie trotzdem ein Handtuch bereit. Verschmutzungen sind unvermeidlich. Es ist eine ziemliche Wasserpanscherei. Das Wasser rinnt an der linge entlang und tropft über die Maschine und die Werkbank.

Die meisten Holzwerker verwenden mittlerweile Dicken- und Abrichthobelmesser aus Schnellarbeitsstahl. Abgesehen von der Länge dieser Messer werden sie genauso behandelt wie ein Beitel oder Hobeleisen. Es gibt diverse clevere Vorrichtungen und Methoden zum Aufarbeiten in *situ*. Zudem besteht immer die Möglichkeit, die Messer aus der Maschine zu nehmen und sie mit Ihren Steinen zu schärfen. Falls Sie Dicken- und Abrichthobelmesser oft schärfen müssen, bieten Tormek und Lap-Sharp eine optionale Zubehörvorrichtung nur für lange Messer, und Veritas führt eine Schärfvorrichtung für Dickenhobelmesser, die die Messer in einer breiten Abziehführung festhält. Die Verwendung erfolgt zusammen mit einem Stück Schleifpapier auf Glas.

Bevor Sie Geld für eine Spezialschärfvorrichtung oder ein System für Ihre Abricht- und Dickenhobelmesser ausgeben, bedenken Sie zunächst, wie viel neue Messer kosten und wie viele Messer Sie mit diesem Geld kaufen können. Die Klingen von Maschinenwerkzeugen schneiden Holz mit viel mehr Schubkraft als Handwerkzeuge und nur bei normalem Einsatz werden sie erstaunlich stumpf. Es stimmt: sie sind aus Schnellarbeitsstahl, halten sich für diese anspruchsvolle Arbeit aber erstaunlich gut. Bedenken Sie aber einmal die Menge an Spänen, die sie zwischen einzelnen Schärfgängen produzieren und vergleichen Sie diese mit dem, was Sie in der Zeit mit Ihrem Handhobel produzieren. Bei Verwendung eines Handhobels, Beitels oder Ziehmessers wissen Sie rechtzeitig, wenn die Zeit zum Nachschärfen da ist. Bei einem Maschinenwerkzeug ist dieser Moment dann gekommen, wenn die Schneide einen Leistungsabfall zeigt. Dieser vollzieht sich langsam und schleichend – man bemerkt sie kaum, bis die Schneiden schon recht stumpf sind. Wenn es so weit ist, brauchen die Schneiden umfangreiches Nachschleifen, um wieder scharf zu sein, und die hierzu benötigte Zeit sollten Sie auch bei Ihrer Kostenanalyse berücksichtigen.

Ich habe vor kurzem einen Satz Abrichthobelmesser in eine professionelle Schärfwerkstatt gegeben. Erst als sie wieder bei mir waren, hatte ich Zeit zum Einkaufen und dann fiel mir auf, dass ich mir für weniger Geld, als mich das Schärfen gekostet hatte, neue Messer hätte anschaffen können ("... nein!", wie Homer Simpson hier sagen würde).

Kann man besser arbeiten als die Profis? Wahrscheinlich schon – man kann nämlich ganz sicher eine feinere, besser abgerichtete Schneide schleifen. Es ist aber eine gute Idee, mit neuen bzw. professionell geschliffenen Schneiden zu beginnen und sie dann mit dem eigenen Schleifmittel-Arsenal fein abzurichten. Ein oder zwei Minuten Arbeit mit einem Stein Körnung

1000 und schon ist die abgenutzte Schneide wieder einsatzfähig. Wenn Sie noch eine kleine Gegenfase abziehen, lassen sich schwierige Hölzer besser bearbeiten (Gegenfasen stärken auch die Schneide und erhöhen so die Standzeit).

Es gibt Leute, die bei laufender Maschine schleifen, indem sie einen Stein auf dem Auszugstisch halten. Abgesehen davon, dass dies die Schneide nicht entlastet, ist es irrsinnig gefährlich. Schärfen Sie niemals Messer bei laufender Maschine (nicht einmal bei ausgeschalteter Maschine, wenn der Stecker steckt).

Wenn Sie bei der Verwendung Ihres Dicken- oder Abrichthobelmessers eine erhabene Linie sehen, haben Sie eine Scharte hinein gemacht. Diese zeigt sich nun als Erhebung auf dem Holz. Einfachste Lösung: das Messer ein paar Millimeter verschieben, sodass der nicht schartige Teil der betreffenden Schneide hinter den anderen "aufräumt".

Kettensägen

Kettensägen werden meist zum Baumfällen und zur Herstellung von Feuerholz verwendet. Das meiste Schnittholz für Holzwerker war lange nicht in Kontakt mit einer Kettensäge und wurde in der Zwischenzeit häufig weiterverarbeitet. Kettensägen leisten zwar keinen großen Beitrag zum typischen Holzwerken – die meisten Holzwerker, die ich kenne, haben trotzdem eine.

Für bestimmte Sägen und Ketten gelten spezielle Schärfanweisungen mit Blick auf Winkel, Begrenzungen etc. Manche Sägen verfügen über Anti-Rückstoß-Einstellungen, die man aus Sicherheitsgründen nicht verändern sollte. Lesen und befolgen Sie sämtliche Anweisungen, die Ihrer Säge und Kette beiliegen. Egal, was hier in diesem Buch steht: diese Anweisungen haben "Vorfahrt". Auch wenn es keiner gerne hört, muss ich daran erinnern, dass Kettensägen extrem gefährlich sind und sowohl beim Bediener als auch bei anderen Menschen enorme Schäden anrichten können – und zwar innerhalb eines Sekundenbruchteils, in dem man unaufmerksam war, die eigene Unerfahrenheit zutage trat oder man einfach nur Pech hatte. Der dabei entstandene Schaden kann in die Notaufnahme führen und monatelange Gesichtschirurgie nach sich ziehen.

Sie benötigen für die Kette eine runde Kettensägenfeile mit dem richtigen Durchmesser und für die Tiefenbegrenzer eine flache Schlichtfeile. Anstatt einer Rundfeile gibt es auch runde Kettensägensteine für Ihren Handschleifer (Dremel), die ebenso schnell wie gut arbeiten. Die Zähne werden gefeilt oder neu geschliffen, bis sie eine neue, scharfe Schneide aufweisen; die Tiefenbegrenzer werden so gefeilt, dass jeder Zahn in der richtigen Tiefe ins Holz eindringt. Im lokalen Fachhandel finden Sie diverse Feilenführungen, die Ihnen diese Arbeit erleichtern. Sie schaffen es aber auch nur mit den Feilen und einem im Geschäft erworbenen Tiefenbegrenzer-Werkzeug. Oben an jedem Zahn befindet sich eine Markierung, die den richtigen Winkel der oberen Schneide angibt und als Begrenzung für die Zahngröße fungiert: wenn Sie den Zahn auf diese Linie abgefeilt haben, ist es Zeit für eine neue Kette. Die Feile bzw. der Stein wird horizontal in dem von der Markierung vorgegebenen Winkel gehalten, wobei etwa 20 % der Feile bzw. des Steins über die Zahnspitze hinausragt, um den Fasenwinkel richtig zu schleifen.

Wenn es sich nicht um ein kurzes Aufarbeiten vor Ort handelt, entferne ich zunächst Schwert und Kette und reinige alles so gut wie es geht, bevor ich zum Schärfen übergehe. Das Schwert muss justiert werden, wenn die Kette an den Eckschneiden einen Grat aufgeworfen hat. Achtung beim Hantieren mit diesen Schneiden – sie sind ebenso scharf wie der Grat einer Ziehklin-

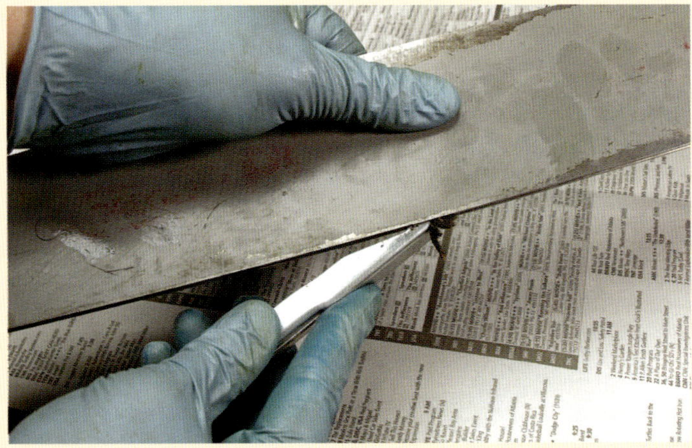
Die Zähne am Ende der Tiefenbegrenzerführung werden verwendet, um Verschmutzungen aus der Kettennut zu entfernen.

Die Markierung an jedem Zahn zeigt an, wie lang er mindestens sein muss und dient als Orientierung zum Feilen im richtigen Winkel.

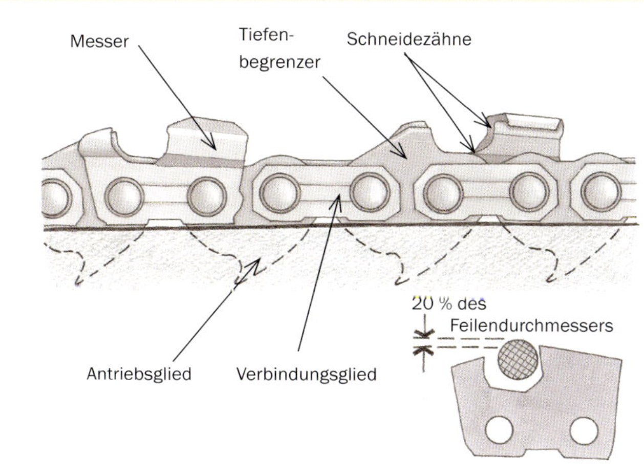

Bestandteile einer Sägekette und Feilendurchmesser im Verhältnis zum Zahn

Feilen Sie das Schwert flach, damit die Kette weiter reibungslos läuft. Feilen Sie auch die Seiten der Ecken, um Grate zu entfernen. Dieser Feilenhalter zum Sägenschlichten funktioniert gut, doch man kann auch von Hand feilen. Ich schütze die Bank und den Schraubstock hier mit Zeitungspapier gegen Schmutz. Handschuhe sollte man sicherheitshalber auch tragen.

ge. Flachen Sie den Grat von den Seiten mit der Feile ab und wenn sich das Schwert in einem Schraubstock befindet, feilen Sie die Führungen gleichmäßig. Ein Feilenhalter, wie der zum Sägenschlichten verwendete, ist ideal. In der Kettennut sammelt sich mit der Zeit Schmutz an, der mit einem dünnen Gegenstand entfernt werden muss. Meine Tiefenbegrenzerführung ist an einer Seite mit Zähnen zur Reinigung der Nut versehen. Man kann aber jeden dünnen Gegenstand verwenden wie z. B. die Klinge eines Allzweckmessers. Ist das Schwert Ihrer Säge symmetrisch, wenden Sie es bei jedem Schärfen, um beide Seiten gleichmäßig zu bearbeiten. Wenn alles gereinigt ist, montieren Sie die Kette wieder auf das Schwert und dieses auf die Säge. Spannen Sie die Kette so, dass sie sich von Hand noch leicht bewegen lässt. (Das Tragen von Handschuhen wird empfohlen. Die einzige Verletzung, die ich je von einer Kettensäge davontrug, entstand, als ich ausrutschte, während ich die Kette beim Schärfen versetzte. Dabei schlitzte ich mir den Finger auf.) Sie können das Schwert in einem Schraubstock befestigen; ich verrichte diese Arbeit aber in der Regel auf der Werkbank. Markieren Sie einen Zahn als Ausgangspunkt mit Filzstift. Beginnen Sie mit den rechten Zähnen (oder mit den linken; jedenfalls geht es leichter, wenn Sie zunächst alle Zähne einer Richtung bearbeiten) und versuchen Sie, von jedem Zahn eine gleich große Metallmenge abzutragen. Während Sie ver-

Sicherheitshinweise für Kettensägen

"Eine Kettensäge ist das gefährlichste handbetriebene Werkzeug, das man heutzutage auf dem offenen Markt kaufen kann. Zu ihrem Einsatz braucht man weder eine Genehmigung noch eine Einführung. Im vergangenen Jahr kam es in den USA zu fast 40.000 Fällen von Verletzungen bzw. Todesfällen bei der Verwendung von Kettensägen. Und die meisten davon wären vermeidbar gewesen." – Carl Smith, Fachmann für Sägetechnik

Feilen an der Markierung ausrichten und …

suchen, jede Zahnoberseite in der mehr oder minder gleichen Länge zu halten, feilen oder schleifen Sie jeden Zahn im richtigen Winkel, bis Schneide und Ecke wieder scharf sind. Wenn die Kette nicht beschädigt oder stark vernachlässigt ist, dürften zum Schärfen jedes Zahns zwei oder drei Züge mit der Feile bzw. ein bis zwei Sekunden Schleifen ausreichen. Wenn Sie mit den rechten (bzw. linken) Zähnen fertig sind, wenden Sie die Säge und schärfen Sie die anderen.

Feilen Sie jetzt die Tiefenbegrenzer. Wenn Sie die Zähne feilen, verkürzen Sie die Länge der Zahnspitze und den Oberbereich des Zahns im Verhältnis zum Tiefenbegrenzer. Damit der Zahn weiter korrekt schneidet, müssen die Tiefenbegrenzer entsprechend angepasst werden. Ihre Tiefenbegrenzerführung verläuft über die einzelnen Tiefenbegrenzer, bleibt aber auf den oberen Bereichen zweier Zähne. Dabei ragt der Tiefenbegrenzer durch die Öffnung heraus; so können Sie ihn bündig mit der Führung feilen. Dadurch wird die Schnitttiefe gemäß den Vorgaben Ihrer Tiefenbegrenzerführung eingestellt: etwa 0,6 bis 0,8 mm. Je größer der Abstand zwischen Zahnspitze und Tiefenbegrenzer, desto aggressiver der Schnitt der Säge. Die Verwendung einer Tiefenbegrenzerführung, die die Tiefenbegrenzer über die empfohlenen Werte hinaus verkürzt, kann dazu führen, dass Ihre Säge sehr stark in die Tiefe schneiden will, wodurch sie klemmen kann. Manche Anweisungen besagen, man solle den Tiefenbegrenzer formen, indem man ihn zur Zahnbrust hin abrundet, aber dem Rat bin ich nie gefolgt. Auch Profis tun das nicht, wenn sie schärfen. Außerdem finde ich, dass es eine gute Idee ist, die Zahngröße so ähnlich wie möglich zu halten – die Leistung der Säge wird dadurch ebenso wenig beeinträchtigt wie durch die richtige Einstellung der Tiefenbegrenzer.

... dann Feile (oder Schleifstein) horizontal halten. Hier trage ich Handschuhe. Hauptgrund: damit ich die Säge versetzen und die einzelnen Zähne anfassen kann, ohne mich dabei zu schneiden.

Dieselben Winkel etc. gelten auch bei Verwendung eines Handschleifers.

Die Tiefenbegrenzerführung auf mehreren nebeneinanderliegenden Zähnen. Durch die Öffnung ist ein Tiefenbegrenzer sichtbar. Feilen Sie den Tiefenbegrenzer bündig mit der Führung.

Mikroskop-Fotos

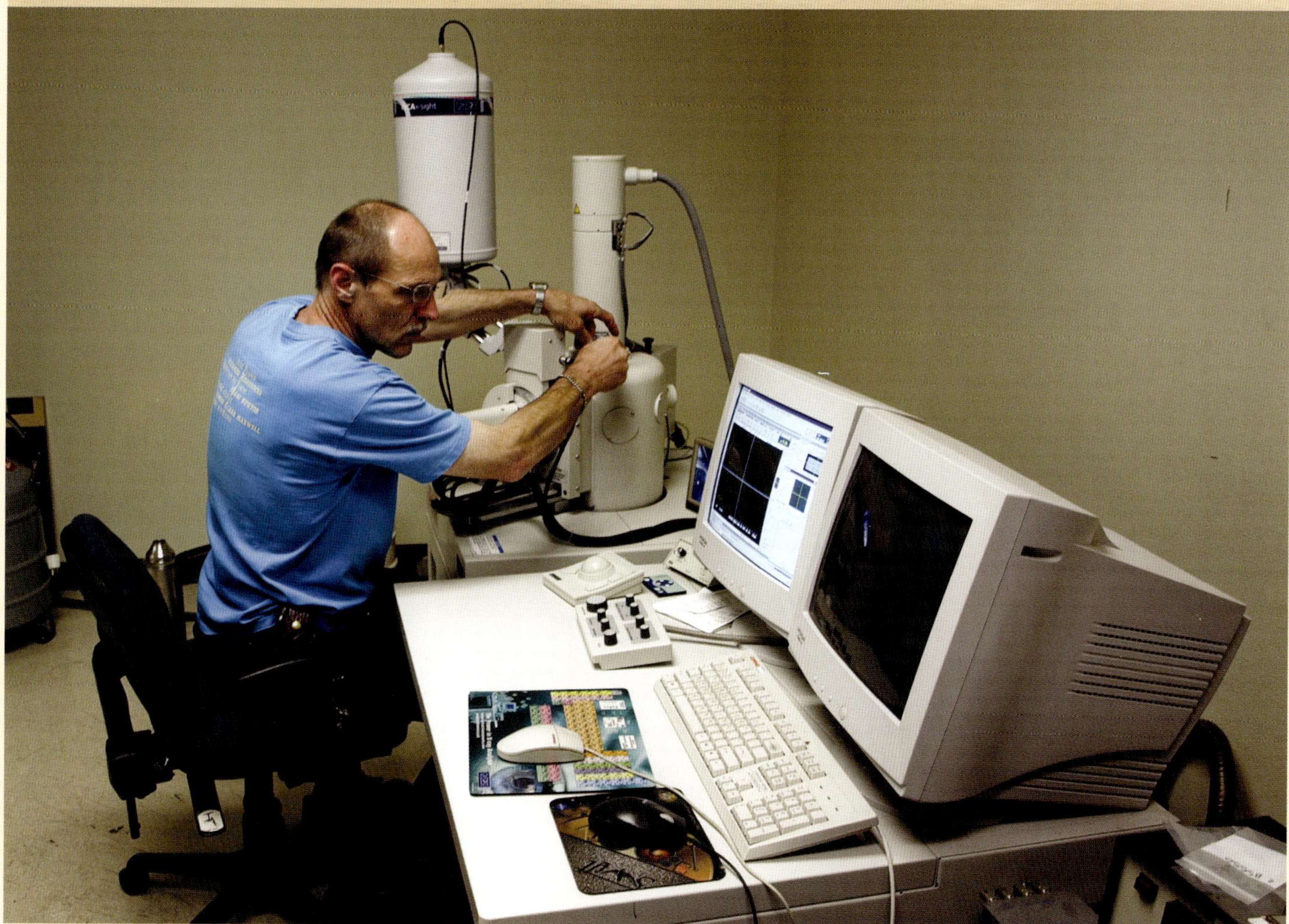

Steve Anderson stellt das Hitachi S-3000 Rasterelektronenmikroskop an der Sonoma State University ein.

Vor Kurzem schlug ich Chris Schwarz, dem Chefredakteur der Zeitschrift *Popular Woodworking*, vor, man könne ein einfaches USB-Spielzeugmikroskop dazu verwenden, um sich Schneiden vor und nach dem Schärfen anzusehen. Seine Antwort: "Ich habe mal mit so einem Ding herumexperimentiert – es flößt einem ziemliche Demut ein." Ich verstehe, was er meint. Das Vergrößern einer geschärften Schneide kann eine verwirrende Vielfalt von Ergebnissen zutage fördern. Selbst eine Schneide, die man für so scharf hält wie sie nur werden kann, eine, die alle Schärfeprüfungen besteht und Bestarbeit leistet, zeigt unterm Mikroskop Kratzer, Scharten und peinliche Unregelmäßigkeiten, von denen man schwören würde, dass die gar nicht vorhanden sein können. Nichts für unsichere Naturen also – dennoch kann das Vergrößern Hinweise darauf geben, wie man seine Schärftechnik verbessern kann. Ich trieb dieses Spiel einmal auf die Spitze, als ich einige sorgfältig vorbereitete Test-Schneiden unters Rasterelektronenmikroskop (engl. Abk.: "REM") an der Sonoma State University, einem herrlich gelegenen Campus nördlich von San Francisco, legte. Optische Mikroskope funktionieren mit Licht –

dieses wird entweder durch einen Prüfkörper geleitet oder von diesem reflektiert. Wenn Menschen an ein Mikroskop denken, stellen sie sich meist ein im Biologieunterricht verwendetes Mikroskop vor. In der Mikroskop-Sprache bedeutet "Auflösung" die kürzeste Distanz zwischen zwei Dingen, bei der man diese noch als zwei verschiedene Dinge unterscheiden kann. Die Auflösung eines optischen Mikroskops wird von der Physik der Lichtwellen bestimmt, von denen es abhängt. Unter einem optischen Mikroskop wird demnach kein Gegenstand, dessen Wellenlängen unter dem des sichtbaren Lichtes liegen, einzeln sichtbar. Hochwertige optische Mikroskope haben eine Vergrößerung von bestenfalls 1500 bis 2000. Nun kommt das Rasterelektronenmikroskop ins Spiel. Ein Elektronenstrahl hat eine wesentlich kleinere Weite (Wellenlänge) als sichtbares Licht, und in der Vakuumkammer dieses Mikroskops gibt es weder Linsen noch Luft, die das "Licht" des Elektronenstrahls verzerren könnten. Mit diesem schmalen Elektronenstrahl als "Lichtquelle" kann das Hitachi S-3000 der Sonoma State Gegenstände von einer Größe von 3 Nanometern* auflösen. Ziel meines Exkurses in die Welt der Elektronenmikroskopie ist, die Wirkung verschiedener Schleifmittel und Körnungen auf die Schneiden von Werkzeugstählen zu illustrieren. Wenn Chris die Erfahrungen mit dem Spielzeugmikroskop schon Demut eingeflößt haben, waren meine Versuche am Rasterelektronenmikroskop Anlass zu noch größerer Bescheidenheit. Während der Zeit, die ich am Rasterelektronenmikroskop verbrachte, hatte ich keine Gelegenheit zum Nachschärfen. Was Sie hier also sehen, sind die Bilder der abgezogenen Schneiden in dem Zustand, wie ich sie an jenem Tag in die Universität mitbrachte. Die Defizite meiner Schärftechnik sind offenkundig (für mich sowieso) und ... mahnen zur Demut. An manchen dieser Teststücke werden Sie Gratreste und vereinzelte Kratzer bemerken, doch so sehen Schneiden nun einmal aus – auch nach sorgfältigem Abziehen.

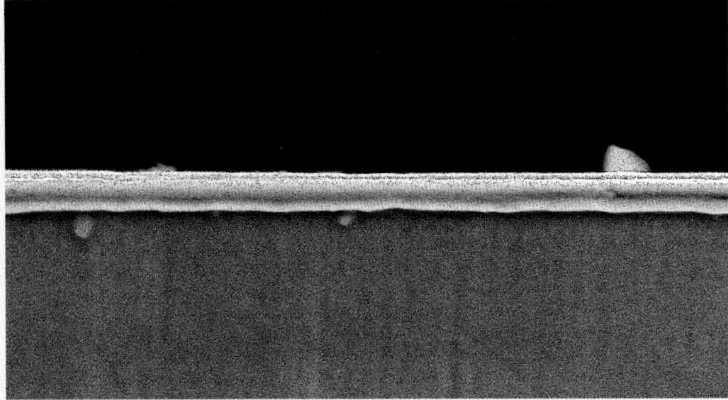

Unbenutzte BIC-Rasierklinge. Was hier aussieht wie ein Wellenkamm, ist ein beim Abziehen entstandener Grat.

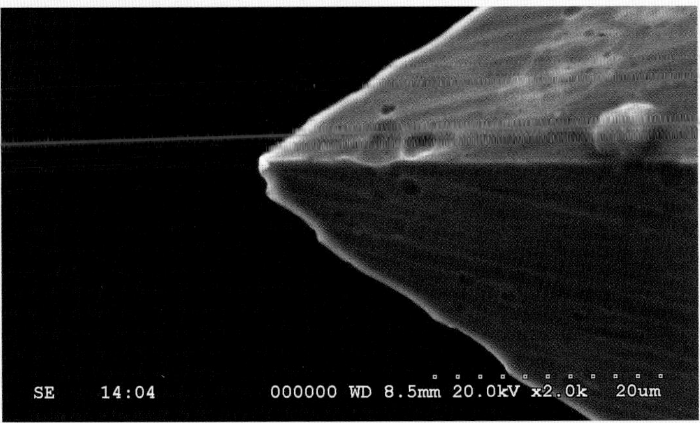

Die Injektionsnadel einer Insulinspritze.

In einer Vergrößerung von 2000 schartig aussehende Schneiden können hervorragende Arbeit leisten. Sehen Sie sich nun die BIC-Rasierklinge an (stimmt: man erkennt hier einen Grat an der im Werk abgezogenen Klinge). Wenn man ein solches Foto vor dem Kauf sähe, würde man die Klinge wohl kaum kaufen – und sie sicher nicht verwenden. Doch Grat hin oder her, die Klinge tut ihre Arbeit. Ebenso wie Ihr Beitel – auch wenn die Schneide in 2000facher Vergrößerung nicht perfekt aussieht. Verbessertes Schärfen von noch kleineren Nadeln hat dazu beigetragen, dass die Injektionen im Laufe der Jahre immer schmerzfreier wurden. Also habe ich auch meine neue Insulinspritze abgebildet, um zu demonstrieren, wie ein scharfer Gegenstand aussieht, außerdem eine BIC-Rasierklinge und ein Haar von mir in 500facher Vergrößerung – einfach, um die Größenverhältnisse darzustellen. Bis auf diese zwei Bilder ist alles in 2000facher Vergrößerung dargestellt (Ausnahmen: das Haar in 500facher Vergrößerung und die 3-Mikron-Diamantpastenschneide mit dem tiefen Kratzer von einem verirrten Korn in

* *Ein Nanometer (nm) = ein Milliardstel Meter. Die DNA-Helix hat einen Durchmesser von ca. 3 Nanometern, ein Bakterium kann bis zu 10.000 Nanometer oder 10 Mikrometer breit sein (manchmal auch als "Mikrometer" oder µm oder einfach mit dem griechischen Buchstaben "my", "µ", bezeichnet). Die Wellenlängen des sichtbaren Lichts schwanken zwischen 400 nm (violett) und 700 nm (rot). Das bedeutet, dass auch das beste Lichtmikroskop bei Gegenständen, die weit unter 0,5 µm groß sind, an seine Grenzen stößt, auch wenn es tadellose Linsen sowie blaues Licht zur Beleuchtung von Objekten einsetzt. Die nächst kleinere Größenbezeichnung ist der Picometer (pm): ein Tausendstel Nanometer bzw. ein Billionstel Meter. Ein Wasserstoffatom hat einen Durchmesser von etwa 50 pm. Ein im Rasterelektronenmikroskop eingesetzter Elektronenstrahl ist etwa 300 pm breit. Deshalb setzt man ihn zur Visualisierung so kleiner Gegenstände ein. Die Einheit Ångström (Å) wird als Messgröße vom Internationalen Einheitensystem nicht mehr unterstützt. Ich erwähne sie aber, weil sie zum Messen von Lichtwellen & Co. diente, als ich noch jung/jünger war. Ein Ångström war und ist ein Zehnmilliardstel Meter (10-10 oder 0,0000000001 m), 0,1 nm, 100 pm, etc.*

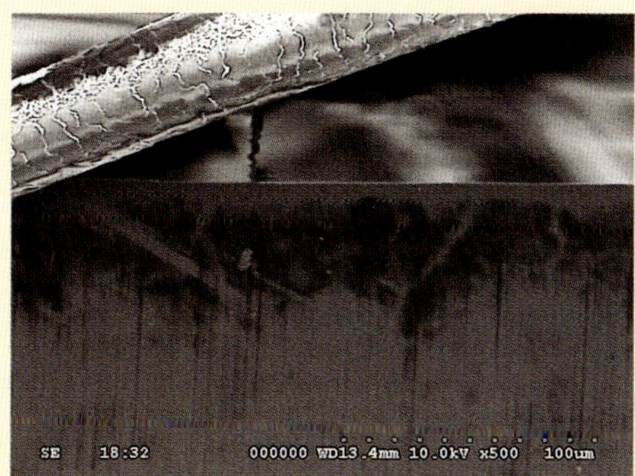

Die schuppig wirkende Diagonale oben im Bild ist ein Kopfhaar des Autors. Größe des Haars: 44,3 µm. Darunter: eine BIC-Einweg-Rasierklinge. 500fache Vergrößerung.

400facher Vergrößerung) – die tatsächliche Vergrößerung, die Sie sehen, wird aber von der Größe des Bildes wie hier dargestellt bestimmt. Die unten an den Fotos stehenden Angaben nennen die Einstellungen des Rasterelektronenmikroskops bei der jeweiligen Aufnahme. Ganz rechts an allen Fotos in 2000facher Vergrößerung steht "20µm" unter eine Reihe von Punkten. Diese Punktereihe ist 20 Mikrometer lang. Links davon steht "x2.0k", was bedeutet, dass das Objekt auf dem Bildschirm des Monitors des Mikroskops mit dem Faktor 2000 (= "2.0k") vergrößert wurde. Wenn Sie die Punktreihe messen und richtig rechnen, erhalten Sie die tatsächlichen Vergrößerungen dieser Bilder. Viele der Fotos zeigen zahlreiche Rückstände auf der Oberfläche der Testobjekte. Es handelt sich um Staub, der sich angesammelt hat, während wir sie für das Einsetzen in das Rasterelektronenmikrokop vorbereitet haben. (Eine hohe Vergrößerung bringt auch kleinste Mängel ans Tageslicht.) Diese Bilder waren jedoch nie als "Wettbewerb" zwischen Steinmarken gedacht, sondern als Leistungsvergleich. Die Unterschiede zwischen Steinmarken derselben Körnung dürften nur ein Beleg dafür sein, dass es unterschiedliche Spezifikationen für Körnung gibt, diese Unterschiede jedoch nicht groß sind. Sowohl gebundene als auch beschichtete Schleifmittel – Steine, Platten, Filme – hinterlassen alle relativ gleichförmige Kratzer, die auf einen hohen Grad an Gleichförmigkeit bei der Körnung

Mikroskopie

Seit Einführung computergestützter Digitalmikroskope wurden Mikroskope in den letzten Jahren allgemein zugänglicher. Viele dieser Geräte werden als Spielzeuge vermarktet, leisten aber nicht nur zur Beobachtung von Teichwasser und Schmetterlingsflügeln gute Dienste. Ich setze mein Digital Blue QX5 aus Plastik andauernd ein: z. B. zur Untersuchung von Schneiden oder zum Lokalisieren von Splittern im Finger. Es ist eigentlich eine Digitalkamera mit eingebautem 10x/60x/200x-Objektivrevolver, der über einen USB-Port mit meinem Computer verbunden ist. Es gibt noch einige andere, preiswerte Marken von an den Computer anschließbaren Mikroskopen, die wirklich Spaß machen, haltbar (dennoch sind es Spielzeuge) und nützlich sind. Die bildgebende Software des QX5 ist für ein junges Publikum gedacht und hat mich mit ihrer knallbunten grafischen Benutzeroberfläche und ihrem lauten Gepiepse als Feedback für die einzelnen Mausklicks fast in den Wahnsinn getrieben. Man kann das natürlich stumm stellen. Es gibt aber noch viel bessere Software-Benutzeroberflächen: so z. B. ProScope HR, die mit einem Mikroskop gleichen Namens mitgeliefert wird.

Die mitgelieferte Software ist auch einzeln als Gratis-Download verfügbar, funktioniert zusammen mit dem QX5 wirklich gut und bietet Bildbearbeitungs-Optionen, die bei der Spielzeug-Software nicht denkbar sind. Außerdem wird man hier als Erwachsener behandelt.

Diese Mikroskope sind mit einer kleinen Lichtquelle ausgestattet, die für reflektierende Beleuchtung sorgt. Wenn Sie ein sehr viel helleres Licht hinzunehmen, erhalten Sie jedoch wesentlich bessere Bilder. Man kann eine Tischlampe auf das Objekt und den eingestellten Winkel richten, um so den besten Kontrast zu erhalten und die Oberfläche besser zu zeigen. Es ist leicht, sich über blaue Plastikmikroskope lustig zu machen, die für Kinder vermarktet werden. Ein Freund von mir aber verdient seinen Lebensunterhalt mit dem Schärfen chirurgischer Instrumente und verwendet dazu sein Intel QX3-Mikroskop, um den Zustand jedes Messers, das ihm zum Nachschärfen zugesandt wird, "vorher" und "nachher" zu dokumentieren. Und Brent Beach (www3.telus.net/brentbeach/sharpen/index.html) hat durch virtuose Beherrschung seines QX3 die Feinheiten des Schärfens illustriert und dabei Hervorragendes geleistet.

hinweisen. Alle diversen Pasten wiesen Zeichen größerer verirrter Körner in den Mischungen auf. Die 400fache Vergrößerung einer Schneide die mit 3-µm-Diamantpaste hergestellt wurde, zeigt eindeutig einen tiefen Kratzer im gleichen Winkel wie die anderen. Ich nehme an, infolge eines verirrten Partikels aus einer gröberen Körnung. Natürlich könnte es auch meine Schuld gewesen sein – vielleicht trug ich den "Gesteinsbrocken", der den Kratzer verursachte, z. B. unter einem Fingernagel. Und das, obwohl ich beim Schärfen immer sorgfältig darauf achte, dass keine Körnungen miteinander vermischt werden. In einer so extremen Vergrößerung sind diese tieferen Kratzer sehr auffällig. Ich bezweifle allerdings, dass sie jemals die Leistung der Schneide beeinträchtigen könnten. Diese Fotos werfen vielleicht mehr Fragen auf als sie beantworten – ich halte sie aber für interessante Studienobjekte. Sie werden unschwer erkennen: meine Schärftechnik ist nicht die beste. Viele der Schneiden weisen Kratzer auf, die vor dem Übergang zu einer feineren Körnung hätten abgeschliffen werden müssen. Wenn ich aus diesen Fotos etwas gelernt habe, dann dies: bei wichtigen Schleifaufgaben sollte man sich etwas mehr Zeit nehmen; man sollte nicht ungeduldig gleich zur nächsten Körnung übergehen. Und außerdem: wenn sich nach dem Schärfen etwas nicht richtig anfühlt, sollte man es nochmal probieren. Selbst bei hoher technischer Fertigkeit kann man leicht eine schartige Schneide oder einen Grat hinterlassen. All diese Bilder zeigen (falls nicht anders ausgewiesen) AISI O-1-Schneiden aus dem Stahl O1 nach AISI (Deutsche Werkstoff-Nr. 1.2510, 100 MnCrW 4) in 2000facher Vergrößerung. Die Bezeichnung erfolgt anhand des zuletzt verwendeten Schleifmittels.

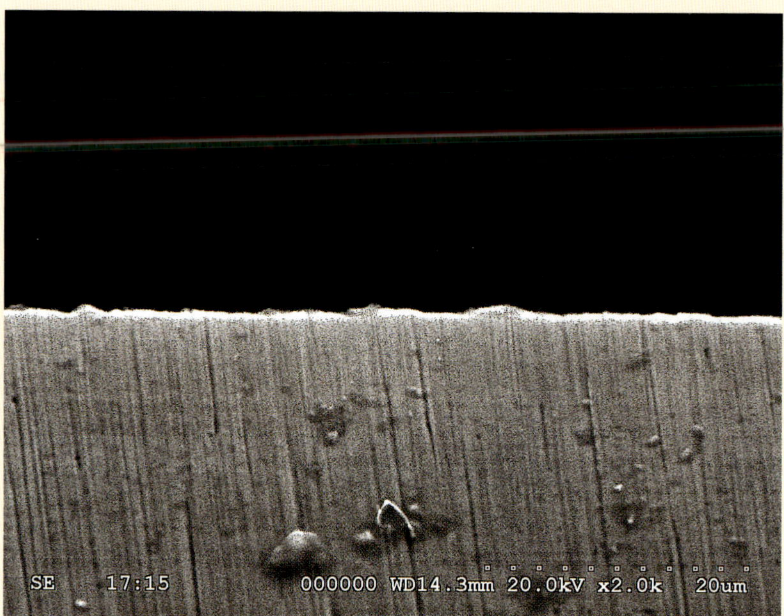

Harter Arkansas-Ölstein.

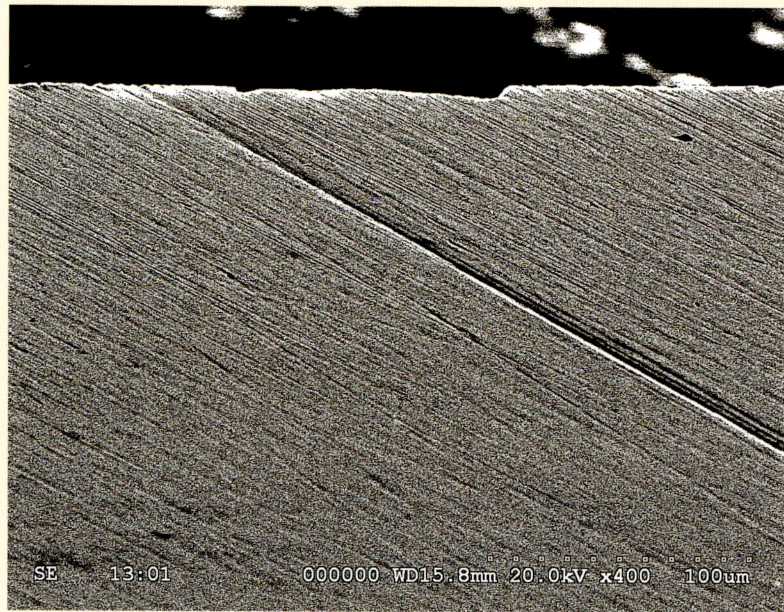

400fache Vergrößerung einer mit einer 3 µm-Diamantpaste geschliffenen Schneide und einem von einem größeren Partikel verursachten Kratzer.

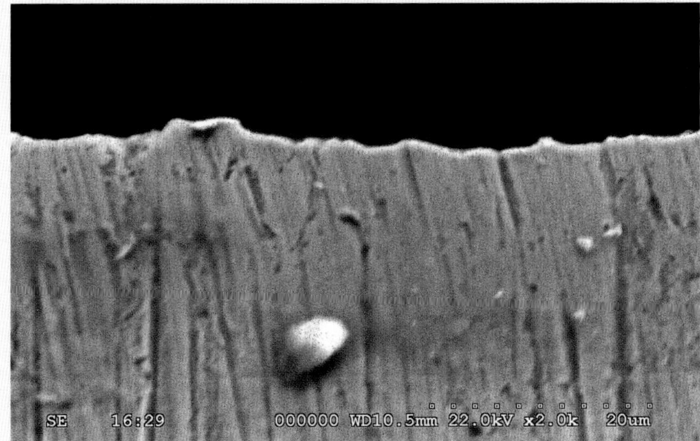

Ultrafeiner Spiderco-Keramikstein.

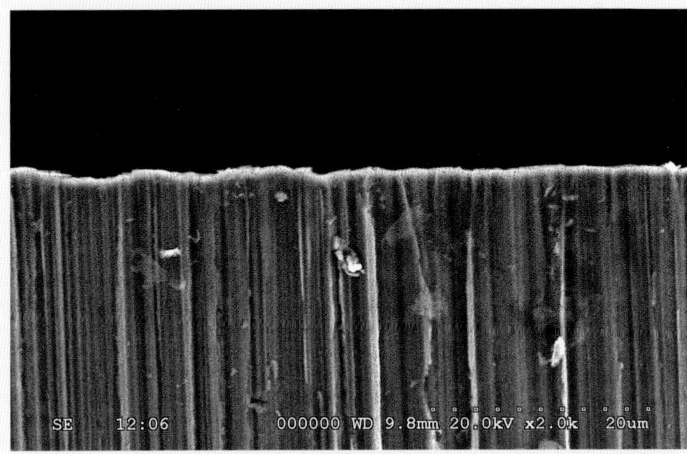

DMT Dia-Sharp-Diamantplatte (Körnung 8000).

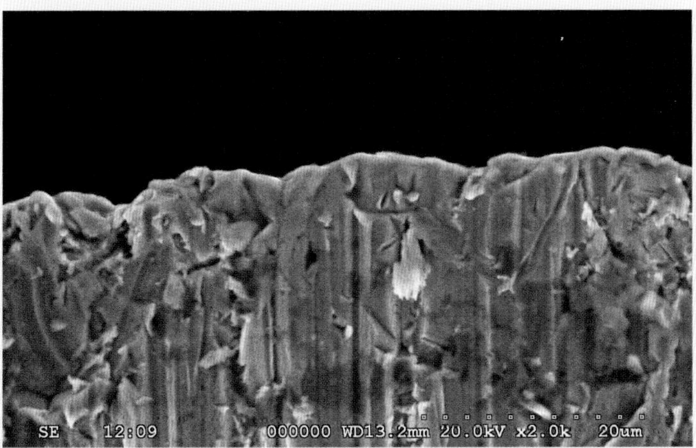

Norton-Wasserstein (Körnung 1000)

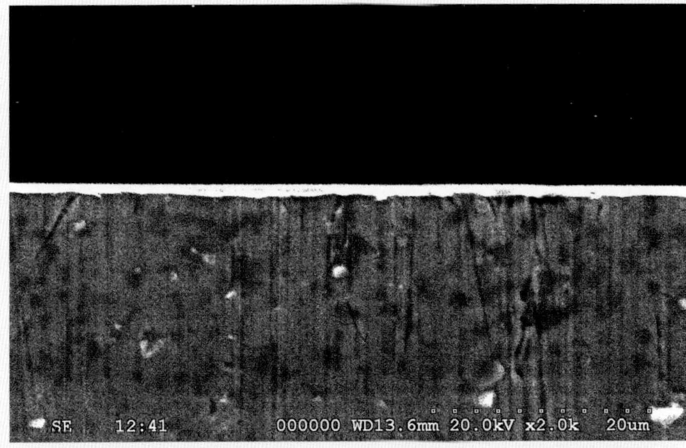

Norton 8000er Wasserstein. Sieht ganz so aus, als hätte ich an dieser Schneide einen Grat hinterlassen. Als ich die Spiegelseite polieren wollte, habe ich beim Umdrehen der Schneide wahrscheinlich vergessen, die Fase zu entgraten.

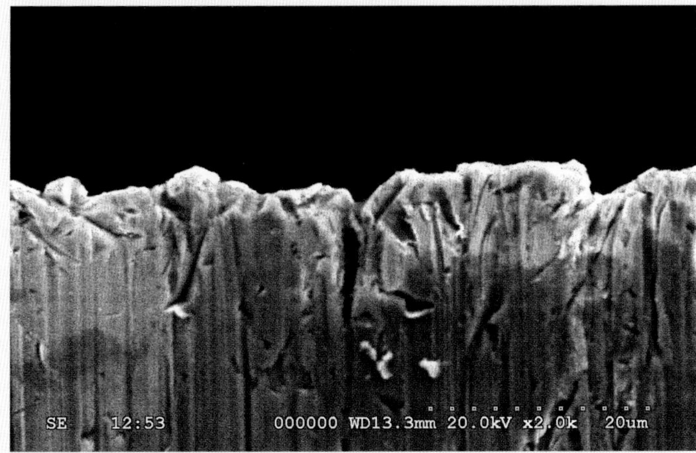

Shapton 1000er Wasserstein

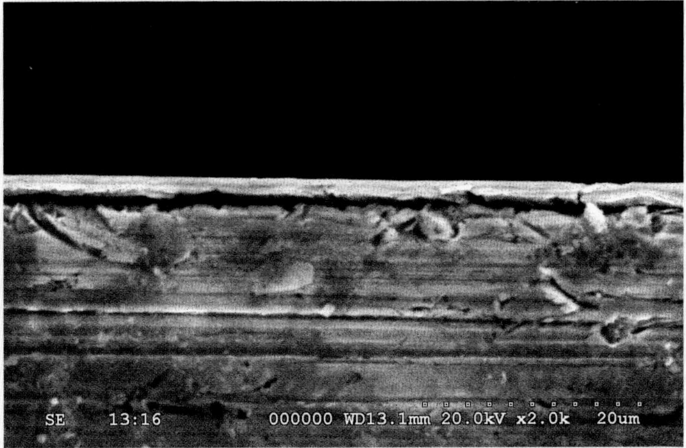

Shapton-Wasserstein (Körnung 1000). Zum Schärfen in seitwärtiger Richtung.

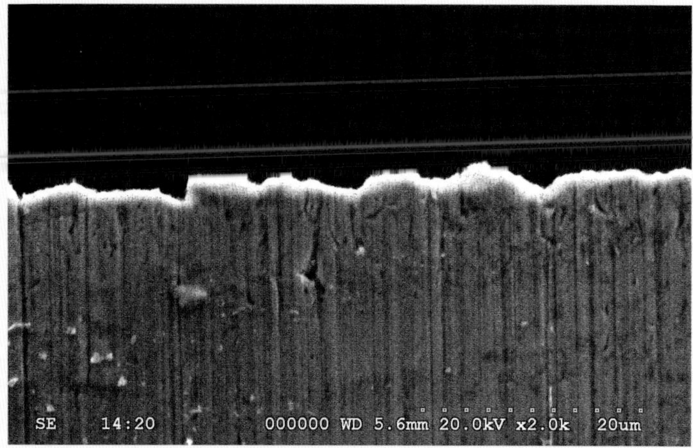

Shapton-Wasserstein (Körnung 8000).

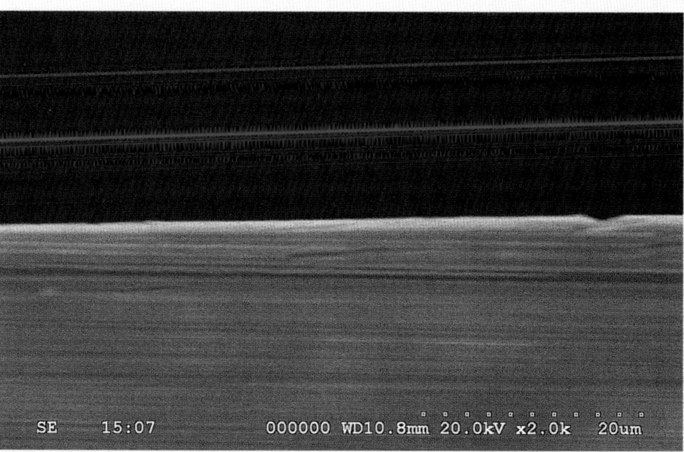

Zum Schärfen in seitwärtiger Richtung verwendeter Shapton-Wasserstein (Körnung 16000).

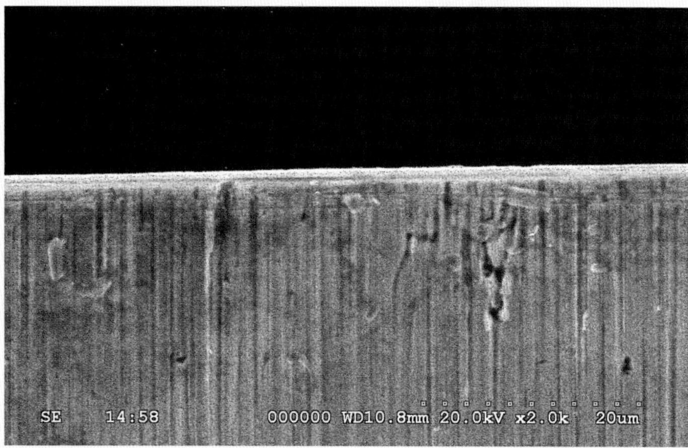

Shapton-Wasserstein (Körnung 16000). Ich bin der Empfehlung von Harrelson Stanley gefolgt und habe die Schneide vor den letzten Zügen auf dem Stein ein wenig "geschlichtet".

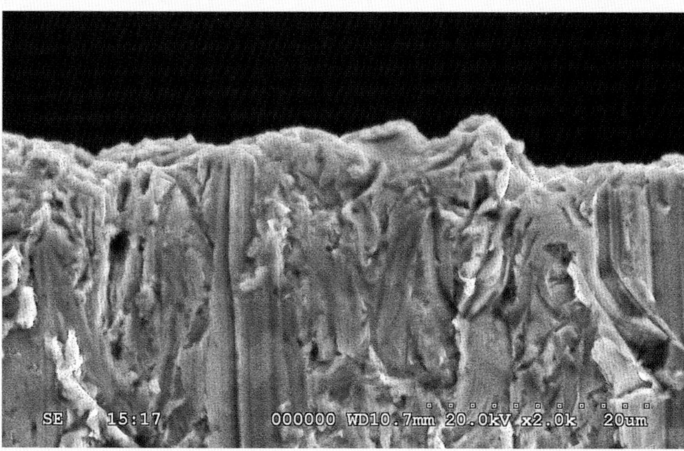

"King"-Wasserstein Körnung 800

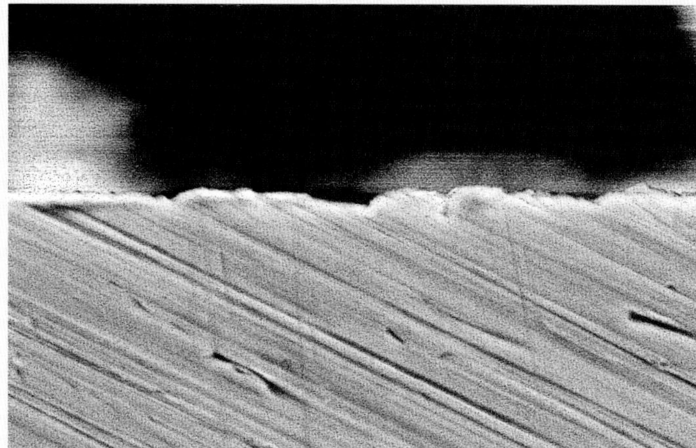

Norton 3 µm Diamantpaste. Die vertikalen Kratzer sind Reste der vorherigen Körnung.

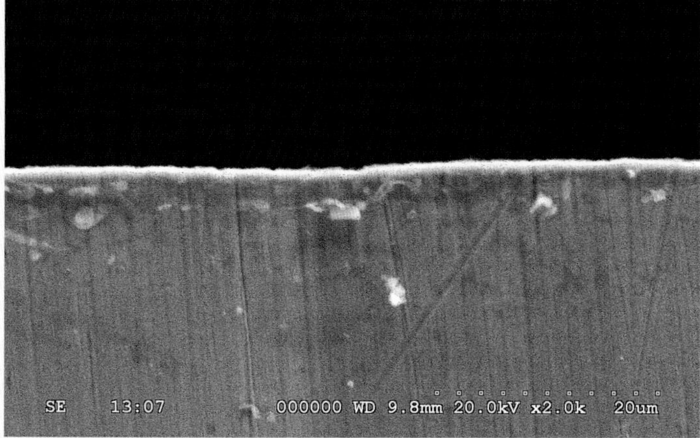

Tormek-Abziehvorrichtung und Paste. Die tieferen Kratzer stammen von größeren Partikeln auf der Scheibe.

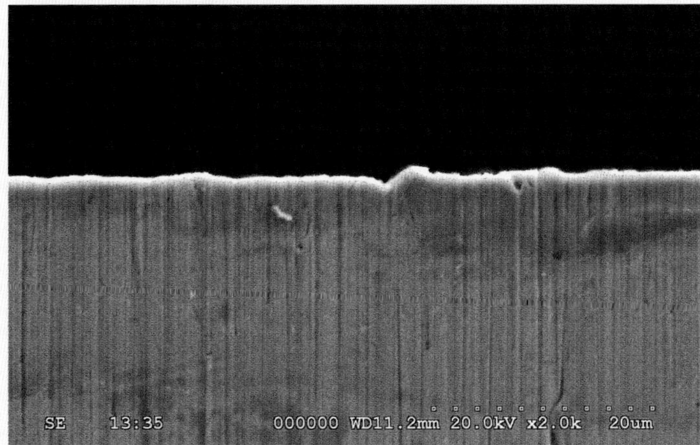

1,0 µm Schleiffilm.

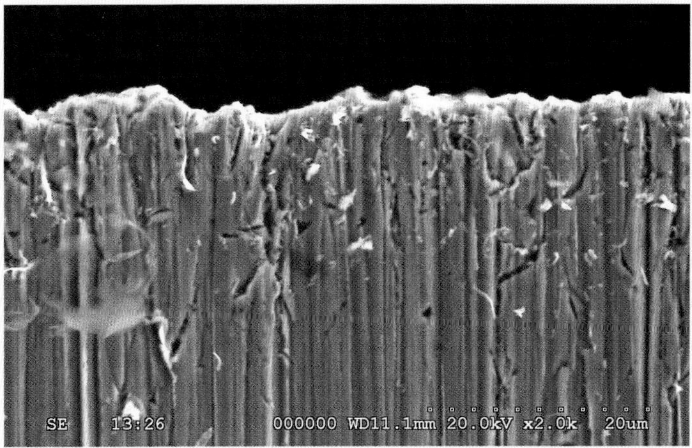

5,0 µm Schleiffilm.

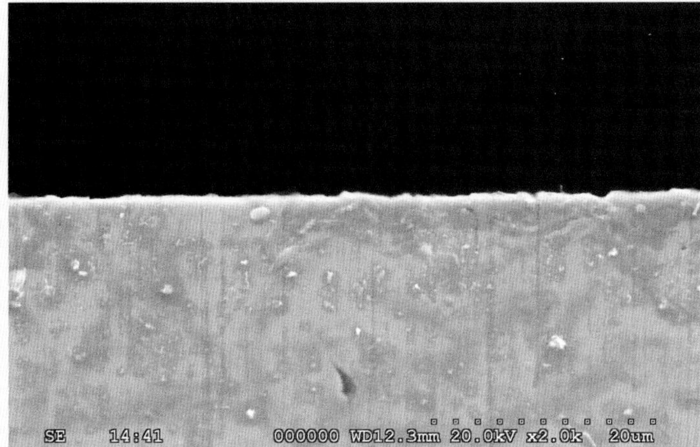

0,03 µm Schleiffilm. Hoher Staubanteil.

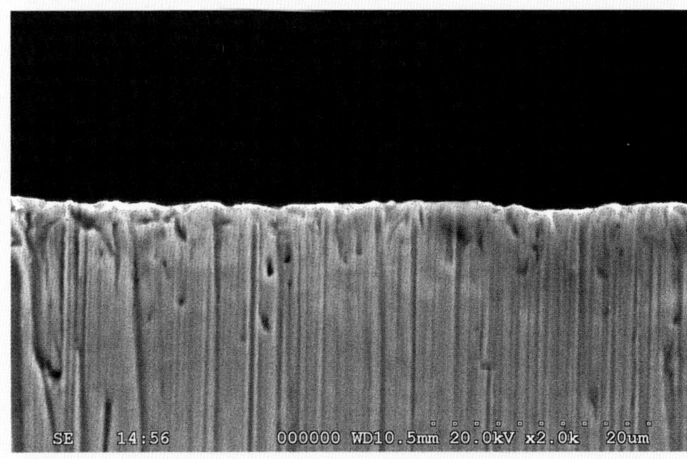

Abziehvorrichtung aus Leder mit grüner Chromoxid-Paste.

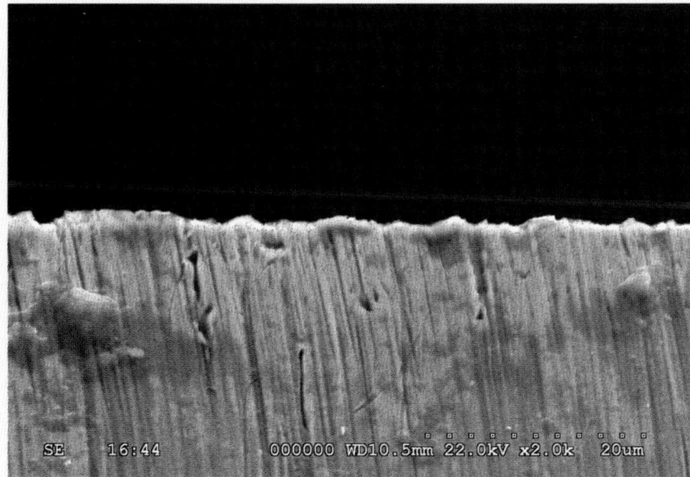

Abziehvorrichtung aus Leder mit FlexCut Gold-Paste.

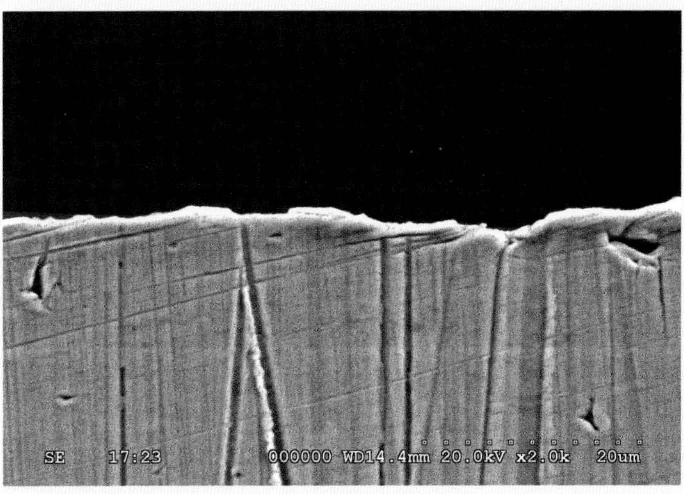

Abziehvorrichtung aus Leder mit Yellowstone-Paste.

Bezugsquellen und Ressourcen

Nicht alle im Buch erwähnten Produkte sind im deutschsprachigen Raum erhältlich. Eine ganze Reihe davon oder auch Alternativprodukte finden Sie aber bei den nachfolgend aufgeführten Händlern. Der Bezug über Händler außerhalb der EU ist nicht ratsam, es drohen technische Schwierigkeiten und Zollgebühren. Vielfach gibt es auch noch Werkzeughändler vor Ort.
Im Folgenden listen wir nur deutschsprachige Quellen auf. Über die bekannten Suchmaschinen finden Sie bei Interesse auch weitere, insbesondere englischsprachige Quellen. Vermutlich sogar mehr als Sie je lesen können.

Online-Shops

Feine Werkzeuge, Berlin:
https://www.feinewerkzeuge.de/

Dictum, Metten:
https://www.dictum.com/de/

Steinert, Drechselzentrum Erzgebirge, Olbernhau:
https://drechslershop.de/

Maderas Drechseltechnik, Klinkrade:
http://www.drechseltechnik.de/

Schulte Drechselbedarf, Geeste (Emsland):
https://www.drechselbedarf-schulte.de/

Magma Tools, Aurolzmünster (Österreich):
https://www.magma-tools.com/de

Johann Tremml, Ashley Deutschland, Bad Kötzting:
https://www.ashley.de/

Wolfknives, Landshut:
https://www.feines-werkzeug.de

Sauter GmbH, Inning:
https://www.sautershop.de/

Hersteller:

Tormek Schleifsystem, deutschsprachige Seite:
https://www.tormek.com/germany/de/

Kurt Koch GmbH, Eulenbis:
www.koch.de

Work Sharp (Brinkmann & Wecker GmbH, Paderborn):
https://www.worksharptools.de/

Bücher

Rudolf Dick, *Japanmesser schärfen*; Wieland Verlag

Thomas Lie-Nielsen, *Schärfen: Grundlagen – Techniken – Ausrüstung*; HolzWerken

John D. Verhoeven, *Stahl-Metallurgie für Einsteiger*; Wieland Verlag. - Entgegen dem Titel eine anspruchsvolle „Einführung“, die weit über das Kapitel 2 des vorliegenden Buches hinausgeht.

Ressourcen im Internet

Die Schärfnotizen von Ron Hock, gewissermaßen die Super-Kurzfassung dieses Buches, finden Sie hier:
https://www.feinewerkzeuge.de/G10006.html

Das Schärfprojekt sammelt Informationen zum Thema Schärfen, es finden sich dort auch Videos:
http://woodworking.de/schaerfprojekt/index.html

Eine Website, die sich fast ausschließlich dem Thema Messer schärfen widmet:
http://messer-machen.de

Heiko Rech schreibt einen der meistgelesenen deutschsprachigen Holzwerker-Blogs:
https://kurswerkstatt-saar.de/

Aus dem gleichen Stall wie dieses Buch kommt die Zeitschrift HolzWerken. Sie berichtet immer wiedermal auch über Schärf-Themen. Auch auf der Website der Zeitschrift *https://holzwerken.net* findet sich einiges zum Thema: unter der Rubrik HolzWerken-TV finden Sie unter anderem Videos mit dem Schärf-Experten Friedrich Kollenrott; auch unter der Rubrik Tipps & Tricks werden Sie zum Thema fündig.

Internet-Foren sind gut geeignet, um Fragen zu recherchieren oder zu stellen, insbesondere speziellere. In folgenden Foren erscheinen regelmäßig auch Diskussionen rund um das Thema Schärfen:
http://woodworking.de/cgi-bin/forum/webbbs_config.pl
http://www.woodworker.de/forum/
https://www.werkzeug-forum.de/

Register

Register